“十四五”高等职业教育数字媒体技术系列教材

# Photoshop 平面图像处理实用教程

孙炳欣 戴微微 孙 弢◎主 编

杨 莹 关 欣 潘 谈 王 莹 孙宇彤◎副主编

中国铁道出版社有限公司
CHINA RAILWAY PUBLISHING HOUSE CO., LTD.

## 内 容 简 介

本书以培养高职学生 Photoshop 应用能力为主线，强调理论教学与实践深入结合，每章均引入多个贴近生活的实用案例，通过对实例的训练，帮助学生掌握 Photoshop 基础知识、基本操作和高级应用，使学生在掌握软件应用的同时强化设计理念。在案例选材方面，体现中国传统文化特色，引导学生审美、立意，树立正确的人生观、价值观。全书共 11 章，包括对 Photoshop 软件的介绍，选区的绘制与操作，图像的填充、绘制、修饰、变形，图层及图层样式，通道和蒙版的使用，路径与形状工具的使用，图像色彩和色调调整，应用滤镜创建特殊效果以及数码照片处理技术。

本书适合作为高等职业院校数字媒体技术专业的教材，也可供平面设计从业人员和爱好者参考。

**图书在版编目（CIP）数据**

Photoshop平面图像处理实用教程 / 孙炳欣，戴微微，孙弢主编. —北京：中国铁道出版社有限公司，2023.9
“十四五”高等职业教育数字媒体技术系列教材
ISBN 978-7-113-30533-8

Ⅰ.①P… Ⅱ.①孙… ②戴… ③孙… Ⅲ.①平面设计-图像处理软件-高等职业教育-教材 Ⅳ.①TP391.413

中国国家版本馆CIP数据核字（2023）第167146号

书　　名：Photoshop 平面图像处理实用教程
作　　者：孙炳欣　戴微微　孙　弢

策划编辑：潘星泉　　　　编辑部电话：（010）51873090
责任编辑：潘星泉　张　彤
封面设计：尚明龙
责任校对：安海燕
责任印制：樊启鹏

出版发行：中国铁道出版社有限公司（100054，北京市西城区右安门西街 8 号）
网　　址：http://www.tdpress.com/51eds/
印　　刷：北京盛通印刷股份有限公司
版　　次：2023 年 9 月第 1 版　2023 年 9 月第 1 次印刷
开　　本：787 mm×1 092 mm 1/16　印张：18.75　字数：464 千
书　　号：ISBN 978-7-113-30533-8
定　　价：68.00 元

# 前　言

本书面向高等职业教育，编写时充分考虑到高等职业院校学生的学习基础、学习目标和培养目标，引入大量实用案例，由浅入深，步步深入，契合初学者学习专业基础课程课时少、台阶式进步的需求。

Photoshop 作为一门专业基础课，必须理论与实践并重，作为高职院校的教材，必须充分考虑高职院校学生的基础、学习习惯和培养目标，在教材中体现职业性特点。本书在以下三个方面体现高职特色。

（1）在案例选材方面，大量选用贴近生活的实际案例，实现案例教学，精心进行实践性教学设计，将在多年教学实践中成熟的项目拓展到教学中，循序渐进、横向拓展、纵向深入。案例取材于实际项目，学生能够从分析常见问题入手，符合高等职业教育的培养目标。

（2）在教材结构方面，深入浅出，注重学习的连贯性和渐进性。章节之间的实例具有连续性。在实例后提出拓展功能，有助于学生进一步自主学习和教师根据教学情况进行引导、深化，帮助读者在最短的时间内掌握操作技巧，并在实际工作中解决问题，从而获得成就感。

（3）为了提高教材的实用性，教材中选编的案例都经过编者亲自操作检验或教学实践。

本书通过工学结合，精讲多练，提高学生的动手能力和创新能力。通过案例训练，熟练应用 Photoshop 的工具、命令、技巧，实现对软件操作的融会贯通，举一反三，达到快速、准确地展示图片效果的目的。本书以“制作”为主旨，以“够用”为度，注重“讲、学、做”，理论联系实际。编写时，力求能够培养学生动手制作项目的综合能力，让学生通过案例练习，掌握运用平面设计软件 Photoshop 进行平面设计和广告设计所应具备的基本理论和技能。

本书取材新颖、概念清楚、语言简洁流畅、结构合理、通俗易懂、适用性强，便于教师指导教学和学生自学，适合作为高等职业院校 Photoshop 课程的教学用书，也可作为平面设计从业人员和爱好者参考书。

本书由吉林电子信息职业技术学院孙炳欣、戴微微、孙彧任主编；吉林电子信息职业技术学院杨莹、关欣、潘谈、王莹、孙宇彤任副主编。其中第 1、2、3 章由孙彧编写，第 4 章由孙彧、戴微微编写，第 5 章由关欣、杨莹编写，第 6 章由关欣、杨莹、戴微微编写，第 7 章由王莹、潘谈编写，第 8 章由杨莹、潘谈编写，第 9 章由杨莹、孙宇彤编写，第 10、11 章由孙炳欣编写。

由于编者水平有限，书中难免存在疏漏和不妥之处，敬请各位老师和读者批评指正。

编　者

2023 年 6 月

# 目 录

# 第 1 章　Photoshop CC 快速入门

## 知识技能目标

（1）了解 Photoshop CC 启动。
（2）掌握 Photoshop CC 新建文档的操作方法。
（3）识记 Photoshop CC 的工作界面。
（4）熟练掌握 Photoshop CC 基本操作和简单效果的制作。

## 操作任务

熟悉 Photoshop CC 的工作界面后，制作出简单的图像效果。

## 学习内容

## 1.1　初识 Photoshop

Photoshop 是 Adobe 公司的软件产品，历经了三十多年的发展，已经成为世界上最优秀的图像编辑软件之一。下面就来看看 Photoshop 的诞生和发展历程，以及 Photoshop 的操作界面。

### 1.1.1　Photoshop 的诞生与发展历程

1987 年秋，美国密歇根大学博士研究生托马斯·洛尔（Thomes Knoll）编写了一个称为 Display 的程序，用来在黑白位图显示器上显示灰阶图像。托马斯的哥哥约翰·洛尔（John Knoll）让弟弟帮他编写一个处理数字图像的程序，于是托马斯重新编写了 Display 的代码，使该程序具备了羽化、色彩调整功能，并可以读取各种文件格式。这个程序后来被托马斯改名为 Photoshop。

1988 年夏天，约翰决定实现这个程序的商业价值，于是兄弟俩把 Photoshop 交给了一家扫描仪公司，后来，Adobe 公司买下了 Photoshop 的发行权，并在 1990 年 2 月推出了 Photoshop 1. 0。当时的 Photoshop 只能在苹果机（Mac）上运行，功能上也只有工具箱和少量的滤镜，但它的推出却给计算机图像处理行业带来了巨大的冲击。

随着计算机的普及应用，设计越来越依赖计算机硬件和软件，而 Photoshop 无疑是平面设计领域应用最广泛的软件之一，并逐渐得到世界各国相关图形图像行业的认可。

### 1.1.2 Photoshop CC 的版本

Photoshop CC 正式版发布于 2013 年 7 月，在 Photoshop CS6 功能的基础上，Photoshop CC 新增相机防抖动功能、CameraRAW 功能改进、图像提升采样、属性面板改进、Behance 集成等功能，以及 CreativeCloud，即云功能。

Photoshop CC 2019 发布于 2018 年 10 月。新功能包括画板、设备预览和 Preview CC 伴侣应用程序、模糊画廊、恢复模糊区域中的杂色、AdobeStock、设计空间（预览）、CreativeCloud 库、导出画板、图层以及更多内容。

Photoshop 新版的命名方式不再采用 CC 加年代号的命令方式，而是直接称为 Adobe Photoshop 2022。

## 1.2 图像处理基础知识

Photoshop CC 是 Adobe 公司旗下最为出名的图像处理软件之一。它提供了灵活便捷的图像制作工具和强大的像素编辑功能，被广泛运用于数码照片后期处理、平面设计、网页设计及 UI 设计、三维设计等领域。

在使用 Photoshop CC 进行图像绘制与处理之前，首先需要了解一些与图像处理相关的知识，以便快速、准确地处理图像。本节将针对位图与矢量图、图像的色彩模式、常用的图像格式等图像处理基础知识进行详细讲解。

### 1.2.1 位图与矢量图

计算机图形主要分为两类：一类是位图；另一类是矢量图。Photoshop CC 是典型的位图软件，但也包含一些矢量功能。

1. 位图

位图也称点阵图（Bitmap Images），它是由许多点组成的，这些点称为像素。当许多不同颜色的点组合在一起后，便构成了一幅完整的图像。

像素是组成图像的最小单位，而图像又是由以行和列的方式排列的像素组合而成的，像素越高，文件就越大，图像的品质也就越好。位图可以记录每一个点的数据信息，从而精确地制作色彩和色调变化丰富的图像。但是，由于位图图像与分辨率有关，它所包含的图像像素数目是一定的，将图像放大到一定程度后图像就会失真，边缘会出现锯齿。

2. 矢量图

矢量图也称向量式图形，它使用数学的矢量方式来记录图像内容，以线条和色块为主。矢量图像最大的优点是无论放大、缩小或旋转都不会失真；最大的缺点是难以表现色彩层次丰富且逼真的图像效果。将矢量图像放大至 400% 后，局部放大后的矢量图像依然光滑、清晰。

另外，矢量图占用的存储空间要比位图小很多，但它不能创建过于复杂的图形，也无法像位图那样表现丰富的颜色变化和细腻的色彩过渡。

### 1.2.2 图像的色彩模式

图像的色彩模式决定了显示和打印图像颜色的方式，常用的色彩模式有 RGB 模式、CMYK 模式、灰度模式、位图模式、索引模式等。

1. RGB 模式

RGB 颜色被称为真彩色，是 Photoshop 中默认使用的颜色，也是最常用的一种颜色模式。RGB 模式（如图 1. 1 所示）的图像由三个颜色通道组成，分别为红色通道（Red）、绿色通道（Green）和蓝色通道（Blue）。其中，每个通道均使用 8 位颜色信息，每种颜色的取值范围是 0~255。这三个通道组合可以产生 1 670 万余种不同的颜色。另外，在 RGB 模式中，用户可以使用 Photoshop 中所有的命令和滤镜，而且 RGB 模式的图像文件比 CMYK 模式（如图 1. 2 所示）的图像文件要小得多，可以节省存储空间。不管是扫描输入的图像，还是绘制的图像，一般都采用 RGB 模式存储。

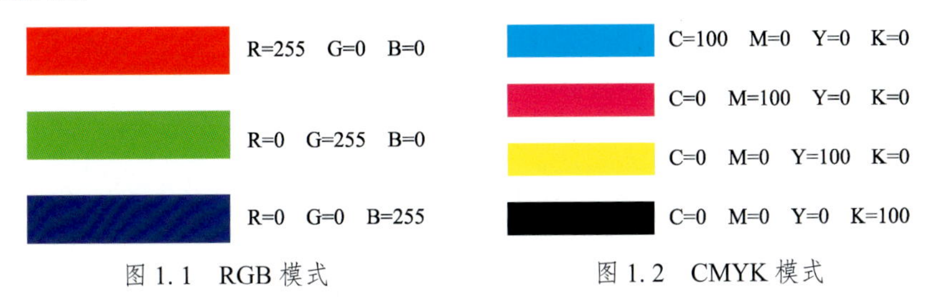


图 1. 1　RGB 模式　　　图 1. 2　CMYK 模式

2. CMYK 模式

CMYK 模式是一种印刷模式，由分色印刷的四种颜色组成。CMYK 的四个字母分别代表青色（Cyan）、洋红色（Magenta）又称为品红色、黄色（Yellow）和黑色（Black），每种颜色的取值范围是 0%~100%。CMYK 模式在本质上与 RGB 模式没有什么区别，只是产生色彩的原理不同。在 CMYK 模式中，C、M、Y 这三种颜色混合可以产生黑色。但是，由于印刷时含有杂质，因此不能产生真正的黑色与灰色，只有与 K（黑色）油墨混合才能产生真正的黑色与灰色。在 Photoshop 中处理图像时，一般不采用 CMYK 模式，因为这种模式的图像文件不仅占用的存储空间较大，而且不支持很多滤镜。所以，一般在需要印刷时才将图像转换成 CMYK 模式。

3. 灰度模式

灰度模式可以表现出丰富的色调，但是也只能表现黑白图像。灰度模式图像中的像素是由 8 位的分辨率来记录的，能够表现出 256 种色调，从而使黑白图像表现得更完美。灰度模式的图像只有明暗值，没有色相与饱和度这两种颜色信息。其中，0% 为黑色，100% 为白色，K 值是用来衡量黑色油墨用量的。使用黑白和灰度扫描仪产生的图像常以灰度模式显示。

4. 位图模式

位图模式的图像又称黑白图像，它用黑、白两种颜色值来表示图像中的像素。其中的每个像素都是用 1 bit 的位分辨率来记录色彩信息的，占用的存储空间较小，因此它要求的磁盘空间最少。位图模式只能制作出黑、白颜色对比强烈的图像。如果需要将一幅彩色图像转换成黑白颜色的图像，必须先将其转换成灰度模式的图像，然后再转换成黑白模式的图像，即位图模式的图像。

5. 索引模式

索引模式是网上和动画中常用的图像模式，当彩色图像转换为索引颜色的图像后会包含 256 种颜色。索引模式包含一个颜色表，如果原图像中的颜色不能用 256 种颜色表现，则 Photoshop 会从可使用的颜色中选出最相近的颜色来模拟这些颜色，这样可以减少图像文件的尺寸。颜色表用来存放图像中的颜色并为这些颜色建立颜色索引，且可以在转换的过程中定义或在生成索引图像后修改。

### 1.2.3 常用的图像格式

在 Photoshop 中，文件的保存格式有很多种，不同的图像格式有各自的优缺点。Photoshop CC 支持二十多种图像格式，下面针对其中常用的几种图像格式进行具体讲解。

1. PSD 格式

PSD 格式是 Photoshop 的默认格式，也是唯一支持所有图像模式的文件格式。它可以保存图像中的图层、通道、辅助线和路径等信息。

2. BMP 格式

BMP 格式是 DOS 和 Windows 平台上常用的一种图像格式。BMP 格式支持 1~24 位颜色深度，可用的颜色模式有 RGB、索引、灰度和位图等，但不能保存 Alpha 通道。BMP 格式的特点是包含的图像信息比较丰富，几乎不对图像进行压缩，但其占用的磁盘空间较大。

3. JPEG 格式

JPEG 格式是一种有损压缩的网页格式，不支持 Alpha 通道，也不支持透明。其最大的特点是文件比较小，可以进行高倍率的压缩，因而在注重文件大小的领域应用广泛。例如，网页制作过程中的图像如横幅广告、商品图片、较大的插图等都可以保存为 JPEG 格式。

4. GIF 格式

GIF 格式是一种通用的图像格式。它是一种有损压缩格式，而且支持透明和动画。另外，以 GIF 格式保存的文件不会占用太多的磁盘空间，非常适合于网络传输，是网页中常用的图像格式。

5. PNG 格式

PNG 格式是一种无损压缩的网页格式。它结合 GIF 和 JPEG 格式的优点，不仅无损压缩、体积更小，而且支持透明和 Alpha 通道。由于 PNG 格式不完全适用于所有浏览器，所以其在网页中比 GIF 和 JPEG 格式使用得少。但随着网络的发展和因特网传输速度的改善，PNG 格式将是未来网页中使用的一种标准图像格式。

6. AI 格式

AI 格式是 Adobe Illustrator 软件所特有的矢量图形存储格式。在 Photoshop 中可以将图像保存为 AI 格式，并且能够在 Illustrator 和 CorelDRAW 等矢量图形软件中直接打开并进行修改和编辑。

7. TIFF 格式

TIFF 格式用于在不同的应用程序和不同的计算机平台之间交换文件。它是一种通用的位图文件格式，几乎所有的绘画、图像编辑和页面版式应用程序均支持该文件格式。TIFF 格式能够保存通道、图层和路径信息，由此看来它与 PSD 格式并没有太大区别。但实际上，如果在其他程序中打开以 TIFF 格式所保存的图像，其所有图层将被合并，只有用 Photoshop 打开保存了图层的 TIFF 文件，才可以对其中的图层进行编辑修改。

## 1.3 熟悉 Photoshop CC 操作界面

### 1.3.1 新建文档

（1）启动 Adobe Photoshop CC，执行任务栏中的“开始”→“程序”→“Adobe Photoshop

CC”命令，即可启动 Adobe Photoshop CC；或双击桌面上该软件的快捷图标“Ps”，启动 Adobe Photoshop CC。程序的启动界面如图 1.3 所示。

图 1.3　Adobe Photoshop CC 的启动界面

（2）启动 Adobe Photoshop CC 后，默认状态下 Photoshop 桌面上没有文档窗口，如果要在一个新文档窗口中进行操作，需要先创建一个新的文档。执行“文件”→“新建”命令，将打开“新建文档”对话框，如图 1.4 所示。

图 1.4　“新建文档”对话框

（3）当完成各项参数设置后，单击“创建”按钮，即可在工作区中创建一个文件。此时的工作界面如图 1.5 所示。

图 1.5 Adobe Photoshop CC 工作界面

## 1.3.2 打开图像

如果要对已经保存在 Photoshop 中的文件进行编辑或修改，则需使用“打开”命令将文件在 Photoshop 中打开，具体操作步骤如下：

（1）执行菜单栏中的“文件”→“打开”命令；或使用快捷键【Ctrl+O】；也可在操作文档窗口的空白处双击，即可弹出“打开”对话框，如图 1.6 所示。

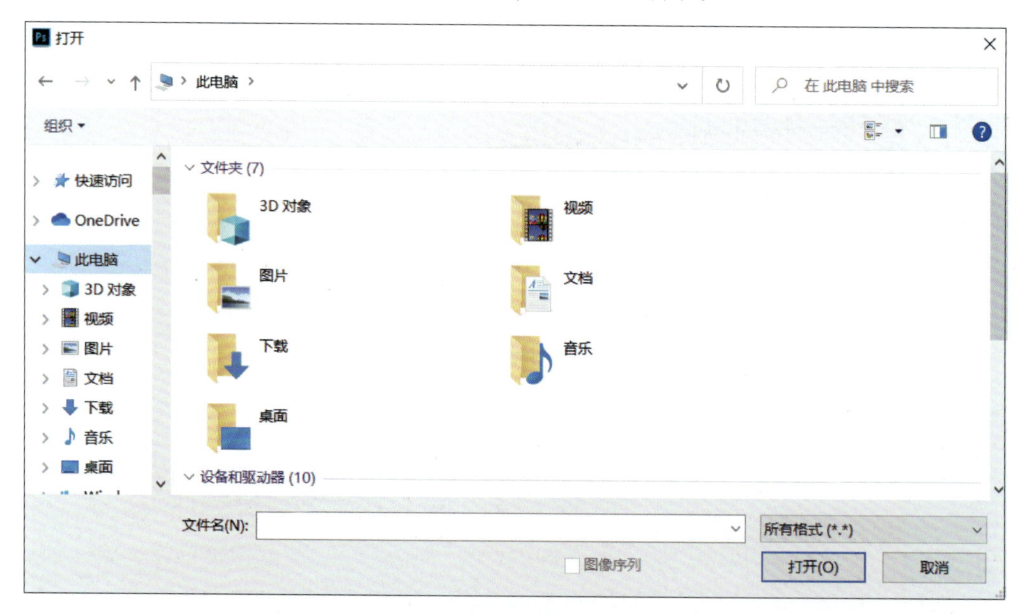


图 1.6 “打开”对话框

（2）在左侧列表框中选择图像文件所在的路径。在“文件类型”下拉列表框中选择所要打开文件的格式，如果选择“所有格式”，则全部文件都显示出来。

（3）在文件列表中选中要打开的文件，单击“打开”按钮即可；也可以直接双击要打开的文件图标。如果要打开图像序列文件，选择要打开的文件后，选中“打开”按钮左侧的“图像序列”复选框，如图 1. 7 所示，即可将所有图像序列文件导入 Photoshop 中，打开图像序列后文档窗口和图层面板的状态，如图 1. 8 所示。执行菜单栏中的“文件”→“导出”命令，存储为 Web 所用格式，即可生成 GIF 动态图片。

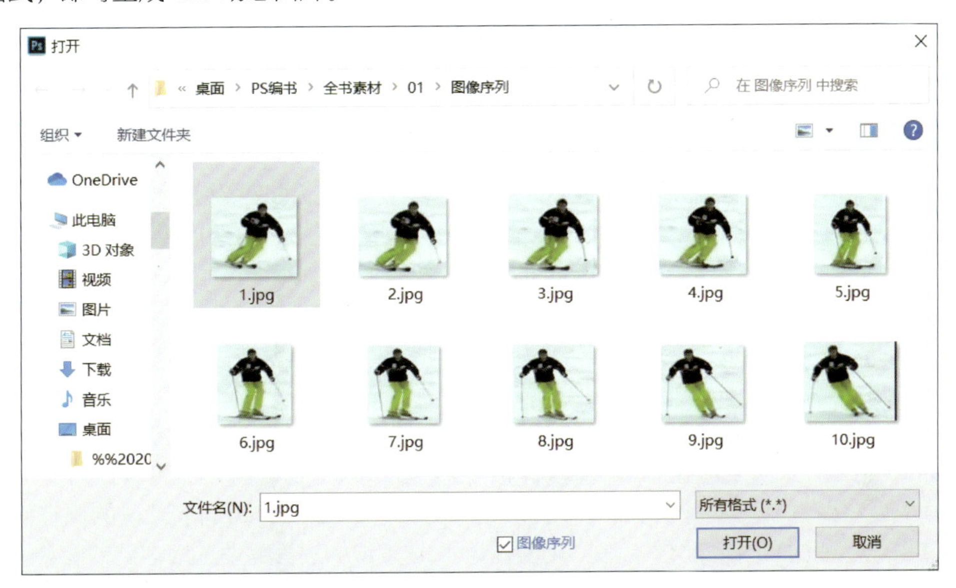


图 1.7　图像序列

图 1.8　打开后的图像序列

（4）除了使用“打开”命令来打开文件，还可以使用“打开为”命令。“打开为”命令与“打开”命令不同之处在于，该命令可以打开一些使用“打开”命令无法辨认的文件，例如某些图像网络下载后在保存时如果以错误的格式保存，使用“打开”命令则有可能无法打开，此时可以尝试使用“打开为”命令。

（5）如果要打开最近使用的文件，可以使用“最近打开文件”命令，执行菜单栏中的“文件”→“最近打开文件”命令，子菜单中显示了最近打开过的二十个图像文件。如果要打开的图像文件名称显示在该子菜单中，选中该文件名即可打开该文件，省去了查找该图像文件的烦琐操作。

（6）直接将要打开的图像拖至 Photoshop 工作界面中也可以打开文件。但需要注意的是，必须置于当前图像窗口以外，如菜单区域、面板区域或软件的空白位置等，如果置于当前图像的窗口内，会把打开的图像创建为智能对象。

### 1.3.3 保存图像

当完成一件作品或者处理完一幅打开的图像时，需要将完成的图像进行保存，这时即可应用“存储”命令。在“文件”菜单下面有两个命令可以完成对文件进行保存的功能，分别是“文件”→“存储”和“文件”→“存储为”命令。Photoshop 支持的文件格式很多，可以把在 Photoshop 中编辑的图像以各种格式进行保存。保存文件的具体步骤如下：

（1）在 Photoshop 中进行过编辑并未进行保存的图像可以通过执行菜单栏中的“文件”→“存储”命令；也可使用快捷键【Ctrl+S】，打开“另存为”对话框进行存储。

（2）在左侧的列表框中选择保存文件的路径，可以将文件保存在本地磁盘、移动硬盘或其他存储设备上。在“文件名”文本框中输入文件名称。

（3）在“保存类型”下拉列表框中选择文件的保存格式。Photoshop 默认的保存格式是扩展名为 . PSD 或 . PDD 的图像文件。在“存储选项”选项组中根据需要选择存储的参数设置，如图 1.9 所示。

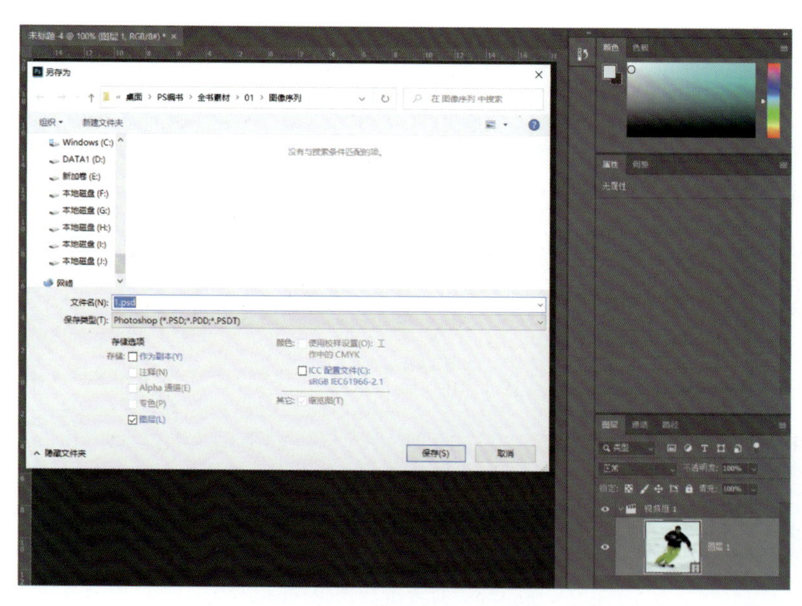


图 1.9 “另存为”对话框

（4）设置完成后，单击“保存”按钮或按【Enter】键完成图像的保存。

（5）如果图像以前保存过，现在要对修改后的文件进行保存，则执行菜单栏中的“文件”→“存储”命令或按快捷键【Ctrl+S】。如果想保存修改后的文件而又不影响原文件，则需执行“文件”→

“存储为”命令进行存储，在弹出的“存储为”对话框中进行新文件的命名和保存。

### 1. 3. 4　切换屏幕显示模式

Photoshop CC 中提供了三种不同的屏幕显示模式，分别为标准屏幕模式、带有菜单栏的全屏模式和全屏模式，通过单击“工具箱”最下边“更改屏幕模式（F）”按钮“”，可在三种屏幕模式中选择切换。也可执行菜单栏中的“视图”→“屏幕模式”下的子菜单来完成。切换屏幕显示模式的步骤如下：

（1）执行菜单栏中的“文件”→“打开”命令，或按快捷键【Ctrl+O】，将弹出“打开”对话框，选择素材文件，将图像打开。

（2）单击“工具箱”最下面的“更改屏幕模式（F）”按钮“”，选择“标准屏幕模式”选项，切换到标准屏幕模式。在这种模式下，Photoshop 的所有组件，如菜单栏、工具栏、状态栏都被显示在屏幕上，这也是 Photoshop 的默认效果，如图 1. 10 所示。

图 1. 10　标准屏幕模式

（3）选择“带有菜单栏的全屏模式”选项，屏幕显示模式切换为带有菜单栏的全屏显示模式。该模式下，Photoshop 的状态栏被隐藏，如图 1.11 所示。

（4）选择“全屏模式”选项，可以把屏幕显示模式切换到全屏显示模式。在 Photoshop CC 中，全屏模式隐藏所有窗口内容，以获得图像的最大显示空间，并且空白区域将变成黑色，如图 1.12 所示。

### 1.3.5　设置内存和高速缓存

使用 Photoshop 需要非常大的内存，特别是应用滤镜效果时。如果操作时内存不够，Photoshop 会自动在硬盘中虚拟一块空间作为虚拟内存来补充。所以在工作之前，设置好内存和磁盘的环境是非常有必要的。设置内存和高速缓存的步骤如下：

图 1.11　带有菜单栏的屏幕模式

图 1.12　全屏模式

（1）执行菜单栏中的"编辑"→"首选项"→"性能"命令，打开"首选项"对话框，在"高速缓存级别"文本框中可以输入 1~ 8 的数字来设置画面显示和重绘的速度，数值越大则速度越快，但所需要的相应内存也就越多。

（2）在"内存使用情况"选项区中，用户可以设置 Photoshop 内存的使用率，范围为 0%~100%。

（3）在"暂存盘"选项区中可以设置四个作为虚拟内存的磁盘，它们之间有优先顺序，从上向下，只有当主磁盘空间不足时才会用到下方设置的第二个磁盘，依此类推，如图 1.13 所示。设置完以后单击"确定"按钮即可。

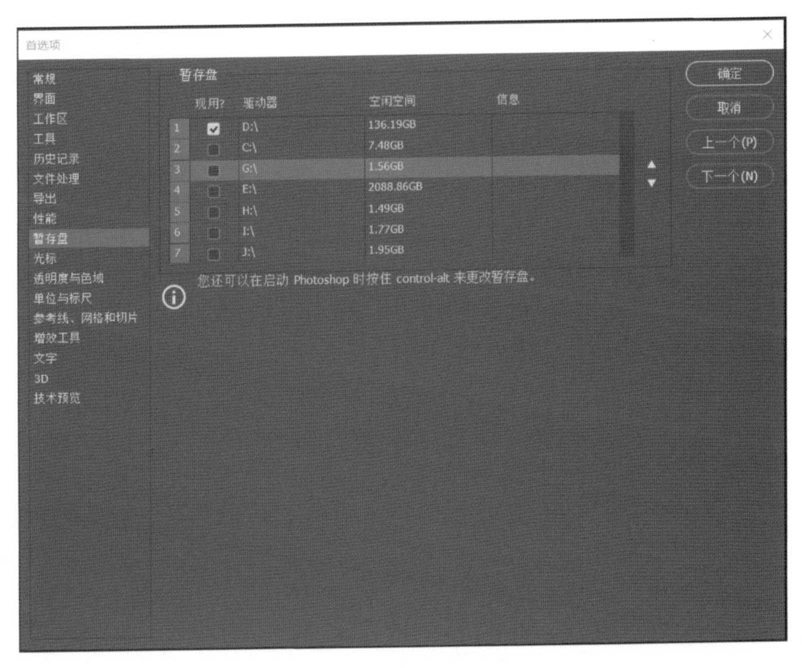


图 1.13　“首选项”对话框

## 1.3.6　图像大小命令

在完成不同需求的设计时，有时要重新修改图像的尺寸，图像的尺寸和分辨率息息相关，同样尺寸的图像，分辨率越高，图像越清晰。当图像的像素数目固定时，改变分辨率，图像的尺寸就随之改变；同样，如果图像的尺寸改变，则其分辨率将随之变动。如果改变图像的尺寸和分辨率而不改变像素大小，可以通过使用“图像大小”命令实现。设置图像大小的步骤如下：

（1）执行菜单栏中的“图像”→“图像大小”命令，打开“图像大小”对话框，如图 1.14 所示。可在其中改变图像的尺寸和分辨率。

图 1.14　“图像大小”对话框

（2）在尺寸选项组中，修改“宽度”和“高度”的值，可以修改图像像素大小数值。默认的单位为像素，可以单击单位下拉列表框右侧的下拉按钮，选择单位为像素或者百分比。

（3）可以在“分辨率”文本框中修改图像的分辨率。当“分辨率”改变时，尺寸选项组中的“宽度”和“高度”数值也将发生相应的变化。

（4）选中“缩放样式”复选框，在缩放时将对图像应用的样式进行缩放；选中右上角“约束比例”齿轮选项框，将约束图像高宽比，改变图像的高度，则宽度也随之等比例改变。

（5）“重新取样”选项可以指定重新取样的方法，如果不选中此复选框，调整图像大小时，像素大小固定不变，当改变尺寸时，分辨率将自动改变；当改变分辨率时，图像尺寸也将自动改变。选中此复选框，则在改变图像的尺寸或分辨率时，图像像素大小会随之改变，需要重新取样。可以从下拉列表中，选择一个重新取样的样式。

“邻近”：选择该项，Photoshop 会以邻近的像素颜色插入，其结果不太精确，且可能会造成锯齿效果，但执行速度较快。

“两次立方”：选择该项，则插补像素时会依据插入点像素的颜色变化情况插入中间色，该方式效果很好，但执行速度较慢。

“两次线性”：该方式介于前两者之间。还可以通过较平滑或较锐利来设置图像的平滑和锐利显示效果。

（6）设置完成后，单击“确定”按钮，即可修改图像的尺寸和分辨率。

## 1.3.7　画布大小命令

使用“图像大小”命令可以将原有的图像进行放大和缩小，但是不能增加图像的空白区域或裁切原图像中的边缘图像。因此，要在图像中增加空白区域就必须利用“画布大小”命令，此命令可以在原图像之外增加空白的工作区域，增大绘图的空间或者裁切图像的边缘内容。在修改画布大小时，画布的背景颜色可以通过“画布扩展颜色”选项来修改。设置画布大小的步骤如下：

（1）执行菜单栏中的“文件”→“打开”命令，或使用快捷键【Ctrl+O】，将弹出“打开”对话框，选择素材文件，将图像打开。打开的“荷花”素材如图 1.15 所示。

（2）执行菜单栏中的“图像”→“画布大小”命令，打开“画布大小”对话框，在“定位”选项中，在中心位置单击，确定以中心为放大或缩小的定位位置，选中“相对”复选框，并设置“高度”和“宽度”值均为 1 厘米，让画布向外扩展 2 厘米，如图 1.16 所示。

图 1.15　荷花素材

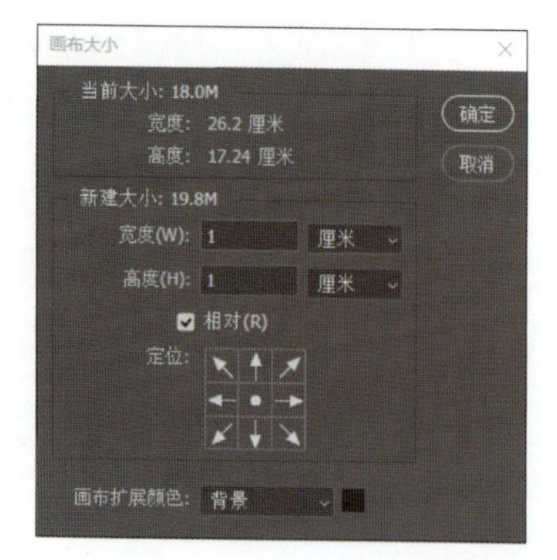


图 1.16　“画布大小”对话框

（3）单击“画布扩展颜色”右侧的色块，打开“拾色器（画布扩展颜色）”对话框，设置颜色为黑色，如图 1.17 所示。

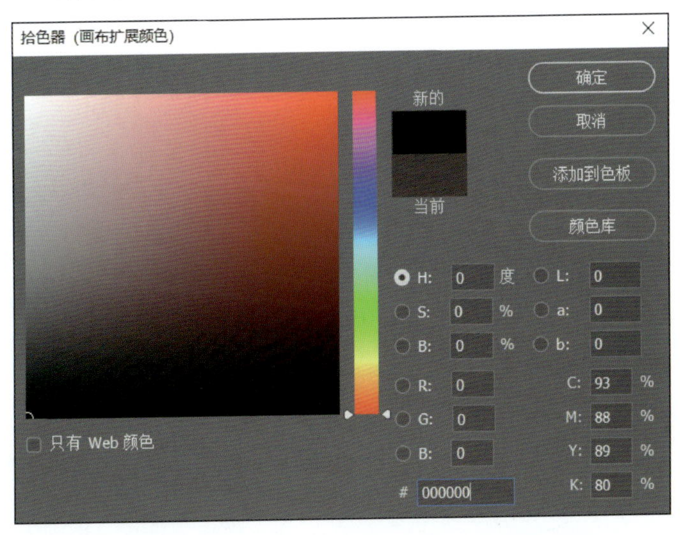


图 1.17 “拾色器（画布扩展颜色）”对话框

（4）设置完成后单击“确定”按钮，返回到“画布大小”对话框，单击“确定”按钮，完成画布大小的修改，最终效果如图 1.18 所示。

图 1.18 荷花素材最终效果

### 1.3.8 裁剪图像

除了使用图像大小和画布大小命令对图像进行修剪外，还可以使用“裁剪工具”按钮“”来修剪图像，裁剪工具不仅可以自由控制图像裁剪范围的大小和位置，还可以在裁剪的同时对图像进行旋转、变形、改变图像分辨率等操作。具体操作步骤如下：

（1）执行菜单栏中的“文件”→“打开”命令，或使用快捷键【Ctrl+O】，将弹出“打开”对话框，选择素材文件，将图像打开。打开的素材效果如图 1.19 所示。

图 1.19　植物素材

（2）在工具箱中选择“裁剪工具”按钮“ ”，移动鼠标指针到图像窗口中，按住鼠标左键并进行拖动，此时将出现一个四周有八个控制点的裁剪范围，确定裁剪范围后，释放鼠标即可得到如图 1.20 所示的裁剪框效果。如果将鼠标指针移动到控制点上，则光标会成为“ ”形状，此时拖动鼠标即可旋转裁剪范围，如图 1.21 所示。（注：在拖动鼠标的同时，按住【Shift】键就会得到一个正方形的裁剪框，按住【Alt】键会得到一个以鼠标单击点为中心的裁剪框，按住快捷键【Shift+Alt】，可以得到以鼠标单击点为中心的正方形裁剪框。按住【Alt】键拖动裁剪框，将以中点为开始点进行放大或缩小裁剪框。）

图 1.20　裁剪框效果

图 1.21　裁剪框旋转效果

（3）绘制裁剪框后，在裁剪框内双击，或按【Enter】键或单击工具选项栏中的“提交当前裁剪操作”按钮“✓”完成裁剪操作，效果如图 1.22 所示。

图 1.22　裁切后的效果

### 1.3.9　标尺工具

“标尺工具”的主要功能是对某部分图像的长度或角度进行精确的测量，测量的数据显示在选项栏和“信息”调板中。也可通过使用“标尺工具”对一些图片中倾斜的对象进行校正，下面以倾斜的照片为例，具体操作步骤如下：

（1）执行菜单栏中的“文件”→“打开”命令，或按快捷键【Ctrl+O】，将弹出“打开”对话框，选择素材文件，将图像打开。初始照片如图 1.23 所示，这是一张在拍摄过程中倾斜的照片。

图 1.23　初始照片

（2）单击工具箱中的“标尺工具”按钮“”，按住鼠标左键沿着倾斜的水平面拉出一条线，如图 1.24 所示。（注：在使用“标尺工具”校正照片时，先在照片上找到一个水平的参照物。）

图 1.24　拉出标尺线

（3）执行菜单栏中的“图像”→“图像旋转”→“任意角度”命令，将打开“旋转画布”对话框，对话框中显示的数值为标尺线与水平线的角度，如图 1.25 所示。不改变数值，单击“确定”按钮即可。

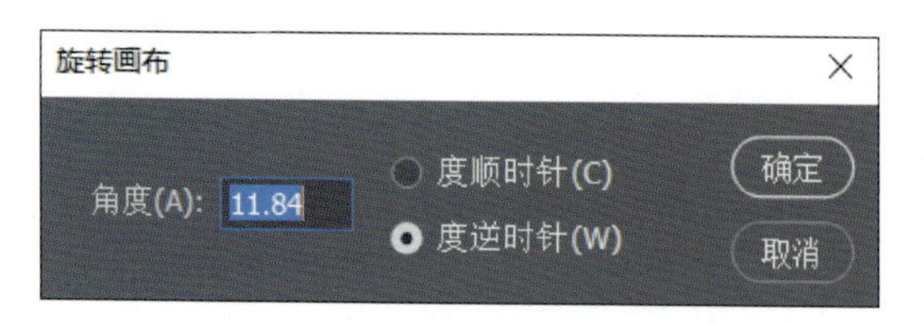


图 1.25 “旋转画布”对话框

（4）确定旋转后，根据标尺的角度自动将照片旋转，倾斜的照片画面已经得到了校正，如图 1.26 所示。

图 1.26 校正后照片

（5）由于照片的旋转，使照片周围出现了不必要的空白区域，可以使用“裁剪工具”对照片进行裁剪处理。完成效果如图 1.27 所示。

图 1.27 完成效果

## 1.3.10　缩放图像

（1）执行菜单栏中的“视图”→“放大”命令，以图像当前显示区域为中心放大比例，图 1.28 所示为放大前的效果；图 1.29 所示为放大后的效果。

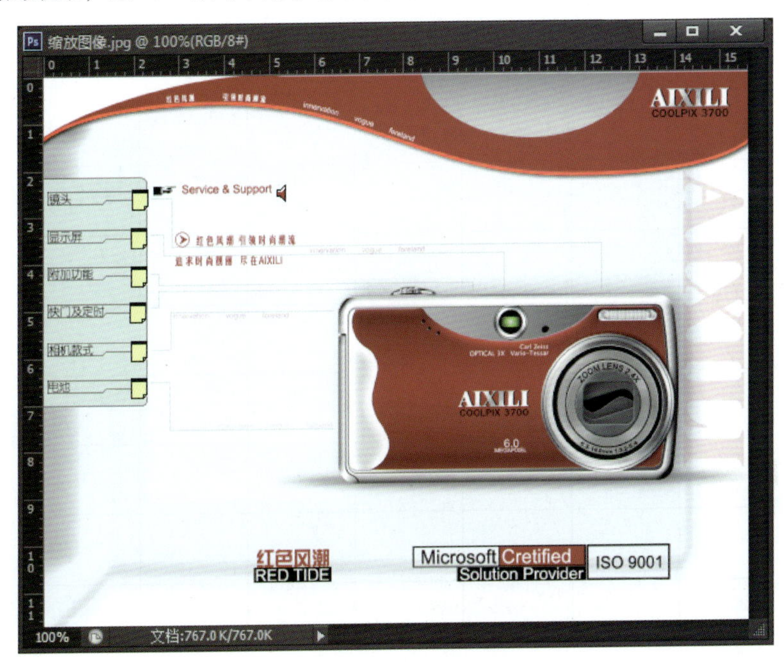


图 1.28　放大前的效果

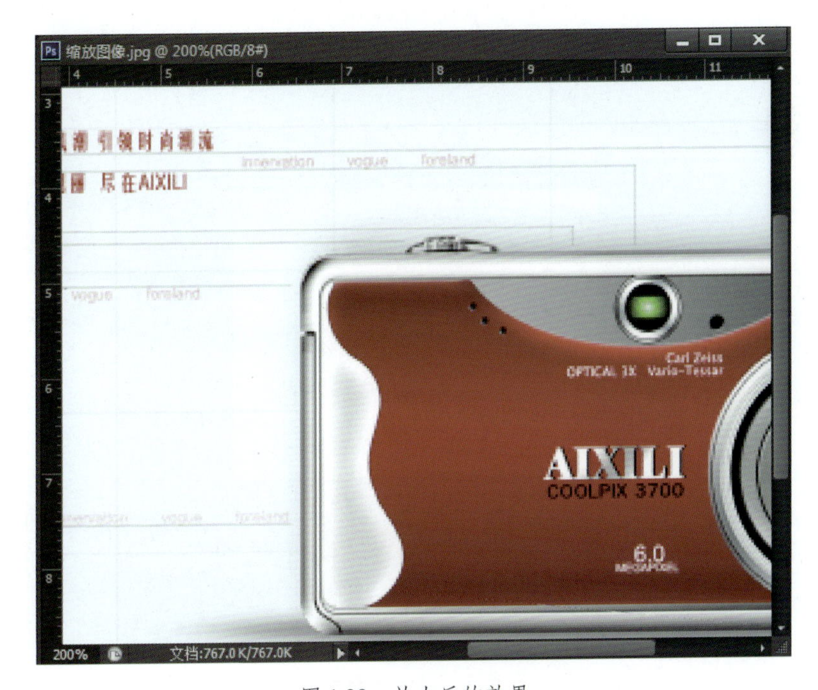


图 1.29　放大后的效果

（2）执行菜单栏中的“视图”→“缩小”命令，以图像当前显示区域为中心缩小比例，图 1.30 所示为缩小前的效果；图 1.31 所示为缩小后的效果。

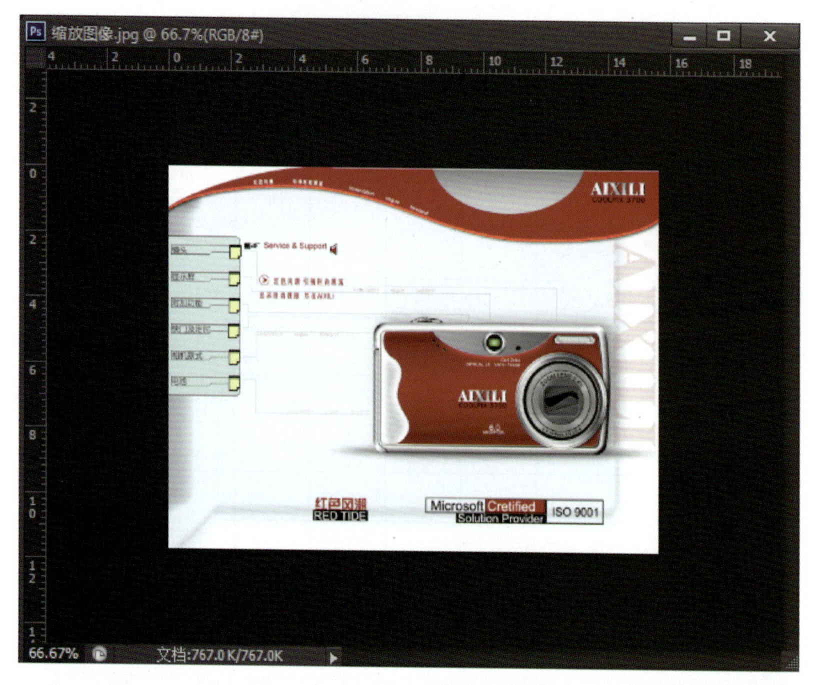


图 1.30　缩小前的效果

图 1.31　缩小后的效果

（3）执行菜单栏中的“视图”→“按屏幕大小缩放”命令，使窗口以最合适的大小和显示比例显示，显示效果如图 1.32 所示。

图 1.32　按屏幕大小缩放效果

（4）执行菜单栏中的“视图”→“100%”命令，使窗口以 100％的比例显示，显示效果如图 1.33 所示。

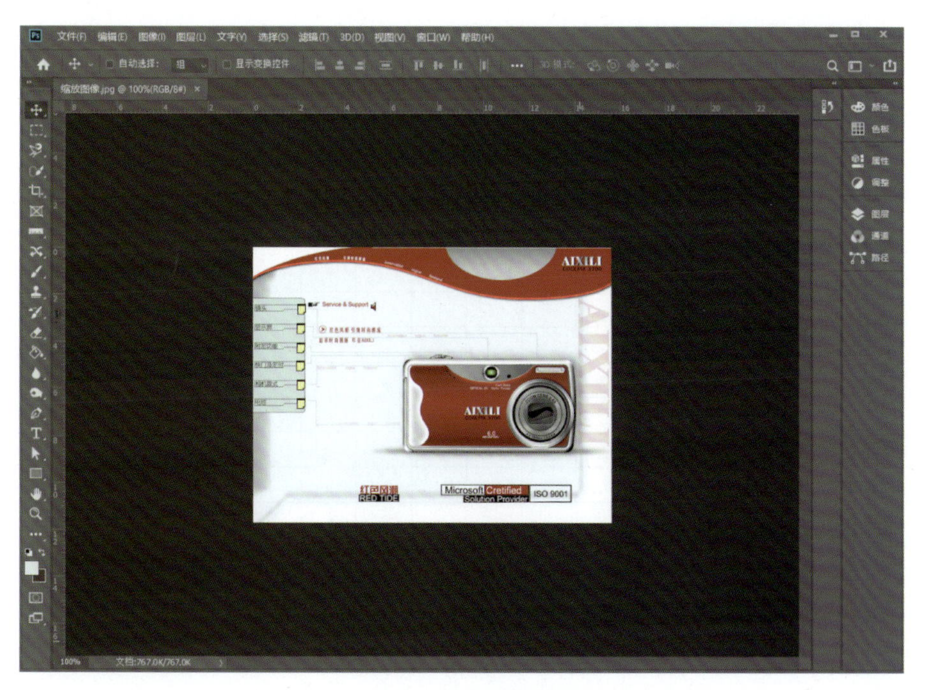


图 1.33　实际像素效果

（5）执行菜单栏中的“视图”→“打印尺寸”命令，图像将以 1∶1 的实际打印尺寸显示，显示效果如图 1.34 所示。

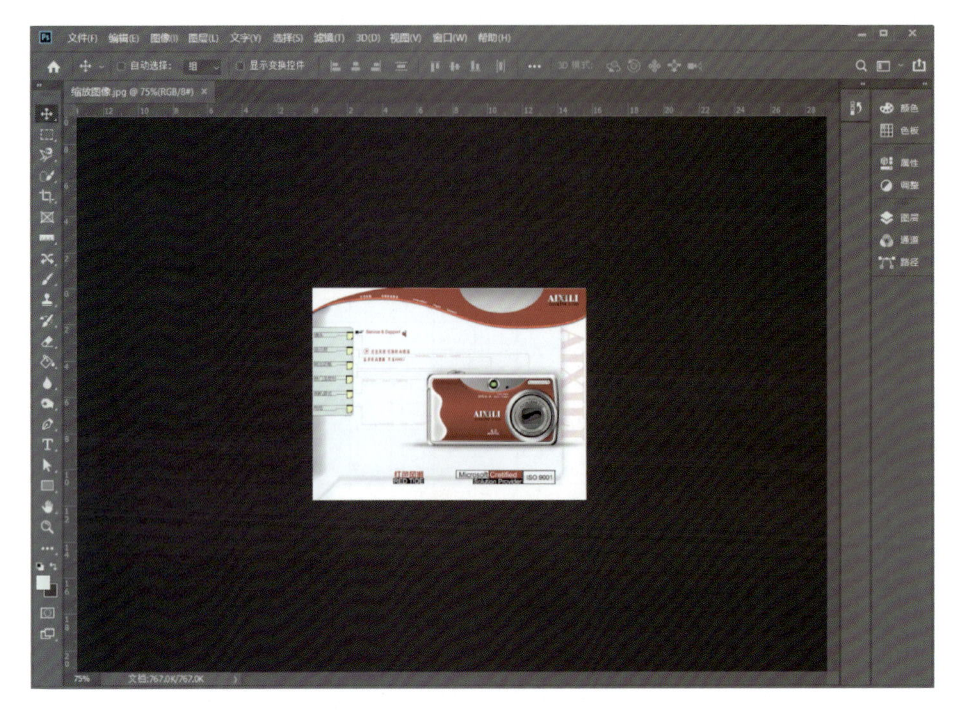

图 1.34　图像实际打印尺寸效果图

### 1.3.11　拷贝和粘贴命令

（1）执行菜单栏中的“文件”→“打开”命令，或按快捷键【Ctrl+O】，将弹出“打开”对话框，选择素材文件，将图像打开。

（2）单击工具箱中的“磁性套索工具”按钮“ ”，沿蓝色图钉的边缘将其选中，效果如图 1.35 所示。

图 1.35　绘制选区

（3）为了更好地达到融合效果，执行菜单栏中的“选择”→“修改”→“羽化”命令，打开“羽化选区”对话框，设置“羽化半径”为 1 像素，如图 1.36 所示。

（4）执行菜单栏中的“编辑”→“拷贝”命令，然后执行菜单栏中的“编辑”→“粘贴”命令，将选取中复制的图像粘贴出来，从图层中可以看到一个新生成的图层。

（5）执行菜单栏中的“编辑”→“自由变换”命令，对粘贴的图像使用自由变换，进行适当的修改变换，完成整个效果的制作，完成效果如图 1.37 所示。

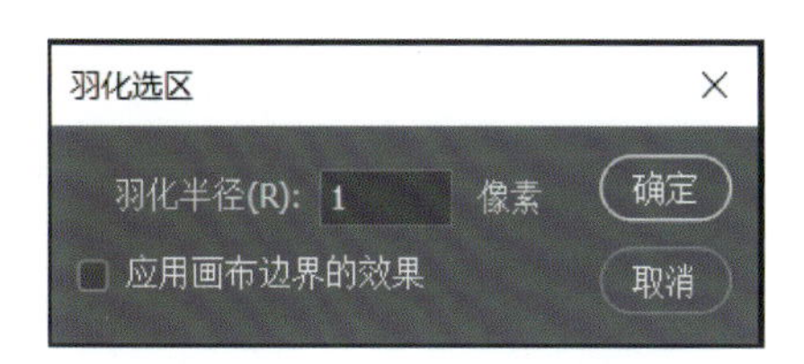


图 1.36　“羽化选区”对话框

图 1.37　复制后的图像效果

## 1.3.12　贴入命令

（1）执行菜单栏中的“文件”→“打开”命令，或按快捷键【Ctrl+O】，将弹出“打开”对话框，选择素材文件，将图像打开，如图 1.38 所示。

图 1.38　荷花与蜻蜓图像

（2）选择“蜻蜓”为当前文件，选择工具箱中的“磁性套索工具”按钮“”，沿蜻蜓边缘将其选中，效果如图 1.39 所示。

（3）执行菜单栏中的“编辑”→“拷贝”命令，将选中的蜻蜓图像进行复制，以便贴入时使用。

（4）选中“荷花”文件，执行菜单栏中的“选择”→“全部”命令，将荷花图像全部选中，执行菜单栏中的“编辑”→“贴入”命令，即可将复制的蜻蜓图像贴入当前选区，此时在“图层”面板中产生一个新的图层，移动蜻蜓图像，使之立于荷花之上，这样就完成了贴入图像的操作。完成效果如图 1.40 所示。

图 1.39　蜻蜓选区

图 1.40　蜻蜓与荷花

## 操作实践

### 实例：邀请函设计

（1）执行菜单栏中的“文件”→“打开”命令，或按快捷键【Ctrl+O】，将弹出“打开”对话框，选择素材文件，将图像打开，如图 1.41 所示。

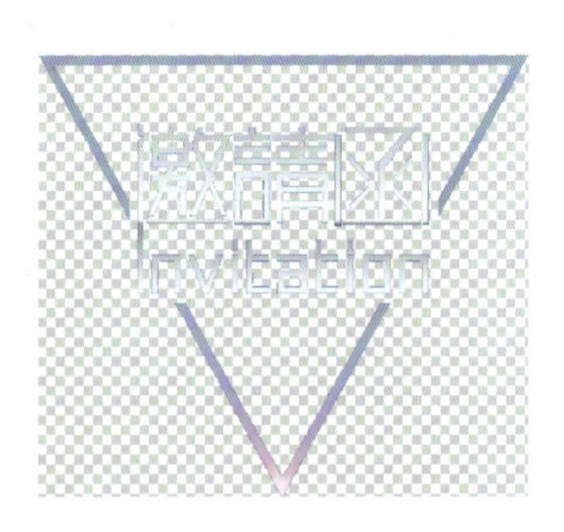


图 1.41　月球背景、飞机、文字素材

（2）执行菜单栏中的“文件”→“新建”命令，或按快捷键【Ctrl+N】，将弹出“新建”对话框，参数如图 1.42 所示，效果如图 1.43 所示。

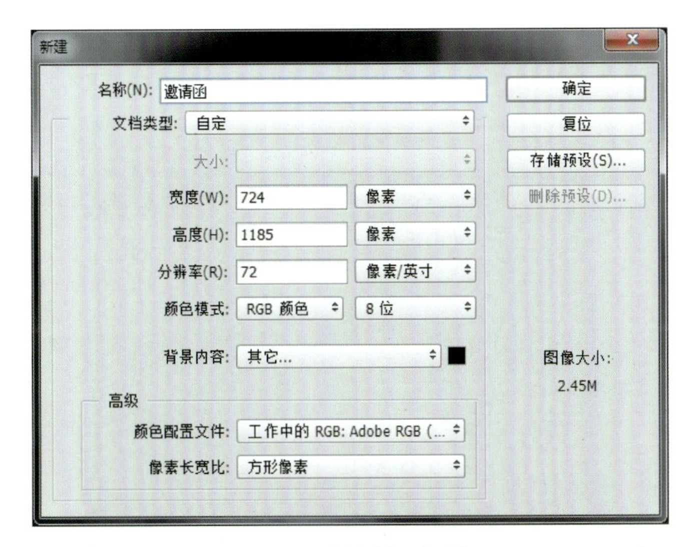


图 1.42　“新建”对话框

图 1.43　黑色背景图像

（3）把“月空”图像复制到新文档中，对“月空”全选（快捷键【Ctrl+A】），复制（快捷键【Ctrl+C】），如图 1.44 所示。

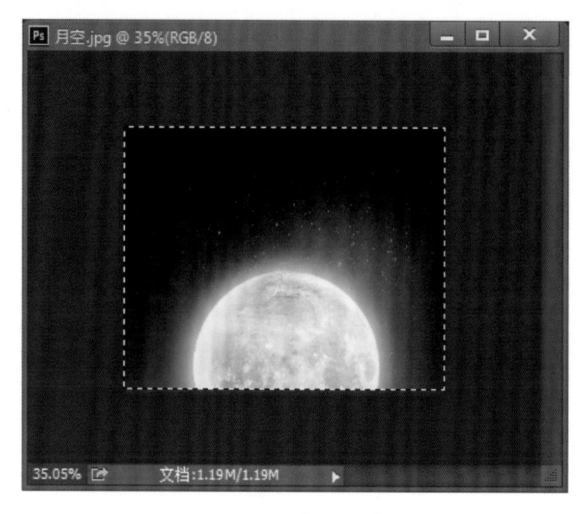


图 1.44　复制图像

（4）到新建的黑色背景文档中粘贴图像（快捷键【Ctrl+V】），并调整好位置，如图 1.45 所示。

图 1.45　粘贴图像

（5）将“飞机”图像直接拖动到新文档中，并调整好位置，如图 1.46 所示。

（6）将“邀请函”图像直接拖动到新文档中，并调整好位置，最终效果如图 1.47 所示。

图 1.46　添加飞机

图 1.47　邀请函

## 延伸性学习与研究

思考和探究 Adobe Photoshop CC 的基本操作，熟记 Adobe Photoshop CC 的工作界面。

## 拓展训练

安装 Adobe Photoshop CC，新建 1 024×768 像素，分辨率为 72 DPI 的文档，打开“拓展训练.jpg”，使用“椭圆选框”工具选择大熊猫，设置羽化值 10，复制选区，将大熊猫贴入新建文档，保存为 PSD 格式在“我的文档”中。

参考技术要素：

选区或形状工具
- 1. 椭圆形
- 2. 羽化
- 3. 贴入

# 第 2 章　选区的绘制与操作

## 知识技能目标

（1）了解 Photoshop CC 工具箱的组成。

（2）掌握选区的绘制与操作方法。

（3）识记选区的各种组合键和快捷键。

（4）熟练掌握选区操作满足各种特殊效果的制作。

## 操作任务

通过对选区进行适当的编辑，制作出特殊的图像效果。

## 学习内容

## 2.1　选区的创建

选区主要是通过一些特定的工具或命令进行创建，例如“选框”工具组、“套索”工具组、“魔棒”工具组等。

### 2.1.1　“选框”工具组

选框工具组主要创建矩形、圆形、单行和单列等选区样式。

1. “矩形选框”工具“ ”

“矩形选框”工具是区域选择工具中最基本、最常用的工具，利用它可以创建矩形选区。

选择“矩形选框”工具，其工具选项栏显示属性，如图 2.1 所示。

图 2.1　“矩形选框”工具选项栏

选择“添加到选区”按钮“ ”，可创建多次添加的选区效果，如图 2.2 所示。

选择“从选区减去”按钮“ ”，可创建多次减去的选区效果，如图 2.3 所示。

选择“与选区交叉”按钮“ ”，会在新选区与原选区相交的区域产生一个新的选区，而两次选取不相交的范围将被剪裁掉。

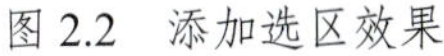

图 2.2　添加选区效果　　　　图 2.3　删减选区效果

在“样式”下拉列表选择“固定比例”或者“固定大小”选项，可以激活“宽度”和“高度”文本框，任意选择一个文本框输入数值，可以限制选区的大小，如图 2.4 所示。

样式: 固定比例　宽度: 1　高度: 1　选择并遮住...
正常
固定比例
固定大小

图 2.4　“样式”选项

2.“椭圆选框”工具“”

使用“椭圆选项”工具“”，可以在图像中创建椭圆或者圆形的选区。

选择“椭圆选项”工具“”，在工具选项栏中的“消除锯齿”复选框处于可用状态。

选中“消除锯齿”复选框后，Photoshop CC 会在出现锯齿开关的部分填入边缘与背景色中间色调的色彩，这样选区的硬边就不会太明显，从而可以使选区的边缘显得更加平滑一些。

使用“矩形选框”工具“”和“椭圆选项”工具“”绘制选区有几种快捷方法。

（1）使用“矩形选框”工具“”和“椭圆选项”工具“”的同时按下【Shift】键，可以绘制一个正方形选区或圆形选区。

（2）选择“矩形选框”工具“”或“椭圆选项”工具“”的同时按下【Alt】键，可以绘制一个以鼠标指针为中心的矩形选区或椭圆选区。

（3）单击“矩形选框”工具“”或“椭圆选项”工具“”的同时按下【Alt+Shift】组合键，可以绘制一个以鼠标指针为中心的正方形选区或圆形选区。

3.“单行选框”工具“”和“单列选框”工具“”

使用“单行选框”工具“”和“单列选框”工具“”，以建立 1 个像素宽的单行和单列的选区。

在工具箱中选择“单行选框”工具“”和“单列选框”工具“”，然后在要选择的区域旁边单击，接着将所选区域拖曳到确切的位置即可。在使用“单行选框”工具“”和“单列选框”工具“”时，应将工具选项栏中的羽毛选项设置为 0 像素。

如果想要取消选区，只需按下【Ctrl+D】组合键即可。

## 2.1.2 “套索”工具组

套索工具组主要是用来选取图像中的特定区域或者绘制不规则的选区。套索工具组包括“套索”工具“”、“多边形套索”工具“”和“磁性套索”工具“”。

1. “套索”工具：可以用来选择不规则的区域

使用“套索”工具效果如图 2.5 所示，绘制直线线段可以按住【Alt】键，然后单击确定线段的起点和终点就可以了。在选取的状态下按住【Delete】键，就可以删除最近创建的一条线段。

图 2.5　套索工具使用效果

2. “多边形套索”工具：可以建立多边形选区效果

使用“多边形套索”工具效果如图 2.6 所示，进行绘制选区的时候，先将鼠标移动到图像中并单击确定多边形选区的起点，然后陆续单击其他的折点来确定每一条折线的位置，最后当折点回到起点时，光标下出现一个小圆圈，表示选择区域已经封闭，这时再单击完成操作。

按住【Alt】键，可以切换到套索工具。

按住【Delete】键，可以删除最近画的线条，直到剩下要留下的部分。

图 2.6　多边形套索工具使用效果

3. “磁性套索”工具：可以自动识别边缘的套索工具

使用该工具时，只要在图像上单击，Photoshop 会自动沿着图像的边缘移动，无须按住鼠标，如图 2.7 所示，回到起点的时候会出现一个小圆圈，松开鼠标即可以将选择区域封闭。

图 2.7　“磁性套索”工具使用效果

“磁性套索”工具参数：

（1）“宽度”：设置“磁性套索”工具指定检测的边缘宽度，数值越小选取的边缘越精确。

（2）“对比度”：设置选取时边缘反差，数值越大选取的范围越精确。

（3）“频率”：设置选取时的节点数，数值越大，节点越多。

（4）“钢笔压力”：此按钮只有在安装数位板时才有效果。

在选取过程中，单击可增连接点，从而更精确地创建选区。

## 2.1.3 “魔棒”工具组

“魔棒”工具组可以根据图像中像素的颜色相近或相同的程度来建立选区。配合该工具选项栏中的“容差”选项值和其他选项的使用，精确地选取对象。

“魔棒”工具组新增加了“快速选择”工具，可以使用快速选择工具“ ”，利用可调整的圆形画笔笔尖快速“绘制”选区。拖动时，选区会向外扩展并自动查找和跟随图像中定义的边缘，如图 2.8 所示。

图 2.8　快速选择工具使用效果

## 2.2 选区的编辑

编辑选区主要是针对选区进行移动、显示、隐藏、变换、羽化、保存和载入等操作。

### 2.2.1 移动和反选选区

为创建出适合的选区，常常会对选区进行移动或者反向选择等操作。

1. 移动选区

在图像窗口中使用“矩形选框”工具创建一个选区，如图 2.9 所示，将指针放在选区边框内，拖动鼠标就可以移动选区，如图 2.10 所示。此外，还可以将该选区直接拖动到另一个图像的窗口中。

图 2.9 绘制矩形选区

图 2.10 移动矩形选区

当创建选区后，如图 2.11 所示，选择“移动”工具进行移动操作时，将会移动选区内的图像，如图 2.12 所示。

图 2.11 设置好的选区

图 2.12 图像被移动

若要将方向限制为 45°的倍数，先拖动选区，然后在继续拖动时按住【Shift】键即可。

若要以每次 1 个像素位置精确移动选区，使用“↑”“↓”“←”“→”这四个方向键。

若要以每次 10 个像素精确移动选区，可以按住【Shift】键并使用方向键。

若要取消选区，使用【Ctrl+D】组合键，也可以执行“选择”→“取消选择”命令来取消选区。

2. 反选选区

反选选区可以将图像窗口选择区域和非选择区域交换位置，即将选择区域和非选择区域转换。

反选选区的步骤如下：

（1）在图像中创建一个选区，如图 2.13 所示。

（2）选择“选择”→“反选”菜单项或者使用【Ctrl+Shift+I】组合键，即可以看到效果，如图 2.14 所示。

图 2.13　反选前

图 2.14　反选后

## 2.2.2　选区的编辑与应用

针对已选择的区域，进行增加、删减或者交叉等的操作。

1. 增加选区

创建一个选区，按住【Shift】键不放或者单击工具选项栏中的“添加到选区”按钮“■”，然后再创建一个选区，就可以创建一个二者区域相加的选区。

增加选区小案例：

（1）打开素材图像，选择“魔棒”工具，并将工具选项栏中“容差”输入“50”，在图像上创建选区，如图 2.15 所示。

图 2.15　创建选区

（2）按住【Shift】键，或者单击工具选项栏中的“添加到选区”按钮“■”，反复在图像中单击增加选区，直到满意的区域全部选择，如图 2.16 所示。

2. 删减选区

创建一个选区，按住【Alt】键不放或者单击工具选项栏中的“从选区中减去”按钮“■”，然后再创建一个选区，就可以创建一个二者区域相减的选区。

图 2.16　增加选区

3. 交叉选区

若想要建立与原本选区交叉的新选区，按住【Shift+Alt】组合键或者单击工具选项栏中的“与选区交叉”按钮“▣”，然后继续绘制选区中的其他部分。

4. 剪切、复制、粘贴选区

（1）剪切选区：创建选区，执行“编辑”→“剪切”，或者按下【Ctrl+X】组合键可以剪切所选图像。

（2）复制选区：选择“编辑”→“拷贝”，或者按下【Ctrl+C】组合键可以复制选区内图像。

（3）粘贴选区：选择“编辑”→“粘贴”，或者按下【Ctrl+V】组合键可以将复制或者剪切的选区图像粘贴到图像的别处，也可以粘贴到另一个新文件中。

## 2.2.3　选区的调整

通过选区的变换、修改、羽化、保存、载入等命令对选区进行调整。

1. 变换选区

该命令通过选区缩放、斜切、旋转、透视和变形等操作来变换选区。

在图像中创建完成选区后，选择“选择”→“变换选区”菜单项，打开变换选区的定界框。当鼠标位于选区定界框之内时，此时按住鼠标左键并拖动就可以移动选区，如图 2.17 所示。

图 2.17　移动选区

将鼠标指针移动到选区定界框的控制柄上，当光标变成箭头形状时按住拖动鼠标可改变选区的大小和旋转方向，如图 2.18 所示。

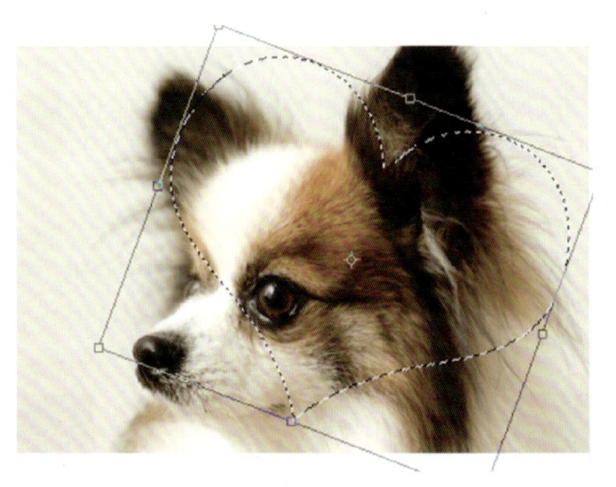

图 2.18　改变选区

当变换完成后，只需单击工具选项栏中的“提交变换”按钮“✓”或者按下【Enter】键即可完成操作；如果想取消变换，则可单击“取消变换”按钮“⊘”或者按下【Esc】键取消变换。

选择“编辑”→“变换”菜单项，可以按照各个子菜单命令对选区进行各项变换。或者在图像窗口中右击，在弹出的快捷菜单中选择相应的菜单项进行变换。

2. 修改选区

1）扩展或收缩选区

“扩展”命令可以扩展选区，以包含具有相似颜色且位置相邻的区域。使用“扩展”或“收缩”命令，可以将选区边框按照指定的数值扩大或缩小。

扩展选区的操作方法如下：

（1）打开一幅图像，并创建选区。

（2）执行“选择”→“修改”→“扩展”命令，在弹出的“扩展选区”对话框中，设置“扩展量（E）”为 30，然后单击“确定”按钮。（收缩选区的操作方法与其一样）。

（3）得到如图 2.19 所示的“扩展选区”效果。

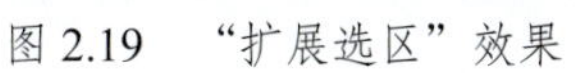

图 2.19　“扩展选区”效果

2）修改选区边缘

“边界”：该命令可将选区周围绘制实边缘边框。

“平滑”：该命令可将选择区域变得连续而平滑，通常用于修复整理使用魔棒工具创建的不连续的选区。

“羽化”：该命令可以通过扩展选区的轮廓达到模糊边缘的效果。羽化的半径数值越大，羽化的效果越明显。也可以在选择“选框”工具和“套锁”工具时直接定义他们的羽化值。

羽化选区的操作方法如下：

（1）创建一个选区。

（2）执行“选择”→“羽化”命令或者使用【Shift+F6】组合键，在弹出的“羽化选区”对话框中，设置“羽化半径（R）”为 10，然后单击“确定”按钮。

（3）得到如图 2.20 所示的“羽化选区”效果。

图 2.20　“羽化选区”效果

3. 选取相似

该命令可以扩展选区，以包括具有相似颜色的区域，而不单是相邻像素。

注：在位图模式的图像上不能使用“扩大选取”和“选取相似”命令。

4. 存储选区

选择“工具箱”魔棒工具“ ”，设置容差为 30，单击叶子素材的白色部分，如图 2.21 所示，执行“选择”→“反选”命令，得到叶子的选区。执行“选择”→“存储选区”命令，弹出“存储选区”对话框后可进行相关设置，单击“确定”按钮。该选区即被存储起来，以备调用，如图 2.22 所示。

图 2.21　叶子

图 2.22　存储选区

5. 载入选区

将选区存储之后，执行“选择”→“载入选区”命令，弹出“载入选区”对话框，如图 2.23 所示，在该对话框中“通道”下拉菜单中选择“叶子”，单击“确定”按钮，如图 2.24 所示，选区就载入成功了。

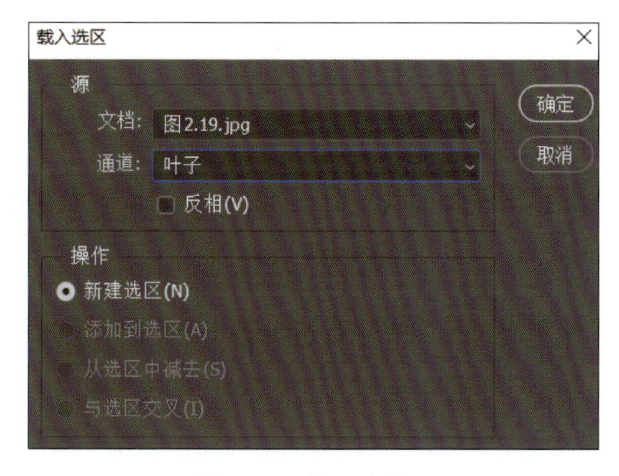


图 2.23　载入选区

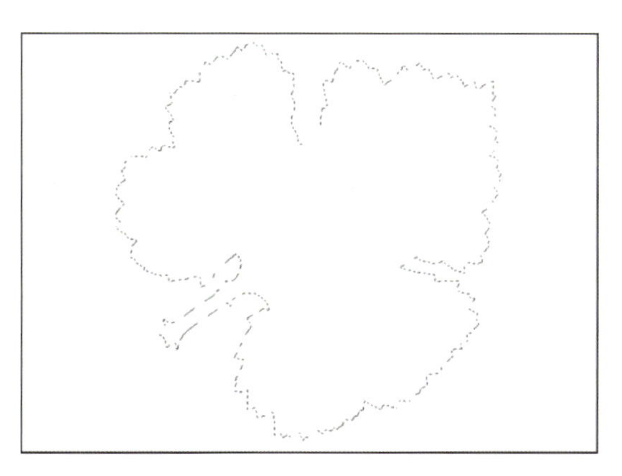

图 2.24　载入选区最后效果

## 操作实践

### 实例：古书设计

通过对选区进行适当的编辑，可以制作出特殊的图像效果，本实例介绍利用辅助工具，拷贝和粘贴等命令来替换图像背景的操作过程。

（1）打开实例对应的素材，如图 2.25 所示。

图 2.25　茶壶、文字、古书素材

（2）选择茶壶素材文件，选择“魔棒”工具，单击图像窗口中的白色背景部分，将其选中，如图 2.26 所示。

（3）选择“选择”→“反选”菜单项，将选区反选，然后选择“选择”→“修改”→“羽化”菜单项，弹出“羽化选区”对话框，设置“羽化半径（R）”为 3，最后单击确定。

（4）得到如图 2.27 所示的羽化效果。

图 2.26 “魔棒”工具选择效果

图 2.27 羽化效果

（5）按下【Ctrl+C】组合键复制该选区的图像。选择古书素材，按下【Ctrl+V】组合键粘贴图像。并且按下【Ctrl+T】组合键变换图像的大小及位置，如图 2.28 所示。

图 2.28 变化图像效果

（6）按下【Enter】键确认操作。再次按下【Ctrl+V】组合键粘贴图像，按下【Ctrl+T】组合键变换图像的大小及位置。并且调整其图层的透明度。最终效果如图 2.29 所示。

图 2.29　最终效果展示

## 延伸性学习与研究

思考和探究 Photoshop CC 选区的基本操作，熟练掌握各种组合键和快捷键。

## 拓展训练

打开“拓展训练 .jpg”，使用“选择”→“色彩范围”工具，设置容差，快速选择水中的红花，存储选区名为红花。

参考技术要素：

方法或工具
1. 色彩范围
2. 容差
3. 存储选区

# 第 3 章　图像的填充

## 知识技能目标

（1）了解 Photoshop CC 工具箱的组成。
（2）掌握图像填充的各种操作方法。
（3）识记图像填充的各种组合键和快捷键。
（4）熟练掌握图像的填充操作满足各种特殊效果的制作。

## 操作任务

通过对图像的填充编辑，制作出特殊的图像效果。

## 学习内容

## 3.1　前景色与背景色的设置

Photoshop 使用前景色绘图、填充和描边选区，使用背景色进行渐变填充和填充图像中被擦除的区域。图 3.1 所示为工具箱中的前景色与背景色。默认情况下前景色为黑色，背景色为白色。用户可以使用拾取器、颜色面板、色板面板指定新的前景色和背景色。

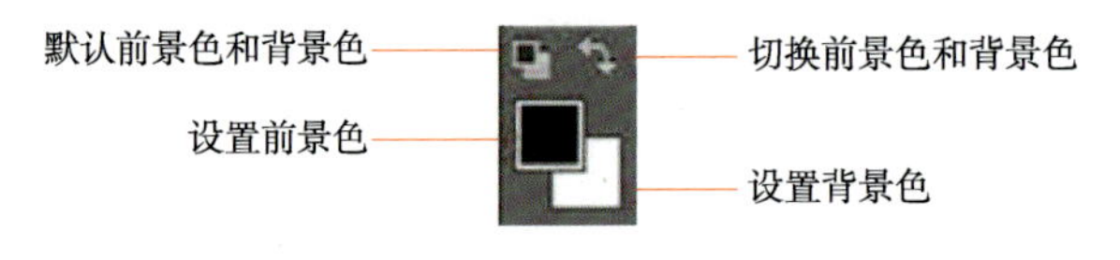


图 3.1　设置前景色与背景色

### 3.1.1　使用拾色器

拾色器可以从色谱中选取或者以数字形式定义颜色。

单击前景色或者背景色的颜色框，即可打开“拾色器”对话框，如图 3.2 所示。

在 Adobe“拾色器”中，可以基于 HSB（色相、饱和度、亮度）或者 RGB（红色、绿色、蓝色）颜色模型选择颜色，或者根据颜色的十六进制来指定颜色，也可以基于 LAB 或者 CMYK（青色、洋红、黄色、黑色）颜色模型指定颜色。

在左侧大的颜色块任意拖动，或者在右侧对话框中输入任何一种颜色模式的数值，都可以得到想要的颜色，拖动彩色长条上两个相对的空心三角形，可以改变颜色的色相。

右侧有个小的颜色色块，上半部分显示当前选取的颜色，下半部分显示的颜色是进入“拾色器”之前的原有颜色。

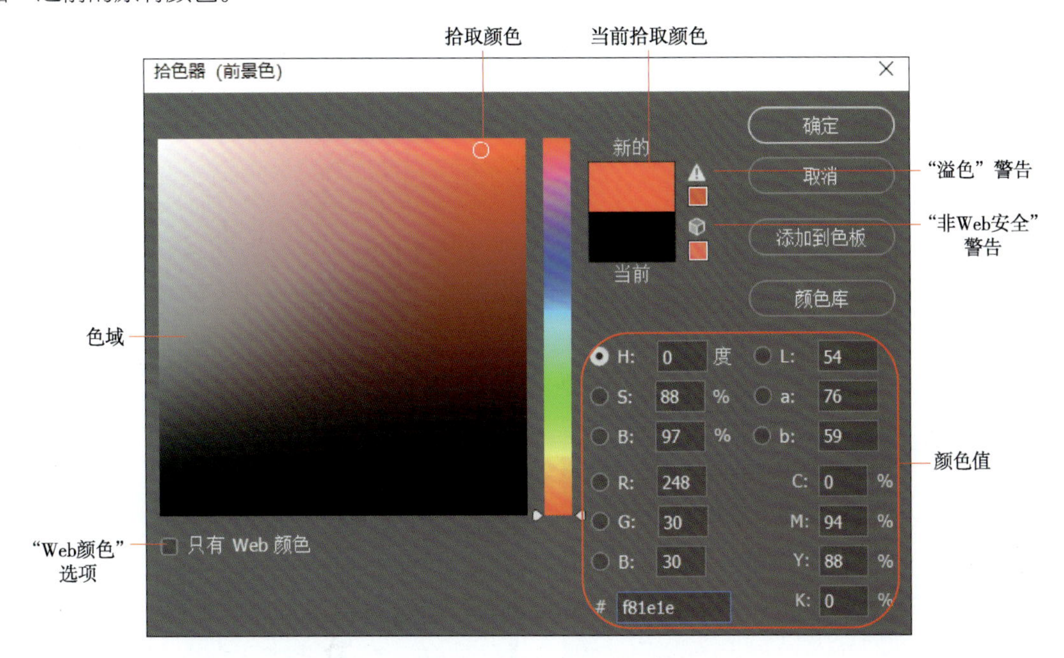


图 3.2　“拾色器”对话框

在“拾色器”对话框中单击“颜色库”按钮，打开“颜色库”对话框，如图 3.3 所示。

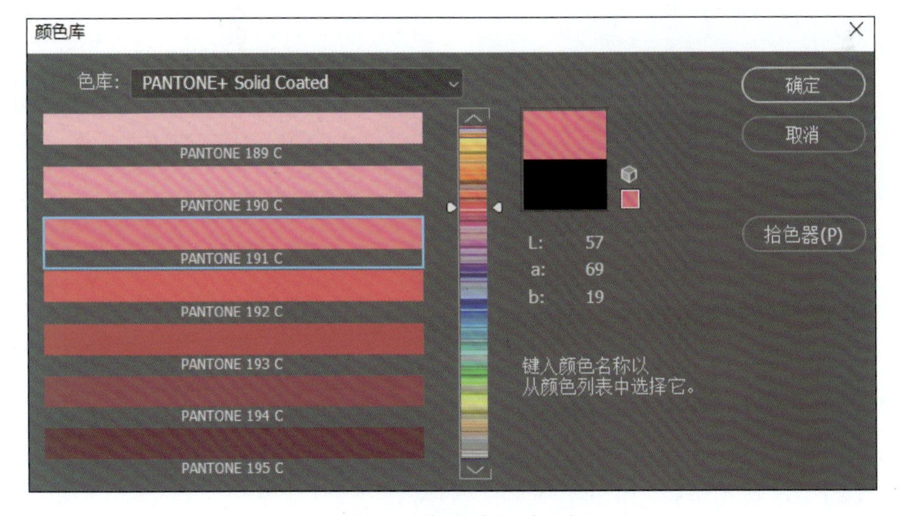


图 3.3　“颜色库”对话框

在“色库”列表中是一些公司或组织制定的颜色标准，选择一种色库，可通过中间的滑块来调整色域，单击左边的彩条可以选择该库中的颜色。

### 3.1.2 颜色调板

执行“窗口”→“颜色”命令或使用【F6】键，打开颜色调板，如图 3.4 所示。

“颜色”调板显示当前前景色和背景色的颜色数值，单击面板左侧两个重复的方块颜色可切换前景色与背景色。若要更改颜色，先单击相应的色框使其激活，然后拖动“颜色”调板上的滑块，或者直接输入数值来改变颜色。也可以将鼠标放在颜色条上，鼠标会变成吸管形状，单击颜色面板里的任意一个颜色，都可取样该颜色。

单击“颜色”面板右上角的三角按钮，可切换不同颜色模式。

### 3.1.3 色板调板

执行“窗口”→“色板”命令，打开色板调板，如图 3.5 所示。

单击色板中的任意一种颜色就可以设置其为前景色，若单击时候按住【Ctrl】键，则可将选择的颜色设置为背景色。

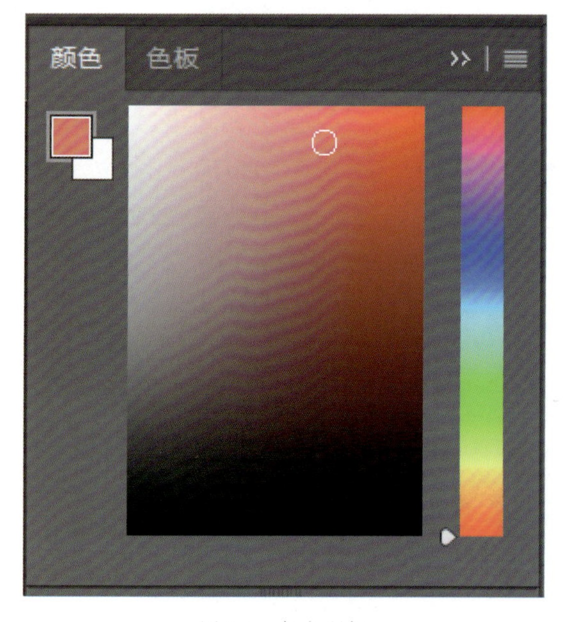


图 3.4 颜色调板

图 3.5 色板调板

### 3.1.4 吸管工具

从图像中取样颜色，并将其设置为前景色或者背景色。

选择工具箱中“吸管工具”，在想要的颜色上单击即可将该颜色设置为新的前景色，当拖动吸管工具在图像上取色的时候，前景色的选择框会动态的发生相应变化。

按住【Alt】键，则可将该颜色设置为新的背景色。

“取样点”：可读取单击的像素的精确值。

“3×3 平均”或者“5×5 平均”：可以读取单击区域内指定像素数的平均值，如图 3.6 所示。

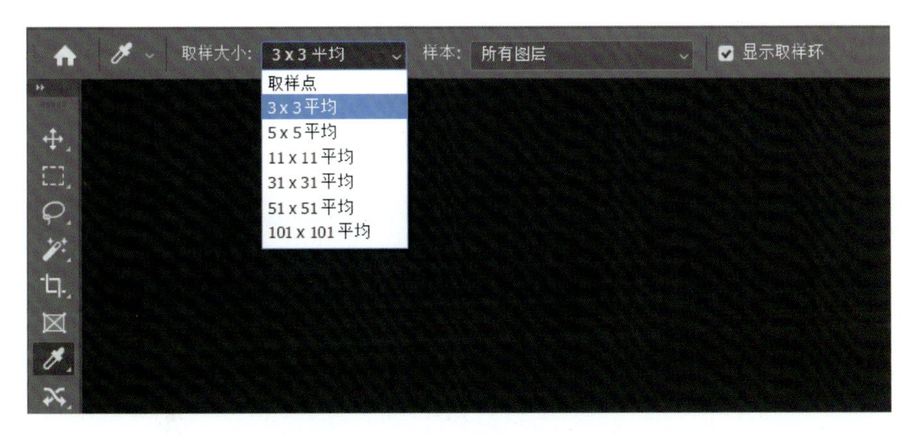


图 3.6　“吸管工具”工具选项栏

# 3.2　填充工具

## 3.2.1　“油漆桶”工具

“油漆桶”工具：可以在图像中填充前景色颜色或者图案。填充的范围是与鼠标落点处所在像素颜色相同或者接近的像素点，如图 3.7 所示。

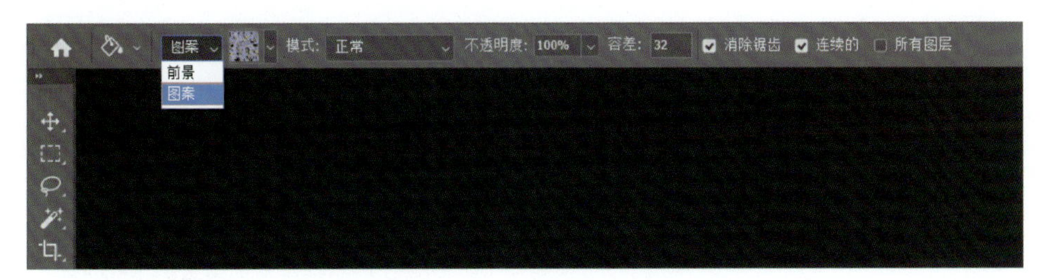


图 3.7　“油漆桶”工具栏

1.“设置填充区域的源”下拉列表框

在下拉列表中可以指定填充图像所选的形式，效果如图 3.8 和图 3.9 所示。

图 3.8　填充颜色

图 3.9　填充图案

2. “图案拾取器”工具

在“设置填充区域的源”下拉列表中选择“图案”选项就可以激活“图案拾取器”选项，单击选项右侧的三角按钮，弹出“图案拾取器”面板，在该面板中可以选择合适的图案，如图 3.10 所示。

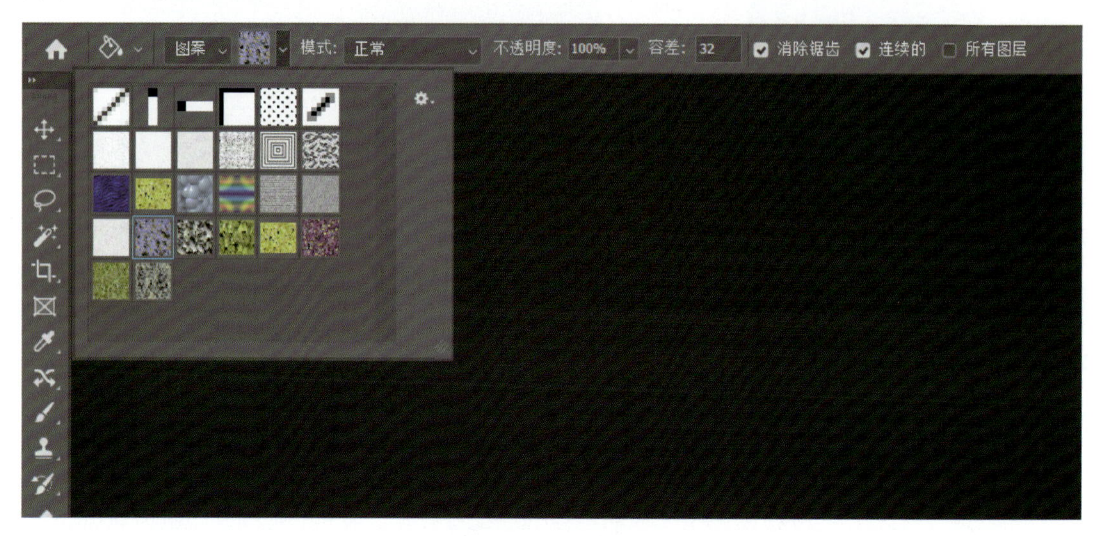


图 3.10　图案拾取器

按住【Shift+Backspace】组合键，可以调出填充面板，可以在该面板中选择填充的内容和模式，默认选择为前景色。

按住【Ctrl+Backspace】组合键，自动填充背景色。

按住【Shift+G】组合键可以实现“渐变”工具和“油漆桶”工具的相互切换。

## 3.2.2 “渐变”工具

“渐变”工具：产生逐渐变化的是色彩，在设计中常常使用色彩渐变。色彩渐变可以通过渐变工具来使用，也可以在图层样式中使用，但不能运用于位图、索引颜色或 16 位 / 通道的图像。

选择“渐变”工具，此时工具选项栏中将显示相关信息，如图 3.11 所示。

图 3.11　“渐变”工具条

该工具选项栏中各个选项的作用如下。

1. 点按可编辑渐变

（1）单击点按可编辑渐变“ ”区域可以打开“渐变”拾色器面板。

（2）单击预览条，可以弹出“渐变编辑器”对话框，如图 3.12 所示，在该对话框中可以设置渐变的颜色和样式等参数。

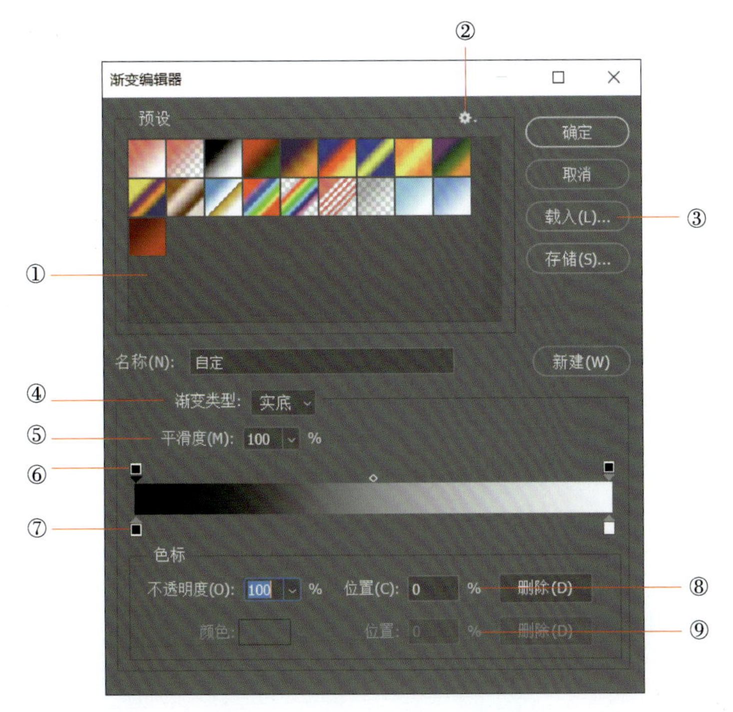


图 3.12　“渐变编辑器”对话框

①渐变预览窗口：系统默认的渐变形式都显示于此。

②渐变预设：单击“预设”右侧“⚙.”按钮，弹出面板菜单，提供了二十一种渐变预设。

③载入：可加载更多的渐变形式。

④渐变类型：“实底”与“杂色”两项，“实底”过渡均匀，如选择“杂色”需要调节以下选项，如图 3.13 所示。

a.“粗糙度”滑块：用于调节混合渐变色的粗糙度，数值越小颜色过渡越平滑。

b.“颜色模式”选项组：在“颜色模式”下拉列表中选择一种颜色模式，然后拖动各个颜色分量滑块可改变最后的混合颜色。

c.“选项”选项组：选中“限制颜色”可降低渐变色的饱和度；选中“增加透明度”可设置渐变颜色为透明；单击“随机化”按钮渐变色将会使用软件提供的随机颜色。

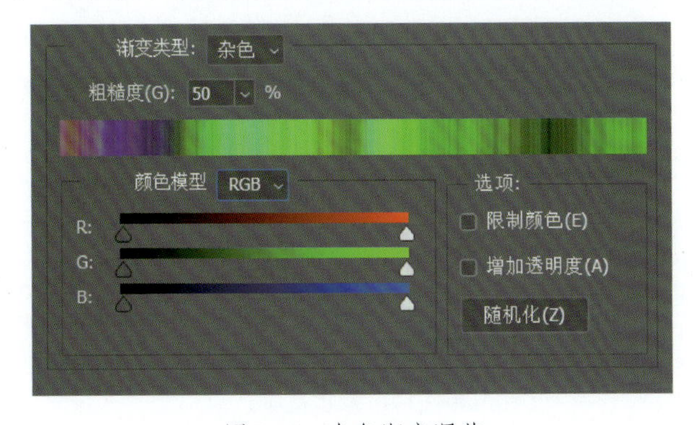


图 3.13　杂色渐变调节

⑤平滑度：数值在 0%~100% 之间，数值越大，颜色过渡越光滑。

⑥透明度：单击铅笔标志可以通过调整颜色来控制颜色的透明度，颜色可以在“色标”下“不透明度”颜色框里选择。黑色代表不透明，白色代表透明。

⑦渐变颜色：单击铅笔标志可以通过调整颜色来控制渐变颜色，颜色可以在“色标”下“颜色”颜色框里选择。

⑧、⑨位置：可以通过改变“位置”里的具体数值，改变不透明度和颜色设置的具体位置。

2. 渐变样式

在工具选项栏里有五种渐变样式。

选择好渐变样式，单击选区并拖动鼠标拉出一条直线，不同渐变样式有不同效果。

（1）线性渐变：渐变色从鼠标起点到终点进行填充，如图 3.14 所示。

（2）径向渐变：渐变色将以拉线为圆心，拉线长度为半径进行环形填充，产生圆形渐变，如图 3.15 所示。

图 3.14　线性渐变

图 3.15　径向渐变

（3）角度渐变：渐变色以拉线起点为顶点、拉线为轴围绕拉线起点顺时针旋转 360 度进行环形填充，产生锥形渐变效果，如图 3.16 所示。

（4）对称渐变：渐变色以拉线的起点到终点进行直线填充，并且以拉线方向的垂线为对称轴产生两边对称的渐变效果，如图 3.17 所示。

（5）菱形渐变：渐变色将以拉线的起点为中心，终点为菱形的一个角，以菱形的效果向外扩散，如图 3.18 所示。

图 3.16　角度渐变

图 3.17　对称渐变

图 3.18　菱形渐变

## 3.3 “描边”工具

“描边”工具：可执行“编辑”→“描边”工具，用于给选区或者图像增加一个边缘，如图 3.19 所示。

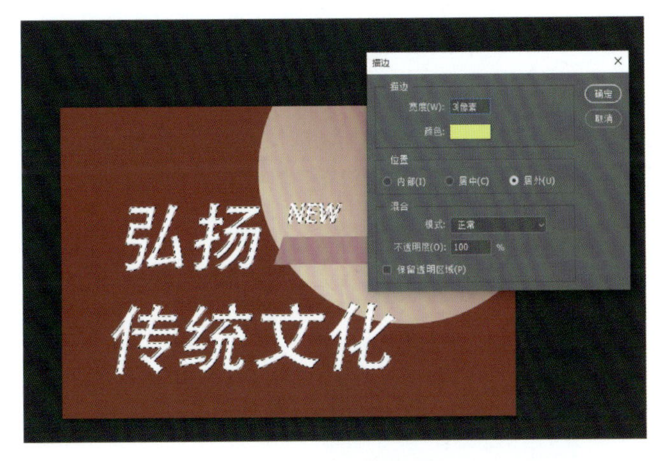


图 3.19　给文字加描边

“宽度”：决定描边的大小。

“位置”：决定是以什么方式进行描边。

## 3.4 自定义图案

通过自定义图案，可以将设计好的图案保存在“图案”拾取器中供以后填充图层或者选取图像时候使用。

将选区定义为图案具体步骤如下：

（1）打开所需要定义图案的图像文件，如图 3.20 所示。

（2）执行“编辑”→“定义图案”命令，弹出“图案名称”对话框，在“名称”文本框中输入名称，然后单击“确定”按钮，如图 3.21 所示。

图 3.20　红星

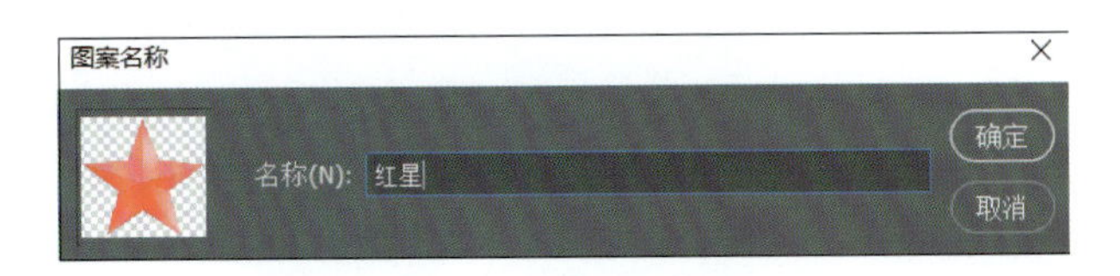


图 3.21　“图案名称”对话框

（3）新建一个背景为白色的图像文件，执行“编辑”→“填充”命令，弹出“填充”对话框，如图 3.22 所示。在“自定图案”面板中选择定义的图案“红星”，在“脚本”下拉列表中选择“螺线”模式，弹出“螺线”对话框，设置参数如图 3.23 所示，然后单击“确定”按钮。

（4）得到如图 3.24 所示效果。

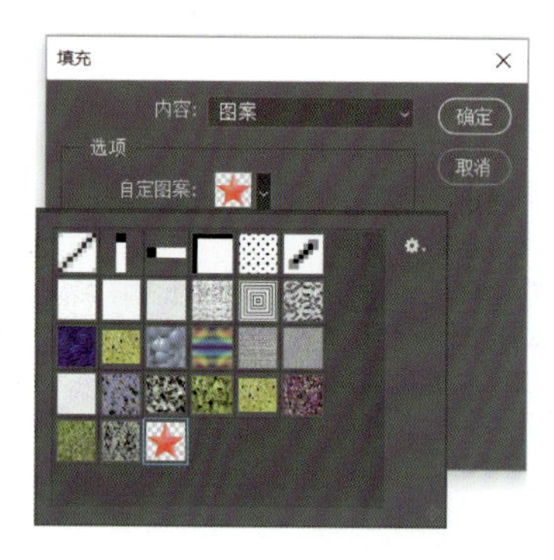


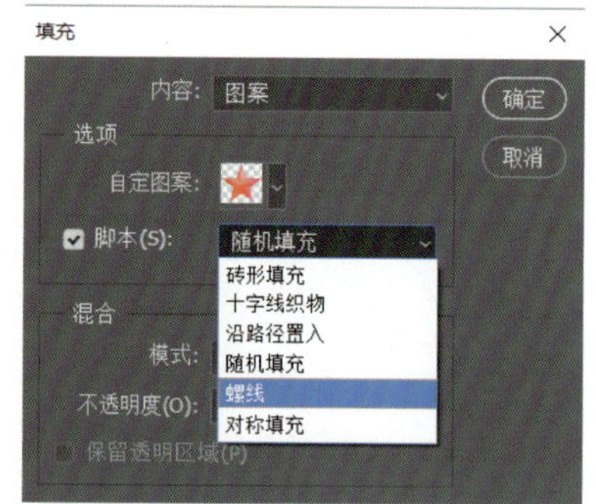


图 3.22　“填充”对话框

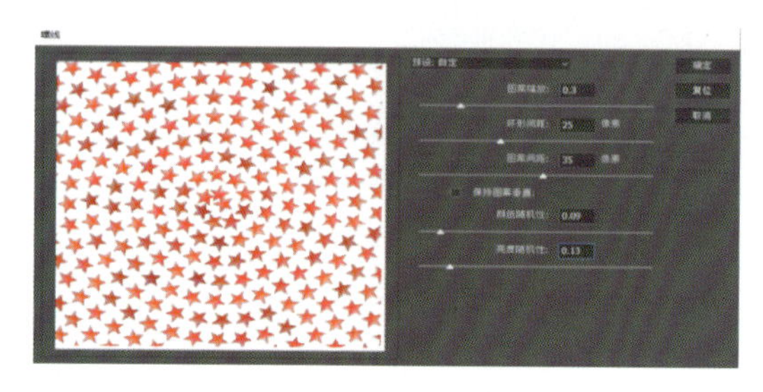

图 3.23　“螺线”对话框

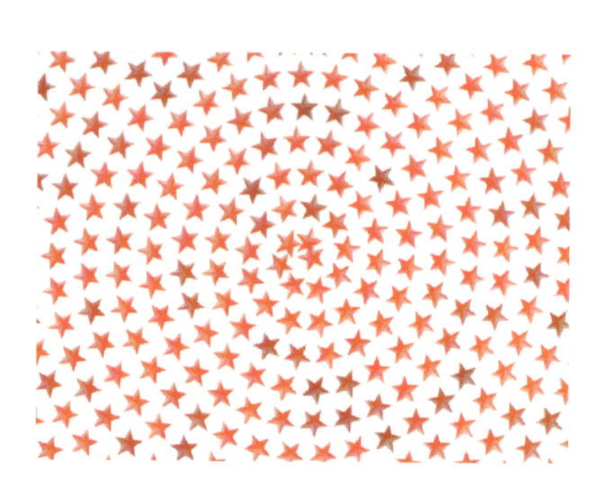

图 3.24　“自定义图案”最终效果

## 操作实践

### 实例：卡通画设计

通过对选区进行适当的填充、描边编辑，可以制作出特殊的图像效果。本案例介绍使用油漆桶填充、渐变填充、自定义图案填充、描边等命令制作一个小小的插画，效果如图 3.25 所示。

图 3.25　综合实例效果

（1）新建文件 800 像素 ×600 像素，分辨率为 150 DPI，颜色模式为 RGB，如图 3.26 所示。

图 3.26　新建文件

（2）新建一个图层，选择线性渐变，前景色设置为深蓝（#140cc1），背景色设置为浅蓝色（#0aa2f1），制作出背景，如图 3.27 所示。

（3）新建一个图层，用套索工具画出雪山的轮廓，并且填充成白色，如图 3.28 所示。

图 3.27　添加渐变

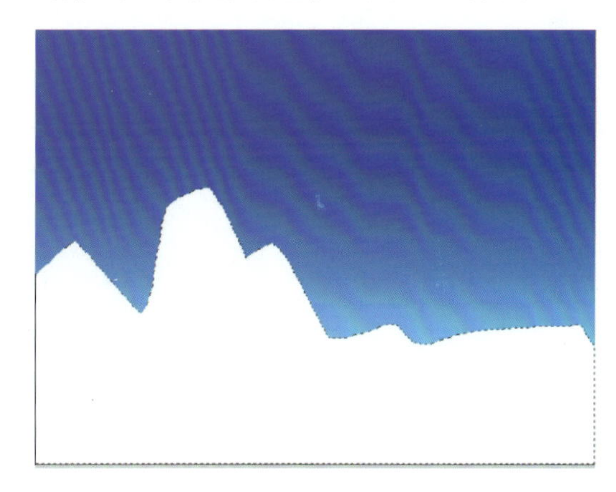

图 3.28　画出雪山轮廓

（4）用套索工具勾勒出雪山的阴影面，填充成浅灰色（#2b9be），如图 3.29 所示。

（5）新建一个图层，用椭圆选区工具画出主角的脸的轮廓。填充成白色，执行“编辑”→“描边”命令，颜色选择为黑色，宽度为 4 像素，如图 3.30 所示。

（6）再次新建一个图层，同步骤 5 一样，绘画出主角的耳朵。并按住【Alt】键复制出一个，并且按住【Ctrl+T】组合键调整好耳朵的方向，如图 3.31 所示。

（7）新建一个图层，用椭圆选区画出鼻子，用径向渐变填充，颜色从黑色到深灰色。再用椭圆选区画出鼻子的高光，颜色选择浅灰（#adaaac）。同样步骤画出眼睛、嘴巴和脸颊，如图 3.32 所示。

（8）同样步骤，选择合适的颜色制作出小熊的身体，如图 3.33 所示。

图 3.29 填充阴影

图 3.30 描边主角轮廓

图 3.31 绘制耳朵

图 3.32 绘制五官

图 3.33 绘制身体

（9）新建一个文件，背景层设置为透明，制作出烟花的图案。并且执行“编辑”→“定义图案”命令，弹出“图案名称”对话框，在“名称”文本框中输入“烟花”，单击“确定”按钮，如图 3.34 所示。

（10）回到案例文件，再新建一个图层，按住【Shift+Backspace】组合键，调出填充面板，选择填充内容为图案，并在自定义图案中选择“烟花”图案。用选区结合变形工具调整每个烟花的大小，如图 3.35 所示。

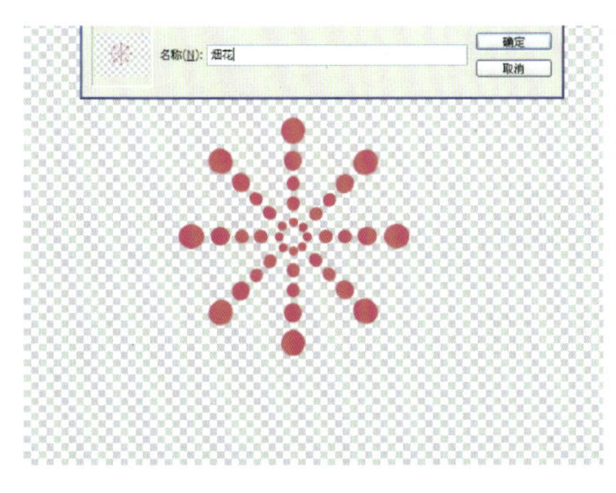


图 3.34　定义烟花

图 3.35　最终效果图

## 延伸性学习与研究

思考和探究 Photoshop CC 图像的填充与变换，通过标志制作训练，熟练掌握各种组合键和快捷键。

## 拓展训练

本节拓展训练的内容，以从事平面设计、广告设计等工作岗位的实际工作项目为主线，由简至繁、循序渐进。将工匠精神的“规范、专注、精益、创新”的精髓内容融入实操训练的各个阶段，达成课程思政教学有机融入教学内容。

根据给定选区操作，如图 3.36 所示，实现图形由正圆→半圆→镰刀的实操训练，得到构成标志的基础图形。设计制作如图 3.37 所示的三个基础图形和四个基础图形构成的标志。

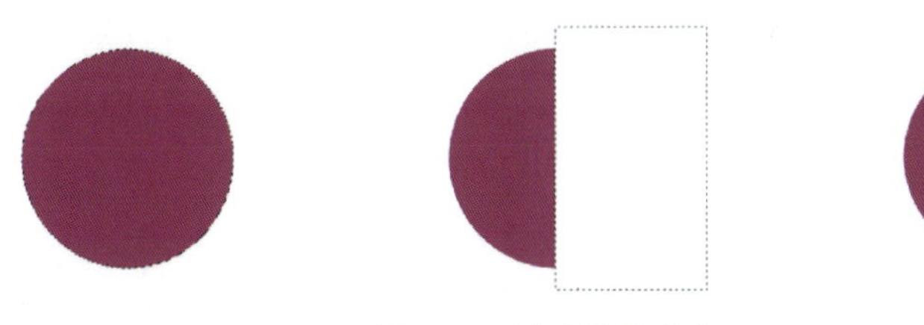

图 3.36　基础图形变化

图 3.37　制作效果标志

# 第 4 章　图像的绘制与修饰

## 知识技能目标

（1）了解 Photoshop CC 工具箱的组成。
（2）掌握图像的绘制与修饰方法。
（3）识记图像的绘制与修饰工具的各种组合键和快捷键。
（4）熟练掌握修饰修复工具处理人物照片。

## 操作任务

通过对图像的绘制与修饰工具的使用，制作出特殊的图像效果。

## 学习内容

## 4.1　绘图工具

Photoshop 提供了各种绘图工具，可以对图像进行细节修饰，还可以根据需要自定义不同的画笔样式和钢笔样式来绘制漂亮的图像效果。

### 4.1.1　“画笔”工具

使用画笔工具组中的工具可以在图像上绘制出以前景色为颜色的图像效果。

选择“画笔”工具“ ”，在“画笔”工具栏中会出现相关参数的设置信息，如图 4.1 所示。

图 4.1　“画笔”工具栏

（1）画笔工具预设：可选择默认画笔工具预设，如图 4.2 所示。
（2）画笔预设选取器：选择系统默认的画笔的种类，也可新建或者删除预设画笔工具。
（3）切换画笔面板：可进入画笔面板，设置画笔属性。

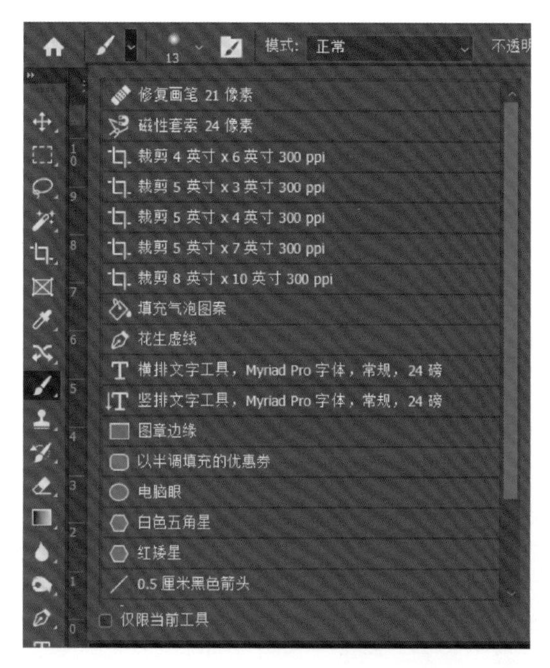

图 4.2　画笔预设

（4）画笔模式：画笔的各种显现模式。

（5）不透明度：该选项可以设置画笔的不透明度。

（6）流量：决定画笔在绘画时的压力大小。

### 4.1.2 “铅笔”工具

“铅笔”工具的使用方法和设置属性与“画笔”工具基本相同，不同的在于“铅笔”工具更适合绘制直线和曲线等效果，绘制出的图形比较生硬，如图 4.3 所示。

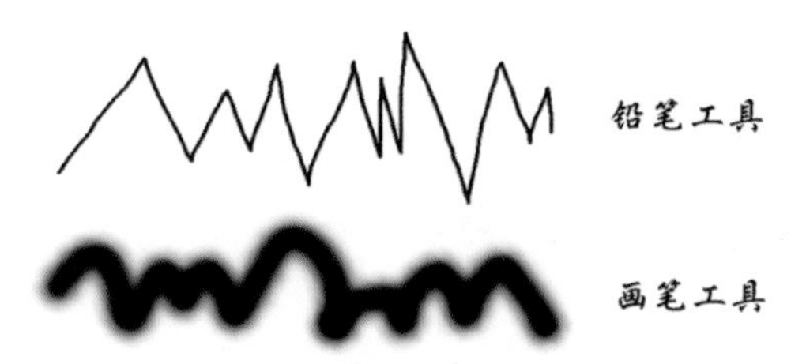


图 4.3　铅笔与画笔效果

## 4.2 修饰类工具

### 4.2.1 橡皮擦工具组

橡皮擦工具组中提供了“橡皮擦”工具、“背景橡皮擦”工具、“魔术橡皮擦”工具三种，用来擦除图像。

1.“橡皮擦”工具

用来擦除图像中需要擦去的部分，“橡皮擦”工具栏如图 4.4 所示，“橡皮擦”擦除效果如图 4.5 所示。

图 4.4　“橡皮擦”工具栏

（1）画笔预设选取器：可选择橡皮擦的类型。

（2）抹除模式：橡皮擦的模式。

（3）不透明度：该选项可以设置橡皮擦的不透明度。

（4）流量：决定橡皮擦在擦除图像时的压力大小。

图 4.5　“橡皮擦”擦除效果

2.“背景橡皮擦”工具

使用“背景橡皮擦”工具，可以擦除图层中的图像并将其擦成透明背景，同时在擦除背景的同时会保留对象的边缘，如图 4.6 所示。

图 4.6　“背景橡皮擦”擦除效果

3.“魔术橡皮擦”工具

使用“魔术橡皮擦”工具，可以擦除一定容差内与鼠标落点相邻的颜色，并将作用过的地方变成透明色，如图 4.7 所示。

图 4.7　“魔术橡皮擦”擦除效果

### 4.2.2　模糊工具组

模糊工具组包括“模糊”工具、“锐化”工具、“涂抹”工具。

（1）“模糊”工具：可以柔化、模糊图像中的边缘或者区域，从而达到模糊图像的效果，如图 4.8 所示。

图 4.8　模糊效果

（2）“锐化”工具：与“模糊”工具相反，该工具是增大图像相邻像素间的色彩反差来提高图像的清晰度，如图 4.9 所示。

图 4.9　锐化效果

（3）“涂抹”工具：模拟手指拖动湿油漆时所看到的效果，该工具可拾取开始位置的颜色，并沿着拖移的方向展开这种颜色，如图 4.10 所示。

图 4.10　涂抹效果

### 4.2.3　减淡工具组

减淡工具组包括“减淡”工具、“加深”工具、“海绵”工具，主要用于加深或减淡图像的颜色，用来调整图像的色彩饱和度。

1.“减淡”工具

通过增加图像的曝光度来提高图像中某个区域的亮度，如图 4.11 所示。

图 4.11　减淡效果

2.“加深”工具

通过减弱图像的光线来使图像中的某个区域变暗，如图 4.12 所示。

图 4.12　加深效果

3.“海绵”工具

用于精确地更改区域的色彩饱和度，在灰度模式下，该工具通过使灰阶远离或者靠近中间灰色来增加或降低对比度，如图 4.13 所示。

图 4.13　海绵效果

## 4.2.4　修复工具组

修复工具组的工具主要是用于快速修复图像中的污点或瑕疵。

1.“污点修复画笔”工具

使用“污点修复画笔”工具，可以快速地移去图像中的污点和瑕疵，“污点修复画笔”工具的工作方式与“修复画笔”工具相似，但与“修复画笔”工具不同的是，“污点修复画笔”不要求指定样本点，将自动从所修饰区域的周围取样，如图 4.14 所示。

图 4.14　污点修复前后对比

2.“修复画笔”工具

使用“修复画笔”工具，可以校正瑕疵，使它们消失在周围图像中。它可将样本像素的纹理、光照、透明度和阴影与原像素进行匹配，从而使修复后的像素不着痕迹地融入图像之中，如图 4.15 所示。

3.“修补”工具

使用“修补”工具，可以用其他区域或图案中的像素来修复选中的区域，如图 4.16 所示。

4.“内容感知移动”工具

使用“内容感知移动”工具，来移动选区里的内容，通过软件的计算，就可以完成合成的效果，如图 4.17 所示。

图 4.15 “修复画笔”工具使用效果

图 4.16 “修补”工具使用效果

在模式这里，可以选择移动和扩展。

“移动”：就是对选区里的内容进行一个移动操作，然后合成到图片中。

“扩展”：就是对选区里的内容复制一个，然后合成。

图 4.17 “内容感知移动”工具使用效果前后对比

5.“红眼”工具

使用“红眼”工具，可以移去数码照片拍摄时候，因为开设闪光灯所产生人物照片中的红眼现象，也可以移去闪光灯拍摄照片中白色、绿色的反光，如图 4.18 所示。

图 4.18 “红眼”工具使用效果前后对比

“瞳孔大小”：设置瞳孔（眼睛暗色的中心）的大小。

“变暗量”：设置瞳孔的暗度。

## 操作实践

### 实例：绘制三原色

本案例通过使用“画笔”工具、绘画模式等来还原光学三原色。

基础回顾：RGB 三原色。

R 代表红色（Red），色值为：R=255，G=0，B=0；

G 代表绿色（Green），色值为：R=0，G=255，B=0；

B 代表蓝色（Blue），色值为：R=0，G=0，B=255。

（1）新建黑色背景的文档，设置宽高分别为 800 像素 ×800 像素，分辨率 72 DPI，颜色模式为 RGB 颜色，背景内容为“黑色”，如图 4.19 所示。

（2）单击菜单栏中的“图层（L）”→“新建（N）”→“图层（L）”命令，新建一个透明图层 1，如图 4.20 所示。

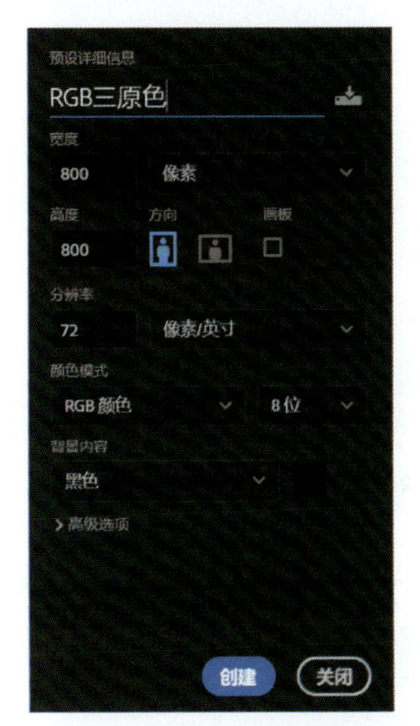


图 4.19　新建文档“RGB 三原色”

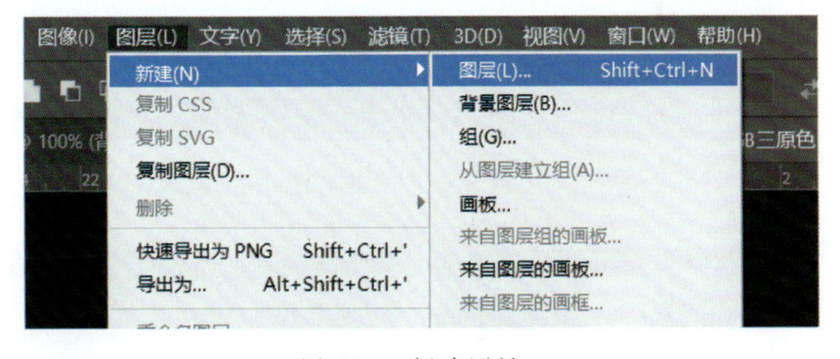


图 4.20　新建图层

（3）选择“椭圆选框”工具，在画布合适位置，按住【Shift】键，拖动鼠标绘制正圆。选择“画笔”工具，设置好合适的笔刷大小。单击“拾色器”，设置前景色为红色，R=255，如图 4.21 所示。

（4）用“画笔”工具，在选区范围涂抹红色，如图 4.22 所示。

（5）选择“椭圆选框”工具，移动圆形蚂蚁线到两个圆形有交集位置，选择“画笔”工具，设置前景色为绿色，G=255，设置“绘画模式”为“滤色”，在选区范围涂抹绿色，如图 4.23 所示。

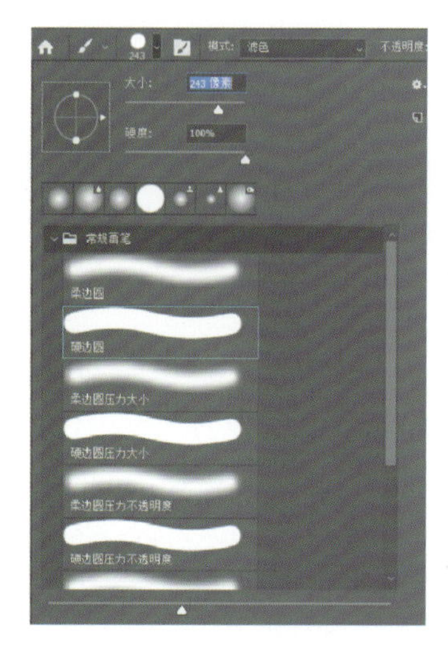


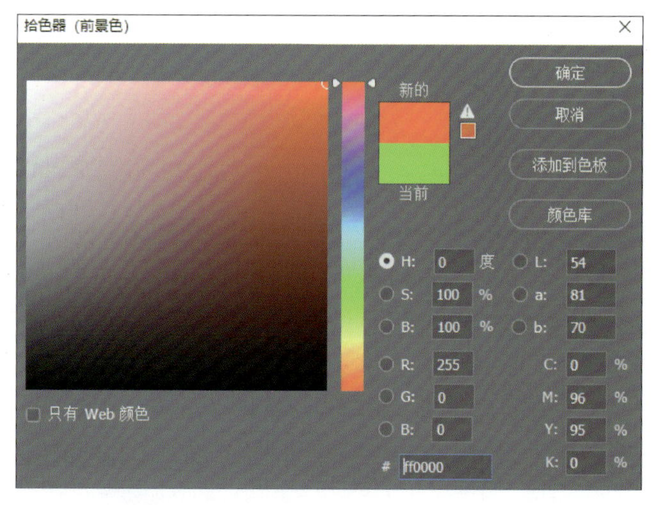


图 4.21　绘制选区和设置颜色

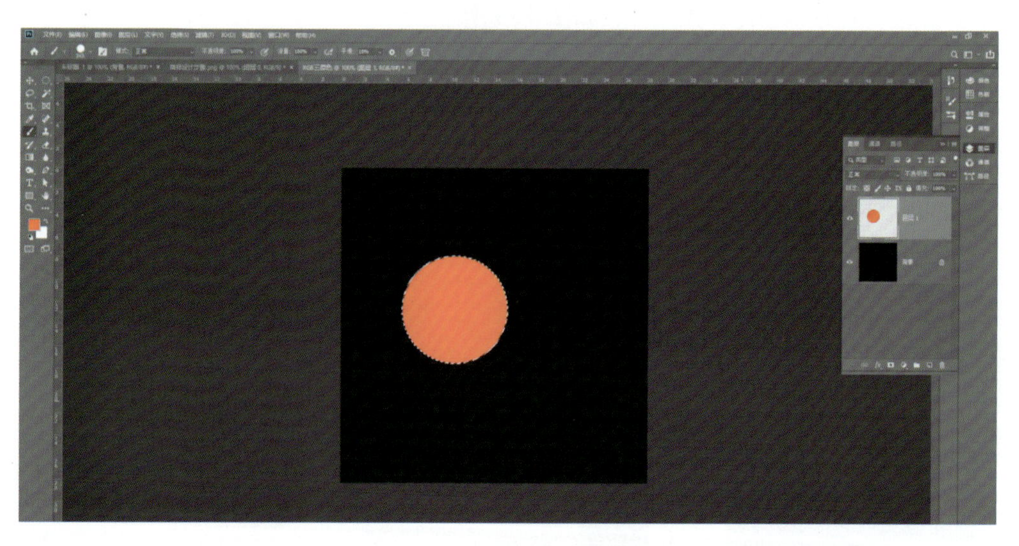

图 4.22　用“画笔”涂抹红色

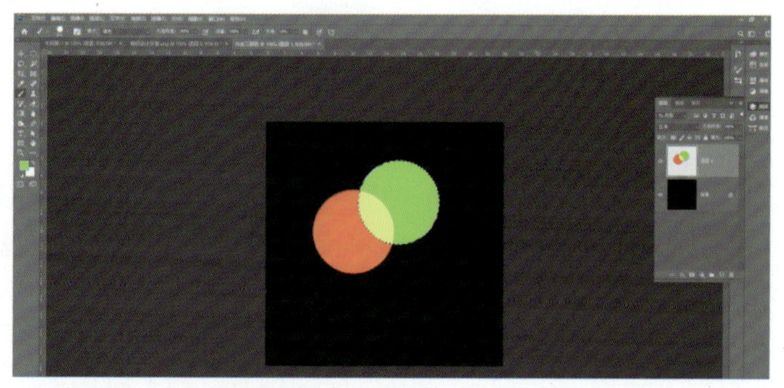

图 4.23　用“画笔”涂抹绿色

（6）继续选择“椭圆选框”工具，移动圆形蚂蚁线到三个圆形有交集位置，选择“画笔”工具，设置前景色为蓝色，B=255，确认“绘画模式”为“滤色”，在选区范围涂抹蓝色。使用【Ctrl+D】快捷键取消选区，三原色绘制完成，如图 4.24 所示。

图 4.24　三原色融合效果

观察光学三原色实例效果，RGB 模式通过将红、绿、蓝三种颜色的光混合起来产生颜色，这三种颜色构成了 RGB 颜色模型的基础，将红、绿、蓝三种颜色的光混合起来产生颜色，称为加色法。

在加色法中，没有光线存在时的颜色是黑色（R、G、B 值都为 0）；所有的光都为最大值（255）时的颜色是白色。在 Photoshop 中，RGB 模式的图像是在“通道”面板中利用 R、G、B 三个通道来分别记录红、绿、蓝三种颜色的值。RGB 模式和 CMYK 模式是互逆的，如图 4.25 所示。

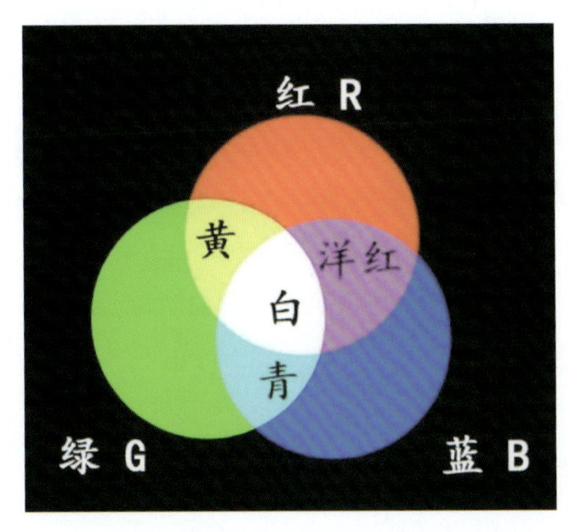


图 4.25　红绿蓝三种颜色滤色模式叠加

##  延伸性学习与研究

思考和探究 Photoshop CC 图像的绘制方法，通过再现 CMYK 印刷三原色的训练，熟练掌握各种组合键和快捷键。

##  拓展训练

根据 RGB 光学三原色的绘制操作，绘制 CMYK 印刷三原色。CMYK 模式是吸收白光中的某些颜色，而反射其他的色光而表现颜色的，所以也称为减色法。对应的“绘画模式”为“正片叠底”。

基础回顾：CMYK 模式是印刷色彩模式。

C 代表青（Cyan）：C=100，M=0，Y=0，K=0；

M 代表洋红（Magenta）：C=0，M=100，Y=0，K=0；

Y 代表黄（Yellow）：C=0，M=0，Y=100，K=0；

K 代表黑（Black）：C=0，M=0，Y=0，K=100。

# 第 5 章　图像的变形

## 知识技能目标

（1）了解哪些情况需要图像的变形操作。
（2）掌握图像变形的操作方法。
（3）识记图像变形的各种组合键和快捷键。
（4）熟练掌握图像变形操作满足各种特殊效果的制作。

## 操作任务

通过对图像进行适当的变形操作，制作出特殊的图像效果。

## 学习内容

## 5.1　图像的变形操作

在处理图像的时候，常常需要对图像进行变形。例如，改变大小、旋转角度、进行图像扭曲或者产生透视效果。Photoshop 提供了许多变形的命令，使图像的变形操作变得易如反掌。

用选择工具选取要变形的图像，然后执行“编辑”→“自由变换”或者“编辑”→“变换”命令，可以对指定的图像进行缩放、旋转、斜切和扭曲等操作，如图 5.1 所示。

原图像

旋转180度

旋转90度（顺时针）

旋转90度（逆时针）

水平翻转

垂直翻转

图 5.1　图像旋转与翻转变化

### 5.1.1 旋转与翻转

“旋转 180 度”：将图像旋转半圈。

“旋转 90 度（顺时针）”：将图像按顺时针方向旋转四分之一圈。

“旋转 90 度（逆时针）”：将图像按逆时针方向旋转四分之一圈。

“水平翻转”：将图像沿着垂直轴水平翻转。

“垂直翻转”：将图像沿着水平轴垂直翻转。

### 5.1.2 自由变换

“缩放”：将指针放在控制点上，指针变成双箭头时拖动就可，同时按住【Shift】键可以等比例缩放图像。项链素材原图如图 5.2 所示。

“旋转”：将指针移到变形控制框的外面，指针出现弯曲的双向箭头后旋转即可。按住【Shift】键可以限制以 15°的增量旋转图像，如图 5.3 所示。

“斜切”：将指针移到外形控制框的外面，然后拖动控制点即可，如图 5.4 所示。

“扭曲”：按住【Ctrl】键的同时移动控制点可以自由扭曲，按住【Alt】键的同时拖动控制点可以相对定界框的中心点扭曲，如图 5.5 所示。

“透视”：拖动控制点，能使图像产生透视效果，如图 5.6 所示。

“变形”：可以拖移网格内的控制点、线或区域，以更改定界框和网格的形状，如图 5.7 所示。

图 5.2　项链素材

图 5.3　旋转效果

图 5.4　斜切效果

图 5.5　扭曲效果

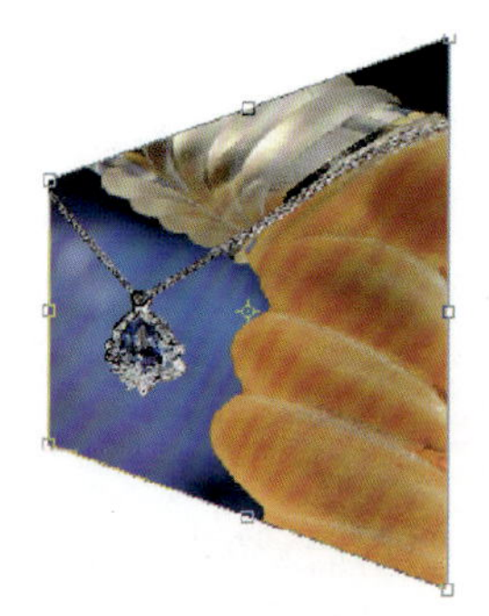

图 5.6　透视效果

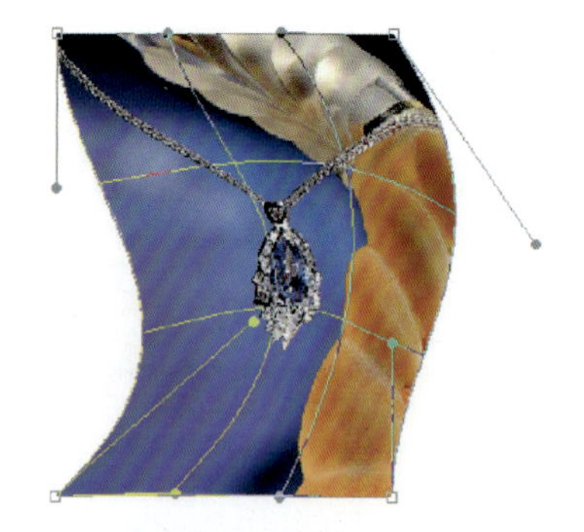

图 5.7　变形效果

# 操作实践

## 实例 1：图像变形

（1）新建文件，尺寸为 600 像素 ×600 像素，分辨率为 150 DPI，如图 5.8 所示。

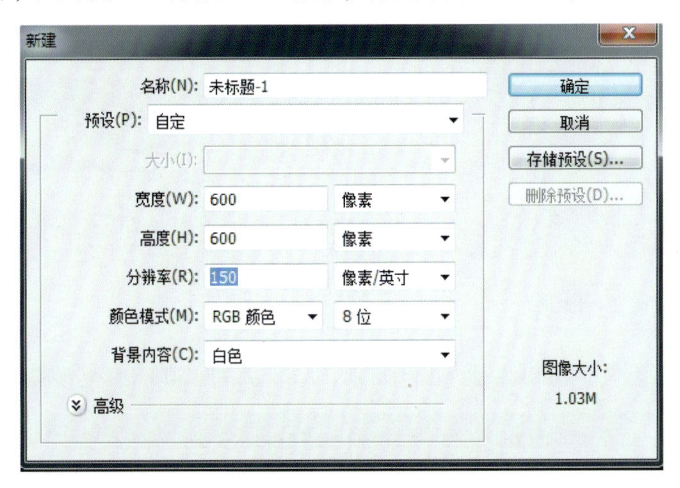


图 5.8　新建文件

（2）打开素材文件，将其拖拽到新建文件中。并按住【Ctrl+T】组合键调整大小，如图 5.9 所示。

图 5.9　调整图像大小

（3）执行“变换”→“变形”命令，拖动上面的拖拽点，将其变形。该命令可以反复使用，直至调制到理想的状态，如图 5.10 所示。

（4）用选区工具为图像制作阴影，最终效果如图 5.11 所示。

图 5.10　图像变形效果

图 5.11　图像变形最终效果

## 实例 2：欢迎来到 CG 世界

（1）新建文件，尺寸为 600 像素 ×600 像素，分辨率为 150 DPI，如图 5.12 所示。

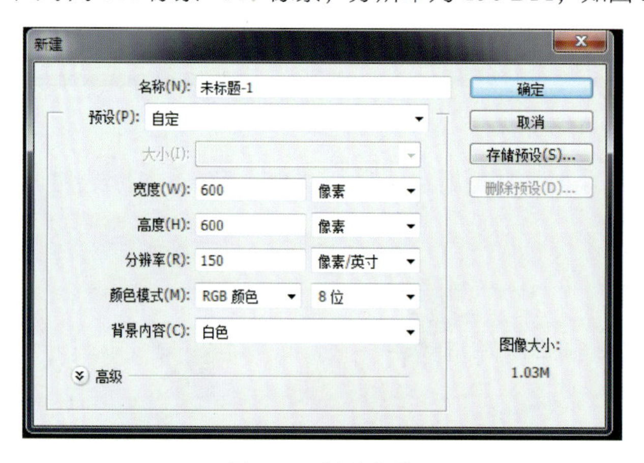


图 5.12　新建文件

（2）打开素材文件，1.JPG，2.JPG，3.JPG，如图 5.13、图 5.14、图 5.15 所示，并将三个文件都拖拽到新建的文件之中，如图 5.16 所示。

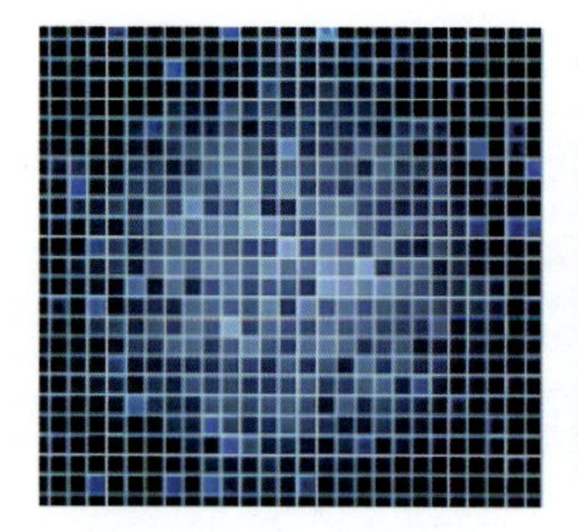

图 5.13　素材 1.JPG

图 5.14　素材 2.JPG

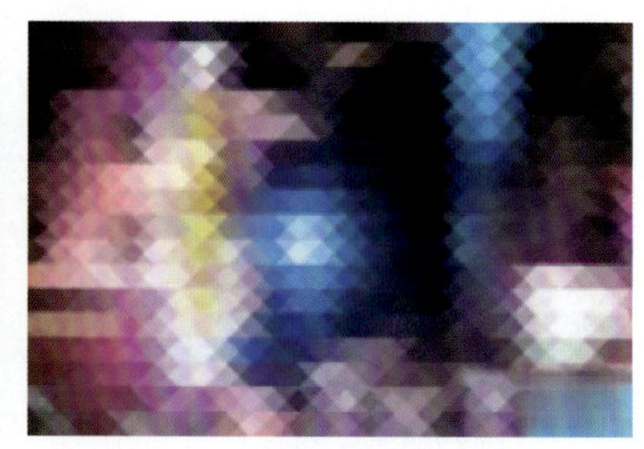

图 5.15　素材 3.JPG

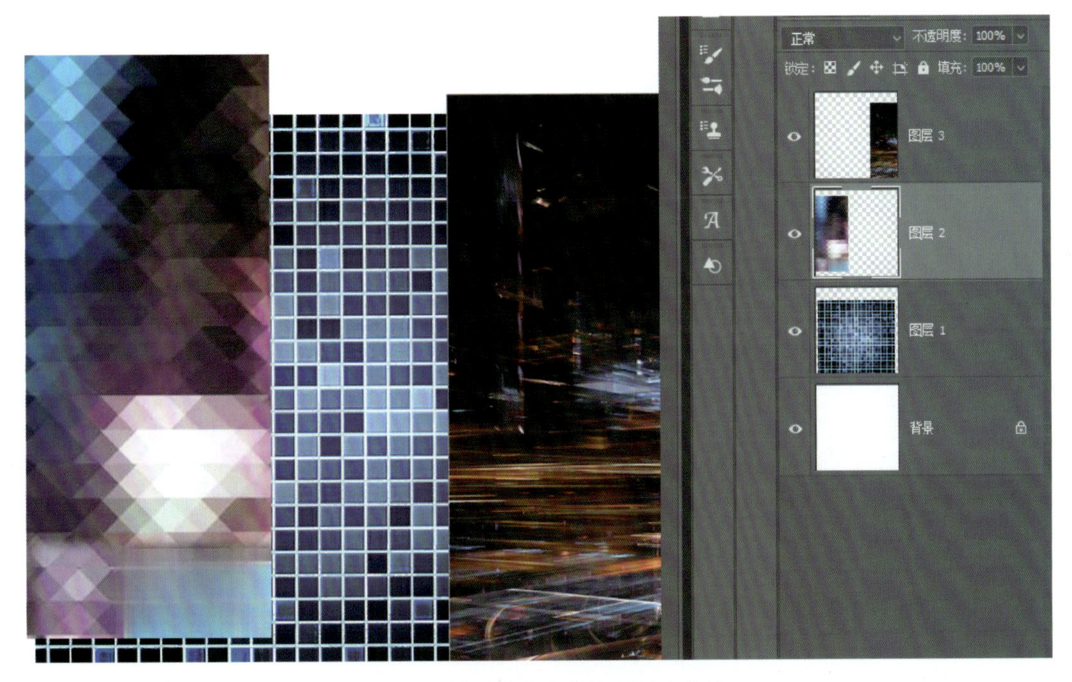


图 5.16　将素材文件拖拽到新建文件

（3）选择图层 1，执行“编辑”→“描边”命令，描边宽度为 1 像素，如图 5.17 所示。

（4）同样的方法，将图层 2、图层 3 都执行一次“编辑”→“描边”命令，如图 5.18 所示。

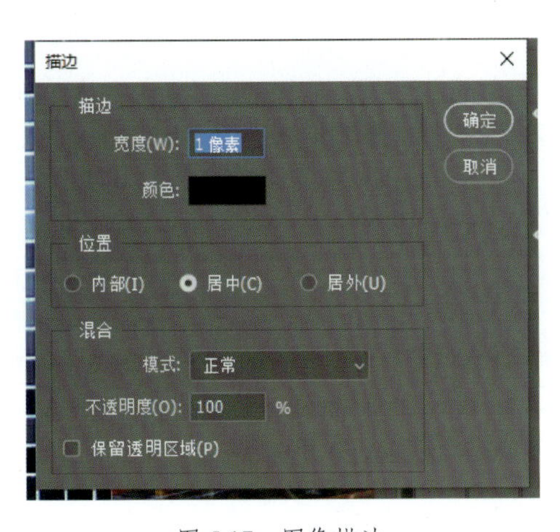


图 5.17　图像描边

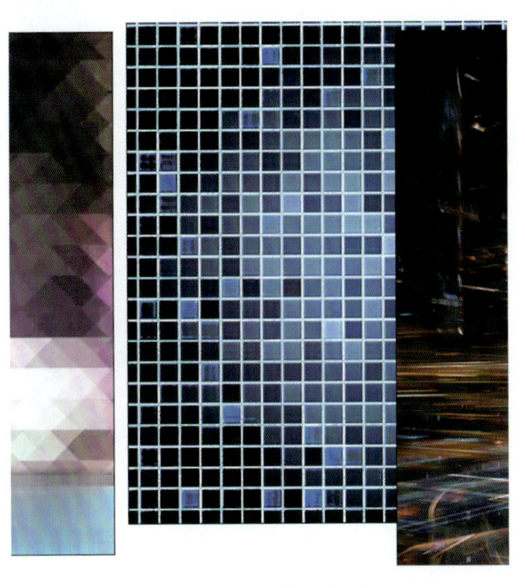

图 5.18　所有图像描边处理

（5）选择图层 3，执行“编辑”→“变换”→“透视”命令。选择左边的锚点，将图像变形处理，如图 5.19 所示。

（6）再执行“编辑”→“变换”→“缩放”命令。调整图层 1 的大小，如图 5.20 所示。

图 5.19　透视变换

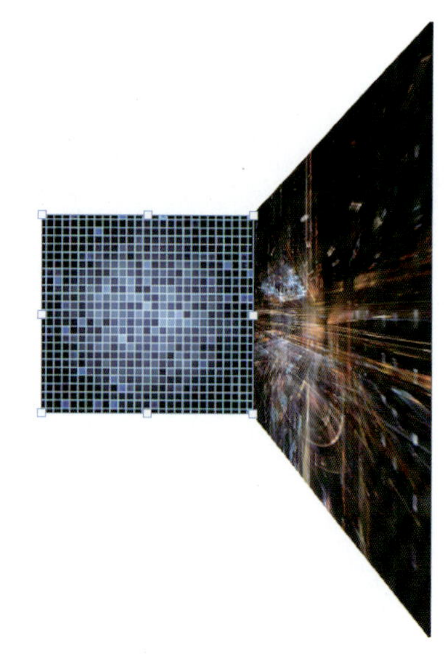

图 5.20　缩放变换

（7）选择图层 2，执行【Ctrl+T】组合键调整图层 2 的大小，如图 5.21 所示。

（8）选择图层 2，执行“编辑”→“变换”→“透视”命令。选择右边的锚点，将图像变形处理。并通过执行【Ctrl+T】组合键调整图层 3 的大小，如图 5.22 所示。

图 5.21　调整大小

图 5.22　变换命令

（9）选择图层 1，复制出两个图层，如图 5.23 所示。

（10）选择图层 1 拷贝，执行【Ctrl+T】组合键，通过调整各个锚点，调整其大小和方向，如图 5.24 所示。

（11）同样的办法调整图层 1 拷贝 2，并且调整图层 1 拷贝和图层 1 拷贝 2 的图层透明度，如图 5.25 所示。

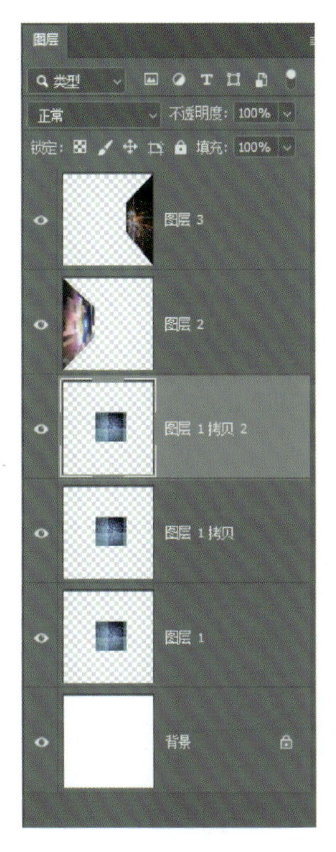


图 5.23　复制图层

图 5.24　调整图像

图 5.25　调整图层

（12）使用文字工具输入文字“欢迎来到 CG 世界”，如图 5.26 所示。

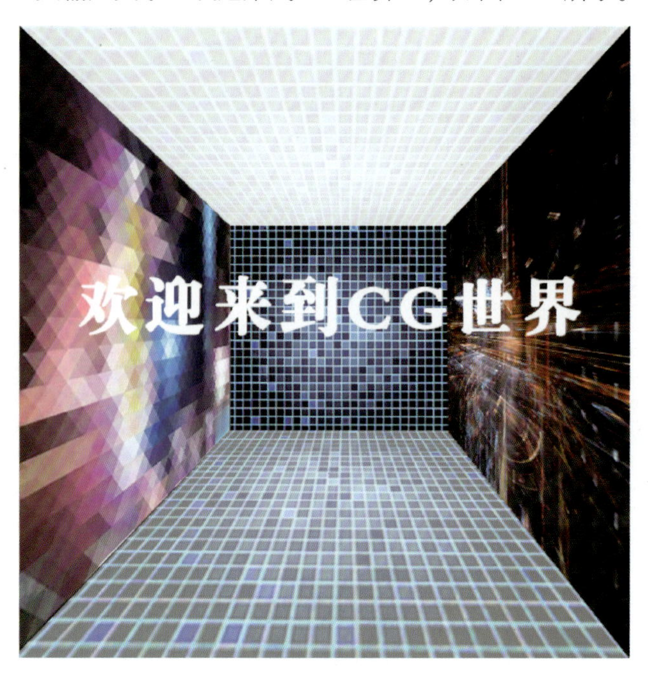


图 5.26　输入文字

（13）在图层中选择文字图层，右击文字图层，在出现的下拉菜单中选择“栅格化文字”。将文字图层转换为普通图层，如图 5.27 所示。

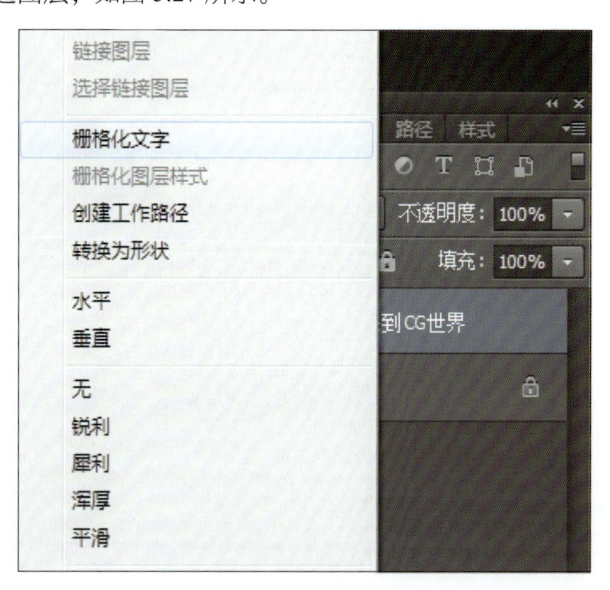


图 5.27　栅格化文字

（14）用矩形选区工具选择文字“欢迎来到 CG 世界”。执行【Ctrl+T】组合键调整文字的大小及位置，如图 5.28 所示。

图 5.28　调整文字大小

（15）按住【Alt】键，拖动文字，将其复制。并执行“编辑”→“变换”→“垂直翻转”命令，将复制的文字垂直翻转，如图 5.29 所示。

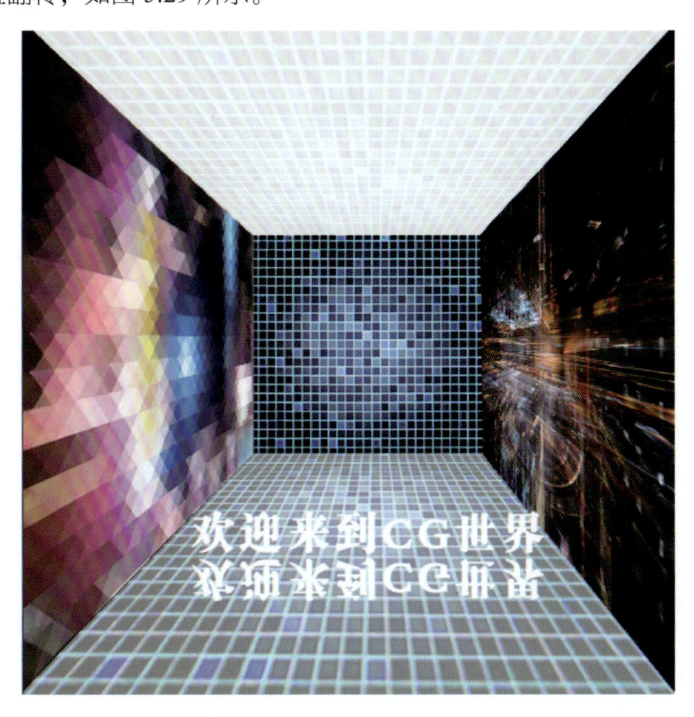


图 5.29　垂直翻转复制文字

（16）调整翻转文字图层的不透明度为 40%，最终效果如图 5.30 所示。

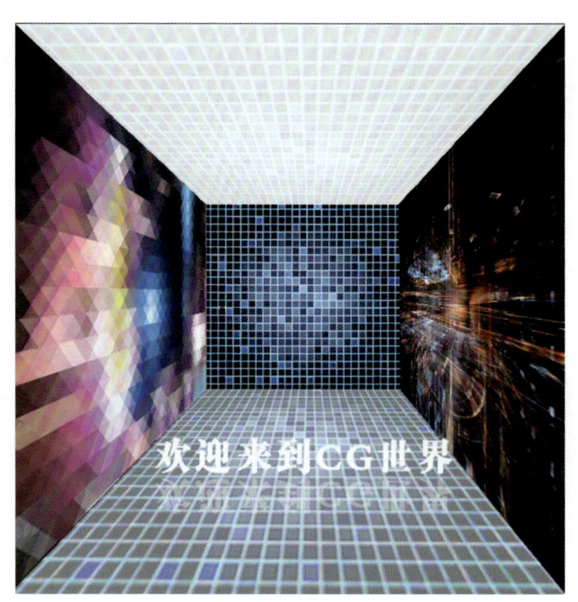


图 5.30　“欢迎来到 CG 世界”最终效果

◆**小技巧**

大家要注意一点，自由变换工具在大多数情况下是需要按比例缩放的，新版本（比如 Photoshop CC 2020 以后的版本）默认是按比例缩放的，如果需要非按比例缩放，就需要先按住【Shift】键再操作锚点（图 5.31 红圈内）。

图 5.31　操作锚点

## 延伸性学习与研究

Photoshop 可以轻松调整图像透视。此功能对于包含直线和平面的图像（例如，建筑图像和房屋图像）尤其有用。

有时，图像中显示的某个对象可能与在现实生活中所看到的样子有所不同。这种不匹配是由于透视扭曲造成的。使用不同相机距离和视角拍摄的同一对象的图像会呈现不同的透视扭曲。

## 拓展训练

尝试拍摄并调整有透视效果的图像，将照片中物体调整为规则图像，任务图像如图 5.32 所示。

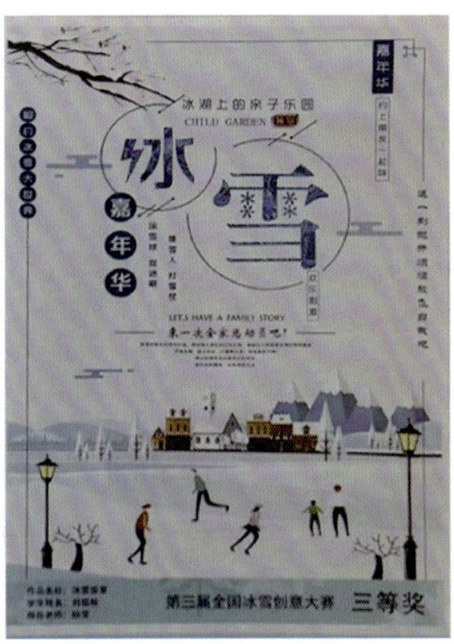


图 5.32　任务图像

# 第 6 章　图层及图层样式

## 知识技能目标

（1）了解图层的重要用途。
（2）掌握图层面板的操作方法。
（3）识记图层样式的各种参数的用途。
（4）熟练掌握通过图层样式修改对象的质感。

## 操作任务

通过对图层及图层样式的适当操作，制作出特殊的图像效果。

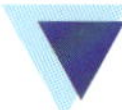

## 学习内容

## 6.1　图层的基础知识

图层功能被誉为 Photoshop 的灵魂，它在图像处理中具有十分重要的地位。图层功能主要通过“图层”面板来显现，在“图层”面板中，可以对图像中的各部分进行单独处理，而不会影响到图像中的其他部分。

选择“窗口”→“图层”菜单项（或快捷键【F7】），即可在工作区中打开“图层”面板，如图 6.1 所示。

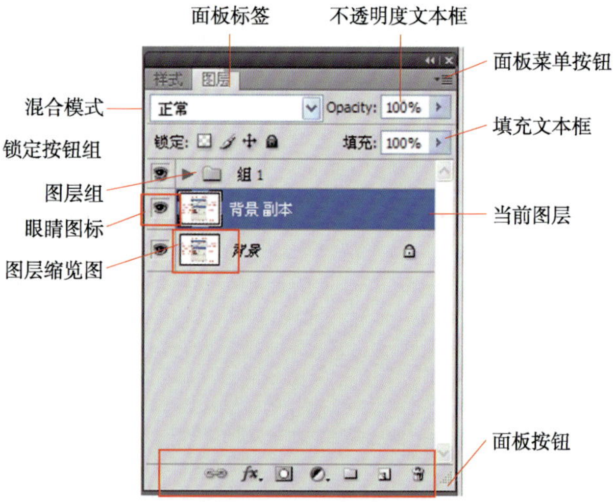

面板标签
不透明度文本框
面板菜单按钮
混合模式
填充文本框
锁定按钮组
图层组
当前图层
眼睛图标
图层缩览图
面板按钮
样式
图层
正常
Opacity: 100%
锁定:
填充: 100%
组 1
背景 副本
背景


图 6.1　“图层”面板

## 6.2　图层面板的操作

### 6.2.1　新建图层

1. 新建常规图层

执行“图层”→“新建”→“图层”命令，或者使用【Ctrl+Shift+N】组合键就可以新建一个空白图层。新建的图层会自动按照建立的次序命名，例如图层 1、图层 2 等。

如图 6.2 所示在该对话框中可以自定义图层的名称、颜色、模式、不透明度等。

单击“图层面板”底部的“创建新图层”按钮，也可以立刻新建一个空白的图层，如图 6.3 所示。

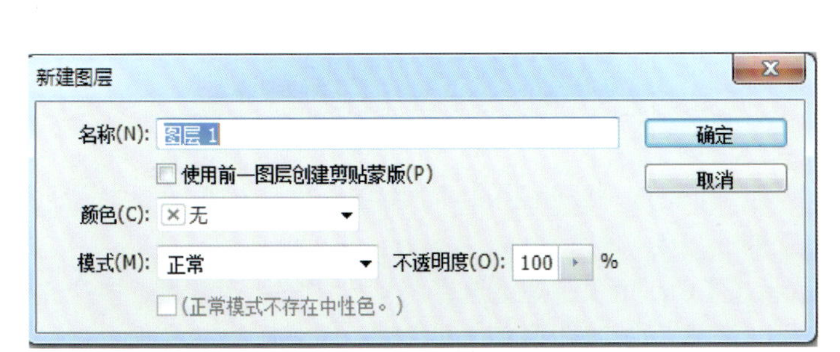


图 6.2　新建图层

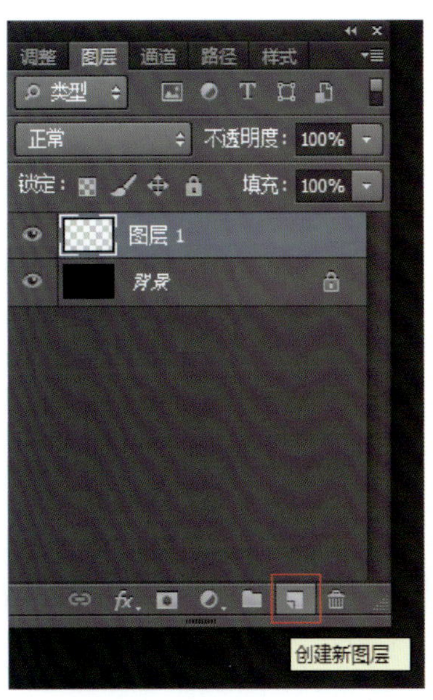


图 6.3　创建新图层

2. *新建背景图层*

图层面板中最下面的图像为背景图层，一幅图像只有一个背景，通常情况下背景图层是锁定的，不可移动上下位置。单背景图层可以转换为常规图层。

（1）背景图层转换为常规图层。在图层面板双击背景层，或者执行“图层”→“新建”→“背景图层”命令。根据需要设置图层选项之后，单击“确定”按钮就可将背景图层转换为常规图层。

（2）常规图层转换为背景图层。在图层面板中选择常规图层，然后执行“图层”→“新建”→“背景图层”命令，就可将常规图层转换为背景图层。

3. *新建调整图层与填充图层*

执行“图层”→“新建调整图层”命令，可以新建调整图层。调整图层用来调节图像的色彩和色调，而不会永远地改变图像中的像素。该图层更像是一层透明薄膜，在它下面的图层是可以透过它显示出来的，调整图层会影响它下面的所有图层，也就是说透过单个图层调整校正多个图层。

执行“图层”→“新建填充图层”命令，可以新建填充图层。填充图层可以用纯色、渐变或者图案填充图层，填充图层只针对自身起作用。

## 6.2.2　移动图层

图像中一般是多个图层构成的，各图层叠放在一起，改变图层的堆叠顺序，可以直接改变图像的效果。在图层面板中，想要移动某个图层到想要的位置，只要选中该图层，并一直按住鼠标左键，拖动到想要的位置后，松开鼠标就可以对该图层的位置进行改变。

### 6.2.3 复制图层

Photoshop 可以在同一图像之内复制图层，也可以从一个图像到另一个图像复制图层。

1. 同一图像内复制图层

在图像中复制图层，最简便的方法是，将图层拖动到图层面板底部的“创建新图层”按钮上即可，新图层根据其创建顺序被命名。

还可以用菜单命令来复制图层。

激活要复制的图层，执行“图层”→“复制图层”命令，或者在图层面板的菜单中选择“复制图层”命令都可以复制该图层。

执行“图层”→“拷贝图层”命令，可以将选区内或是当前图层的图像进行拷贝，来得到新图层。

执行“图层”→“剪切图层”命令，可剪切选区内的图像并得到新图层。

2. 不同图像之间复制图层

Photoshop 还可在图像之间进行复制，首先打开要使用的两个图像，然后在原图像中激活要拷贝的图层。拷贝图层的方法有以下三种：

执行“选择”→“全部”命令，或者按【Ctrl+A】快捷键选择当前层中的所有像素，执行“拷贝”命令，然后激活目的图像，再执行“粘贴”命令即可。

在原图像文件中，将要拷贝的图层拖动到目的图像。

使用工具箱中的移动工具，将当前图层从原图像拖动到目的图像。

### 6.2.4 删除图层

当不需要某一图层时，首先选中该图层，然后将它删除。方法有三种：

执行“图层”→“删除”→“图层”命令，可将当前选中图层删除。

在图层面板的菜单中选择“删除图层”命令，可将当前选中图层删除。

单击图层面板底部的“删除图层”按钮，或将该图层直接拖动到“删除图层”按钮上即可。

### 6.2.5 链接图层

图层的链接功能，可以方便移动、变化多个图层的图像。

链接图层：选择要链接的图层，然后单击图层面板最下边的“链接图层”按钮，这时候链接的图层后面会多一个“锁链”的小图标。这就表示图层已经链接起来了，如图 6.4 所示。

取消链接图层：当要取消图层的链接的时候，只需要再次单击“链接图层”按钮，就可以取消链接，如图 6.5 所示。

### 6.2.6 合并图层

如果要合并图层，打开图层面板菜单，执行其中的命令即可。

向下合并：执行此命令，可以将当前作用层和其下面的一个图层合并，其他层保持不变。

合并可见图层：执行此命令，可将图像中所有显示的图层合并，而隐藏的图层不变。

图 6.4　链接图层

图 6.5　取消链接图层

拼合图层：执行此命令，可将图像中所有图层合并。

如果要合并多个不相邻的层，可以将这几个层先设定为链接的层，然后执行“图层面板”菜单中的“合并链接图层”命令，或者按【Ctrl+E】快捷键进行合并。

## 6.3　图层的混合模式

混合模式是指上下图层颜色之间的色彩混合方法，不同的“混合模式”会给图像带来完全不同的合成效果，创造出来的结果往往呈现意想不到的奇妙效果。

Photoshop 中图层的混合模式最为常用，正确、灵活地运用图层的混合模式，首先要了解各种混合模式的含义。

单击“图层”面板中的“设置图层混合模式”下拉列表后的“ ”按钮弹出下拉列表，如图 6.6 所示。

各种图层混合模式的效果如下。

1. 正常

正常模式是系统的默认模式。选择该选项时下方原有颜色与上方图层的颜色不发生相互影响。

2. 溶解

选择该选项并调整上方图层的不透明度，图像将创建随机点状图案，产生出基色溶解在当前所用的混合色的效果，如图 6.7 所示。

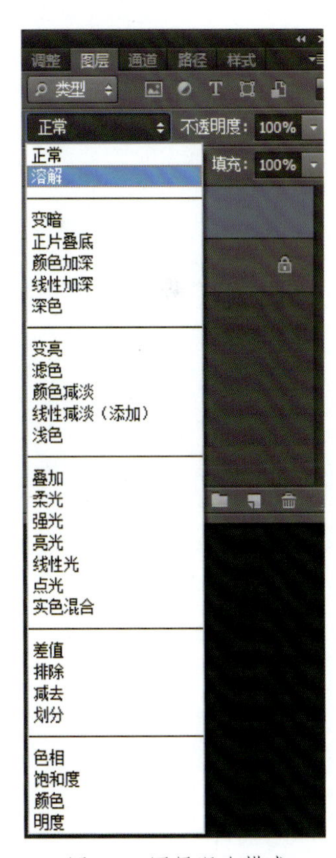


图 6.6　图层混合模式

3. 变暗

选择该选项，上方图层中较暗的像素将代替下方图层中相对应位置的较亮像素，下方较暗区域将代替上方较亮区域，使整个图像呈现暗色调，如图 6.8 所示。

图 6.7　溶解

图 6.8　变暗

4. 正片叠底

选择该选项，系统使用相乘的运算方式呈现出颜色较暗的图像整体效果。在该模式中白色为中性色，任何颜色与黑色相乘即叠加成为黑色，与白色相乘则不发生变化，如图 6.9 所示。

5. 颜色加深

选择该选项，将通过增加对比度使基色变暗，图像呈现暗色调。与白色混合不发生变化，通常用于创建非常暗的投影等效果，如图 6.10 所示。

图 6.9　正片叠底

图 6.10　颜色加深

6. 线性加深

选择该选项，将通过减少亮度并加暗通道的基色使图像变暗，图像呈现暗色调，与白色混合不发生变化，如图 6.11 所示。

7. 深色

选择该选项，系统将比较混合色和基色的所有通道的颜色值并使用较小的颜色值创建结果色，如图 6.12 所示。

图 6.11　线性加深

图 6.12　深色

8. 变亮

选择该选项，系统将查看通道中的颜色信息，选择基色或混合色中较亮的颜色代替原本的混合色作为结果色。比混合色暗的像素被替换，整体图像呈亮色调，如图 6.13 所示。

9. 滤色

选择该选项，系统将查看通道中的颜色信息，将混合色的互补色与基色进行混合，得到的图像效果较亮，类似多个摄影幻灯片交错投影的效果。用黑色过滤时颜色保持不变，用白色过滤时将产生白色，如图 6.14 所示。

图 6.13　变亮

图 6.14　滤色

10. 颜色减淡

选择该选项，系统将查看每个通道中的颜色信息，并通过减小对比度使基色变亮以创建混合色。与黑色混合不发生变化，如图 6.15 所示。

11. 线性减淡（添加）

选择该选项，系统在“线性减淡”模式中，查看每个通道中的颜色信息，并通过增加亮度使基色变亮以反映混合色，如图 6.16 所示。

图 6.15　颜色减淡

图 6.16　线性减淡（添加）

12. 浅色

选择该选项，系统将比较混合色和基色所有通道中颜色值的总和，并使用较大的颜色值创建较亮的图像效果，如图 6.17 所示。

13. 叠加

选择该选项，系统以基色与混合色相叠加以反映明暗效果。在该模式中，50% 灰色是中性色，并保留原有颜色的明暗对比，如图 6.18 所示。

图 6.17　浅色

图 6.18　叠加

14. 柔光

选择该选项，系统将根据所用颜色的明暗程度创建图像效果。在该模式中，50% 灰色是中性色。如果基色比 50% 灰色亮，图像将变亮，反之图像将变暗，如图 6.19 所示。

15. 强光

选择该选项，系统将根据所用颜色的明暗程度来创建图像效果。该模式的明暗程度比柔光效果更强，如图 6.20 所示。

图 6.19　柔光

图 6.20　强光

16. 亮光

选择该选项，系统将根据混合色的明暗程度创建图像效果。混合色比 50% 灰色亮，通过减少对比度使图像变亮；混合色比 50% 灰色暗，则通过增加对比度使图像变暗，如图 6.21 所示。

17. 线性光

选择该选项，系统将根据混合色的明暗程度创建图像效果。混合色比 50% 灰色亮，将通过增加亮度使图像变亮；混合色比 50% 灰色暗，则通过减少亮度使图像变暗，如图 6.22 所示。

图 6.21　亮光

图 6.22　线性光

18. 点光

选择该选项，系统将根据混合色的明暗程度创建结果色。如果混合色比 50% 灰色亮，将替换成比该颜色暗的像素；如果结果色比 50% 灰色暗，则替换成比该颜色亮的像素，如图 6.23 所示。

19. 实色混合

选择该选项，系统则将下方图层的 R、G 和 B 通道值添加到上方图层的 R、G 和 B 通道值中，从而显示出强烈的颜色对比效果，如图 6.24 所示。

图 6.23　点光

图 6.24　实色混合

20. 差值

选择该选项，系统将查看通道中的颜色信息，用上方混合色中亮度大的值减去下方基色中亮度小的值。混合色为白色，则使基色反相，如图 6.25 所示，“排除”则将中间灰色保留下来，“减去”和“划分”属于 PS 中混合模式里面比较冷门的命令，是将黑色去除，白色反相。

21. 色相

选择该选项，将使用底层基色中颜色的亮度、饱和度与上方混合色中的色相创建图像效果。该模式基于 HSB 颜色模型，如图 6.26 所示。

图 6.25　差值

图 6.26　色相

22. 饱和度

用基色的亮度、色相与混合色的饱和度创建效果，如图 6.27 所示。

23. 颜色

选择该选项，系统将使用上方混合色的亮度与下方基色的色相、饱和度创建图像效果，如图 6.28 所示。

24. 明度

该选项则是使用基色的色相与饱和度和混合的亮度创建图像效果，如图 6.29 所示。

图 6.27　饱和度

图 6.28　颜色

图 6.29　明度

## 6.4　图层样式

使用图层样式可以为图像增添各种修饰属性，以制作出特殊的效果。

### 6.4.1　创建图层样式

创建图层样式的三种方法：

（1）单击“图层”面板下的“添加图层样式”按钮“fx.”，在弹出的下拉菜单中选择“混合选项”。

（2）双击要添加图层样式的图层，将弹出“图层样式”对话框。

（3）右击要添加图层样式的图层，在下拉菜单中选择“混合选项”，也将弹出“图层样式”对话框，如图 6.30 所示。

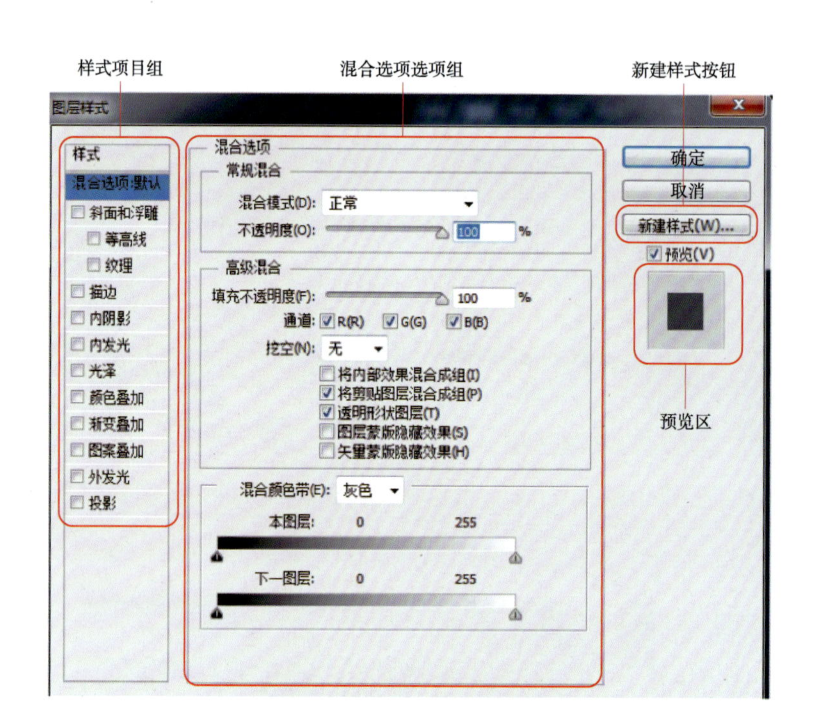


图 6.30　图层样式面板对话框

## 6.4.2　图层样式种类

Photoshop CC 中的图层样式包括投影、内阴影、外发光、内发光、斜面和浮雕、光泽、颜色叠加、渐变叠加、图案叠加和描边等。不同的图层效果各有各的特点，一些戏剧化的效果就是通过增加图层样式而产生的。

1. 投影

使用“投影”样式将为背景层之外的图层添加与图层内容相同的阴影、以产生影子效果，如图 6.31 所示。

2. 内阴影

使用“内阴影”样式可以为背景层之外的图层内容边缘的内部增加阴影，产生内陷效果，如图 6.31 所示。

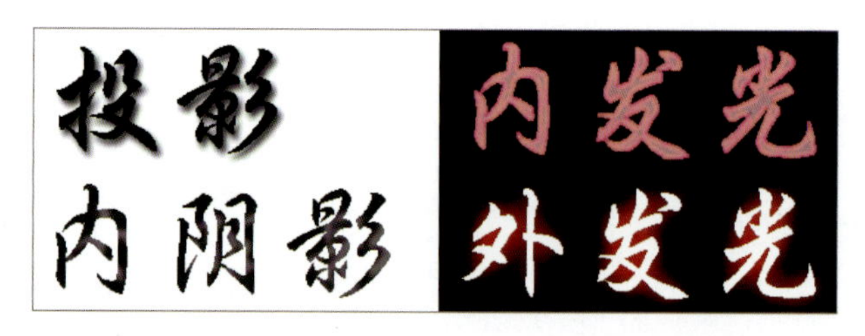


图 6.31　投影、内阴影、内发光、外发光效果

3. 外发光

使用“外发光”样式可以在背景层之外的图层内容外侧制造出各种发光效果，如图 6.31 所示。

4. 内发光

使用“内发光”样式可以在背景层之外的图层内容内侧制作出各种发光效果，如图 6.31 所示。

5. 斜面和浮雕

使用“斜面和浮雕”样式可以在背景层之外的图层内容的边缘设置高光和阴影等特殊效果，如图 6.32 所示。

图 6.32　斜面和浮雕效果

6. 光泽

使用“光泽”样式可以在背景层之外的图层和图像内部基于图层内容应用阴影，创建出类似绸缎或者金属的磨光效果，如图 6.33 所示。

7. 颜色叠加

使用“颜色叠加”样式可以在背景层之外的图层内容中叠加颜色，如图 6.33 所示。

8. 渐变叠加

使用“渐变叠加”样式可以在背景层之外的图层内容中叠加渐变颜色，如图 6.33 所示。

9. 图案叠加

使用“图案叠加”样式可以在背景层之外的图层内容中叠加系统设置的各种图案，如图 6.33 所示。

10. 描边

使用“描边”样式可以在背景层之外的图层内容的边缘增加各种颜色，该样式效果常应用于文字或形状，如图 6.33 所示。

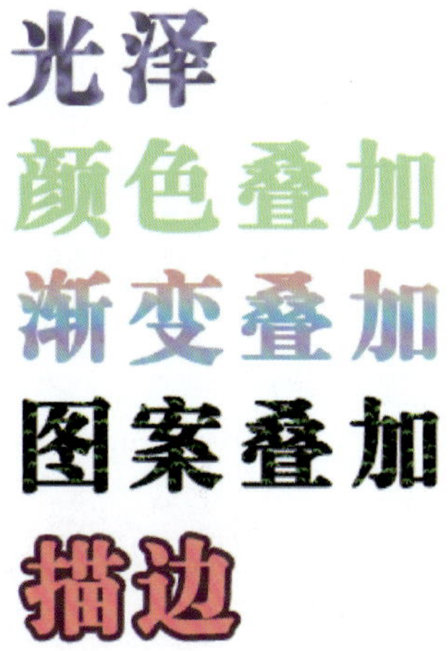

图 6.33　光泽、颜色叠加、渐变叠加、图案叠加、描边效果

## 操作实践

### 实例：端午节宣传海报设计

端午节宣传海报效果如图 6.34 所示。

图 6.34　综合实例效果图（端午节宣传海报）

（1）新建一个 4 000 像素 ×6 000 像素 180 DPI 的 RGB 图像，页面背景默认为白色即可。文档名称改为“端午安康海报”，图 6.35 所示页面方向是竖版的，其余设置保持默认即可。

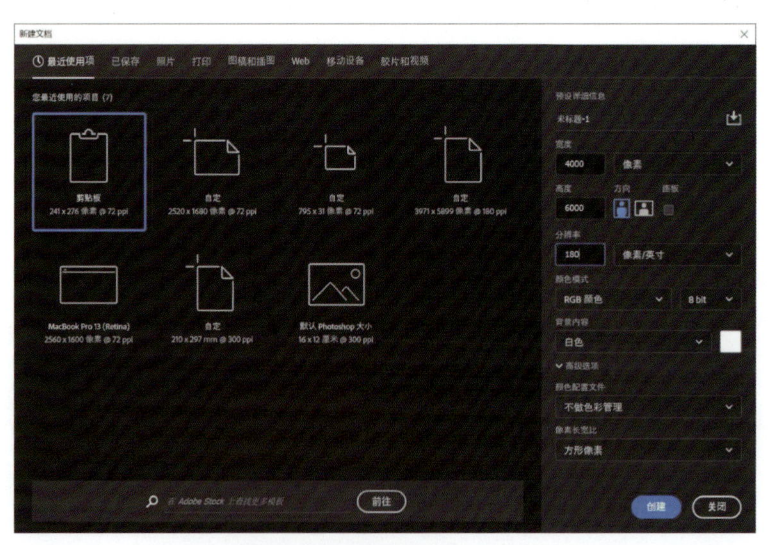


图 6.35　“新建文档”对话框

（2）执行“文件”→“置入嵌入对象”命令，把素材文件“端午安康海报文字”置入进端午安康海报里，注意是透明背景，如图 6.36 所示。

图 6.36　“端午安康”文字

因为此文字素材是 PSD 格式，文字已经是普通图层了，所以可以直接使用。可以利用刚置入进文档里暂时生成的框架调整好大小，调整完毕就可以单击属性栏的提交按钮“√”。

（3）用同样方法置入粽子图片，将“粽子背景”置入进端午安康海报，此时在软件里会自动生成一个“粽子背景”图层，调整图片大小至合适的位置，然后放在页面的右下角，调整至下方中间示例所示的大小，按住鼠标左键并拖动“粽子背景”图层，放至“端午安康海报文字”图层的下方，当出现一条蓝色横线时就可以松开鼠标左键了(下方右侧的示例截图红圈标示的效果)。这样“粽子背景”图层就放在“端午安康海报文字”图层的下方了，如图 6.37 所示。

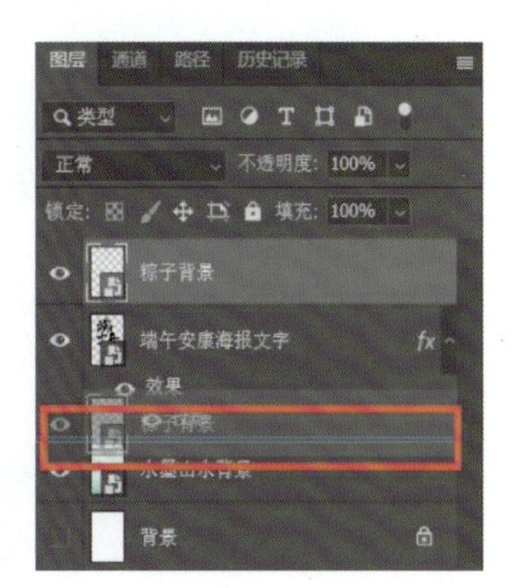


图 6.37　添加“粽子背景”图片

（4）把“智能对象”图层转换成普通图层。从第二步开始通过“置入嵌入对象”命令置入的图片，在图层列表里生成的是“智能对象”图层，并不是普通图层（如图 6.38 所示，在图层预览处红圈位置，就是在用该符号提示本图层是智能对象），如果想要进一步设计和修改，就需要把“智能对象”图层转换成普通图层。

图 6.38　“智能对象”图层

在“粽子背景”图层上右击，找到“栅格化图层”命令，执行此命令后，这个“智能对象”图层就转换成普通图层了，用同样方法把“端午安康海报文字”图层也转换成普通图层。

（5）置入水墨山水背景。置入“水墨山水”PSD 文档，放置在“粽子背景”图层下方，不要放置在白色背景下方。

但是“水墨山水”文档相对于本文档来说还是太小，所以置入时的框架很小，如图 6.39 所示，这时只要调整好尺寸即可，放大至合适的大小。

图 6.39　“水墨山水”图层

（6）将该图层栅格化，转换成普通图层后，把此图层放大，参考图 6.40 的大小和摆放位置。

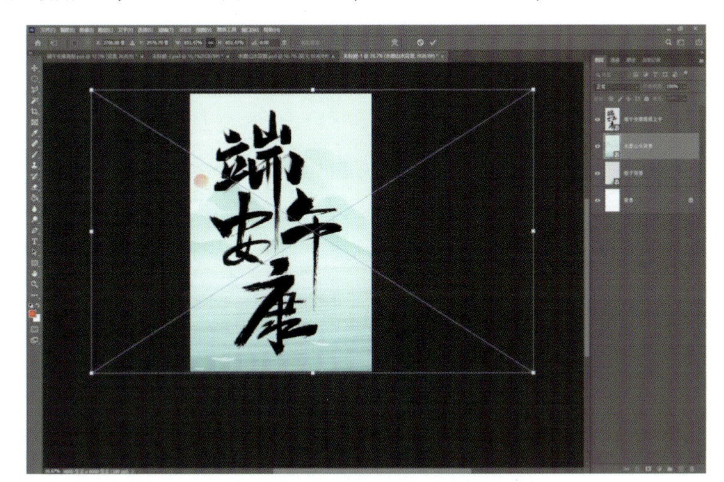


图 6.40　调整图层大小和位置

◆**小技巧**

栅格化图层可以在放大照片后操作，此步骤没有先后顺序。但是要应用图层样式和修改对比度等操作就需要先把智能对象栅格化转换成普通图层。

（7）给“端午安康”文字层应用一种图层样式，添加投影效果，命令在图层面板的下方“fx.”，单击一下该按钮，在列表里选择“投影”，如图 6.41 所示。

图 6.41　“图层样式”→“投影”命令的位置

（8）给文字层添加“投影”图层样式，设置混合模式、不透明度、角度、距离、扩展和大小这些参数，如图 6.42 所示。

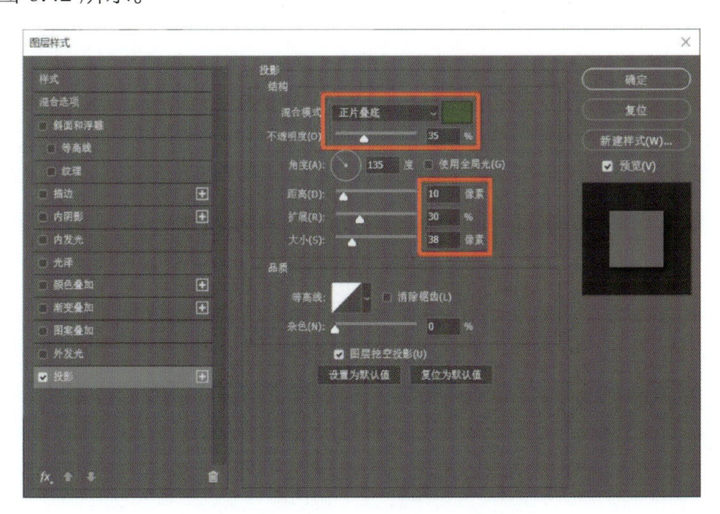


图 6.42　设置“投影”样式参数

（9）混合模式的颜色按照 R：31、G：91、B：53 设置，如图 6.43 所示。

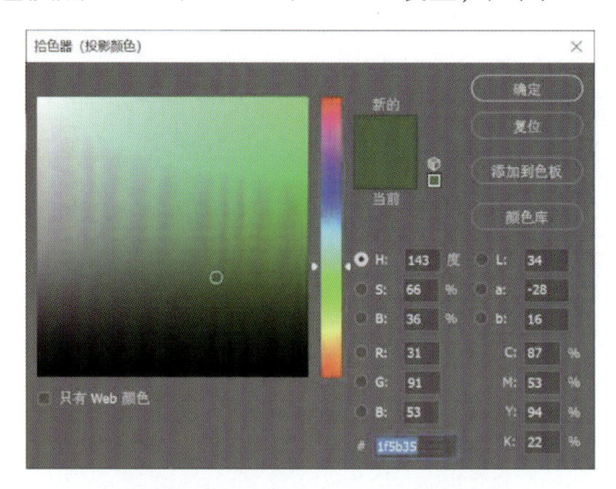


图 6.43　混合模式所用的颜色参数

（10）设置完成后，图层列表里文字层下方就会出现图层样式特效的子列表，如图 6.44 所示。

图 6.44　图层下方显示出所使用的图层样式

（11）添加图层蒙版。为“水墨山水”图层添加一个图层蒙版“◘”，可以把图层蒙版理解为一个暂时未被遮蔽的一个透明图层（以白色显示），可以在该图层里用画笔工具绘制黑色，那么黑色部分就是遮蔽住的部分，未绘制黑色的位置就是可以正常显示的，如图 6.45 所示。

图 6.45　添加图层蒙版

（12）在本图层蒙版里用画笔工具“🖌”绘制黑色，注意看绘制的位置，是画面的上方，也就是把远山稍微遮蔽住一些就可以了，如图 6.46 所示。

不透明度: 100%　流量: 6%

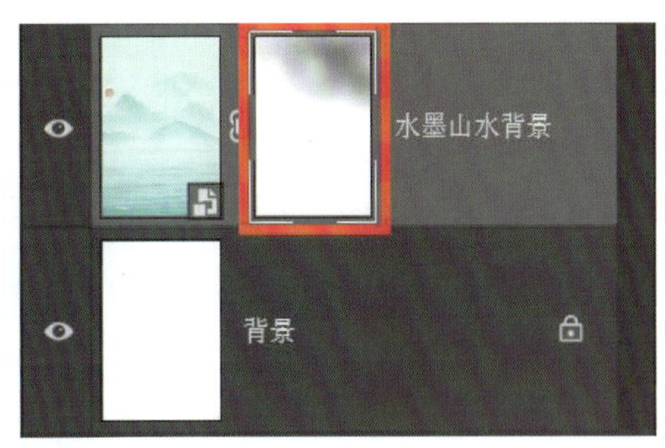


图 6.46　画笔的参数及绘制效果

（13）现在用“文字工具”打字：农历五月初五。如图 6.47 所示。

图 6.47　添加“农历五月初五”文字

（14）具体操作步骤：

①单击工具箱的“直排文字工具”按钮“IT”，在画面里单击，然后输入文字“农历五月初五”（不包含双引号），摆放在图 6.47 所示的位置（在激活文字工具情况下若想移动文字位置，可按住【Ctrl】键盘同时用鼠标左键拖动文字即可）。

②打开“字符”面板，在字符面板设置字体为楷体，字号 55 点，行距 70 点，设置“仿粗体”，其他参数保持默认，如图 6.48 所示。

③用文字工具框选文字，单击字符面板里的“设置文本颜色”命令“颜色:”，在打开的“拾色器”对话框里，设置 RGB 颜色，数值分别是 183、42、37。

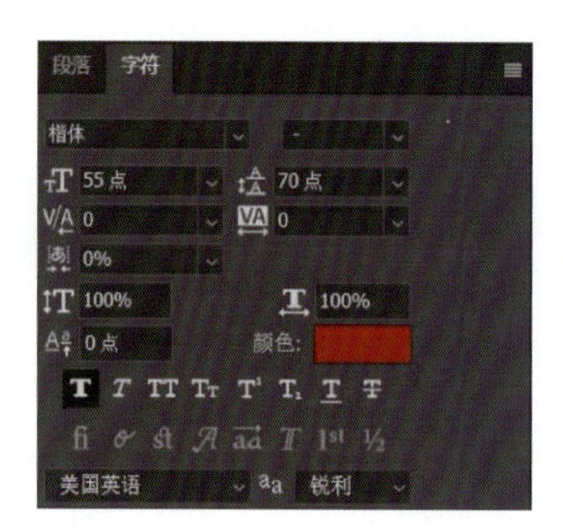


图 6.48　文字的参数设置

（15）此时海报的整体效果就已制作完成。此任务的核心知识点就是图层的摆放、图层样式的初步使用、图层蒙版的初步使用和“字符”面板的使用。整体效果如图 6.49 所示。

图 6.49　最终效果

## 延伸性学习与研究

Photoshop 图层就如同堆叠在一起的透明纸。您可以透过图层的透明区域看到下面的图层，如图 6.50 所示。可以移动图层来定位图层上的内容，就像在堆栈中滑动透明纸一样。也可以更改图层的不透明度以使内容部分透明。

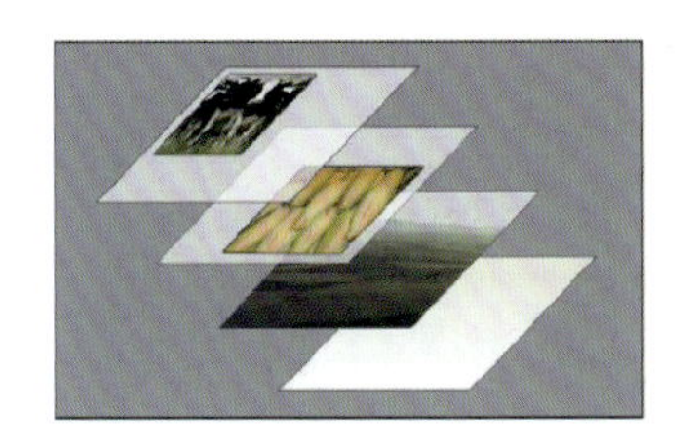

图 6.50　堆叠在一起的图层

可以使用图层来执行多种任务，如复合多个图像、向图像添加文本或添加矢量图形形状。可以应用图层样式来添加特殊效果（图层样式），如投影或发光。

1. 组织 Photoshop 图层

新图像包含一个图层。可以添加到图像中的附加图层、图层效果和图层组的数目只受计算机内存的限制。

可以在“图层”面板中使用图层组。图层组可以帮助您组织和管理图层。您可以使用组来按逻辑顺序排列图层，并减轻“图层”面板中的杂乱情况。可以将组嵌套在其他组内。还可以使用组将属性和蒙版同时应用到多个图层。

2. 用于非破坏性编辑的 Photoshop 图层（智能对象）

有时，图层不会包含任何显而易见的内容。例如，调整图层包含可对其下面的图层产生影响的颜色或色调调整。可以编辑调整图层并保持下层像素不变，而不是直接编辑图像像素。

名为智能对象的特殊类型的图层包含一个或多个内容图层。可以变换（缩放、斜切或变形）智能对象，而无须直接编辑图像像素。或者，也可以将智能对象作为单独的图像进行编辑，即使在将智能对象置入 Photoshop 图像中之后也是如此。智能对象也可以包含智能滤镜效果，可让您在对图像应用滤镜时不造成任何破坏，以便您以后能够调整或移去滤镜效果。

## 拓展训练

1.PS 中各类图层的创建方法？

（1）文字图层；（2）形状图层；（3）背景图层；（4）智能对象；（5）调整图层；（6）图层组。

2. 各类图层之间的转化方法？

（1）将文字、形状图层转为普通透明层。

（2）将背景图层转为普通透明层。

（3）将普通透明层转为背景图层。

（4）将智能对象图层转为普通透明层。

# 第 7 章　通道和蒙版的使用

## 知识技能目标

（1）了解通道和蒙版的重要用途。
（2）掌握通道和蒙版的创建和编辑。
（3）识记通道和蒙版控制面板的操作方法。
（4）熟练掌握通过通道和蒙版的使用，制作特效。

## 操作任务

通过对通道和蒙版的综合应用，制作出特殊的图像效果。

## 学习内容

## 7.1　通道

通道是用来保存颜色信息及选区的一个载体，它的作用广泛，可以用来制作精确的选区，对选区进行各种编辑处理，还可以记录和管理图像中的颜色，利用图像菜单的调整命令对三种原色通道进行调整，达到调整图像颜色的效果。

## 操作实践

### 实例 1：Alpha 通道——制作月光

（1）执行菜单栏中的“文件”→“新建”命令，打开“新建文档”对话框，设置“名称”为月夜，“宽度”为 550 像素，“高度”为 700 像素，“分辨率”为 200 像素 / 英寸，“颜色模式”为 RGB 颜色，“背景内容”为白色。设置完成后，单击“确定”按钮，创建一个新的文档。

（2）在工具箱中选择“设置前景色”按钮“■”，打开“拾色器（前景色）”对话框，设置前景色为暗青色（R：20，G：41，B：46），如图 7.1 所示。按【Alt+Delete】组合键将背景图层填充为前景色，效果如图 7.2 所示。

图 7.1　设置前景色

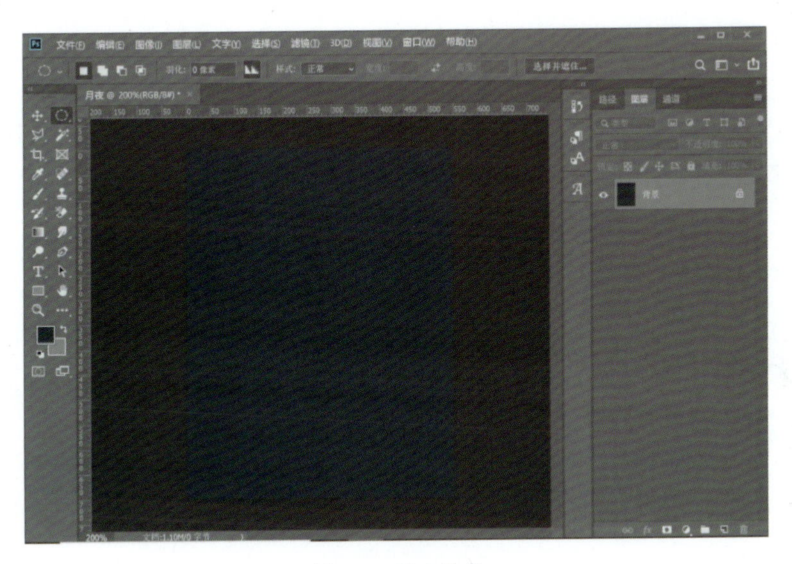

图 7.2　填充效果

（3）新建图层 1，选择工具箱中“椭圆选框工具”按钮“”，按住【Alt+Shift】组合键的同时绘制正圆选区。设置前景色为灰黄色（R：188，G：177，B：40），设置背景色为灰色（R：111，G：108，B：108）。执行菜单栏中的“滤镜”→“渲染”→“云彩”命令，完成效果如图 7.3 所示。

（4）打开“通道”面板，单击该面板底部的“创建新通道”按钮“”，创建一个新的通道 Alpha1 通道，执行菜单栏中的“滤镜”→“渲染”→“云彩”命令，然后执行菜单栏中的“滤镜”→“渲染”→“分层云彩”命令，按两次【Ctrl+Alt++F】组合键，重复滤镜，使图像产生云彩效果，如图 7.4 所示。

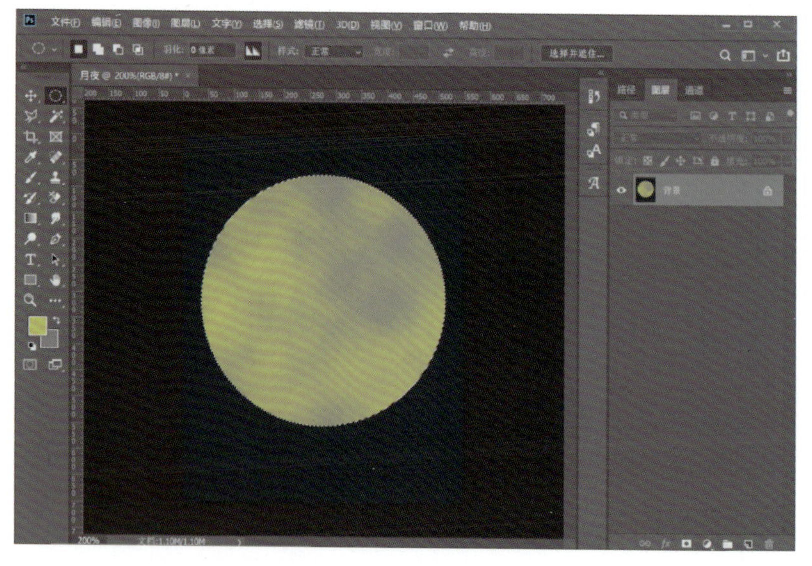

图 7.3 使用滤镜效果

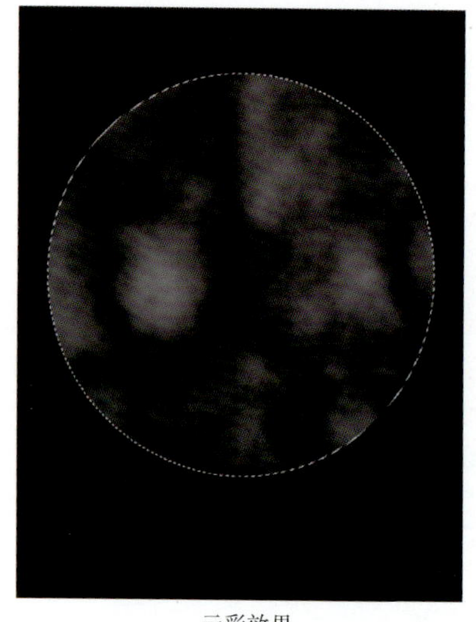

云彩效果

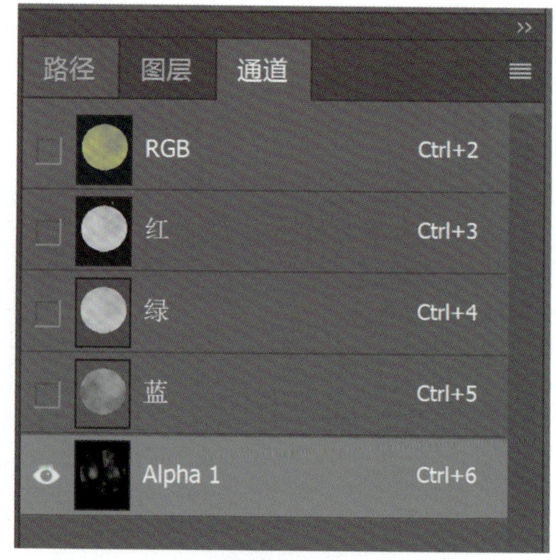


通道设置效果

图 7.4 通道设置和云彩效果

（5）选择图层 1，在工具箱中选择“画笔工具”按钮“”，在属性栏中设置“画笔”为柔角画笔，“大小”为 200 像素，“不透明度”为 30%，“流量”为 50%，如图 7.5 所示。

图 7.5 设置属性

（6）选择“画笔”面板，选中“纹理”复选框，设置“纹理”为云彩，“模式”为颜色加深，在选区中绘制图像，效果如图 7.6 所示。

图 7.6　使用画笔效果

（7）执行菜单栏中的“滤镜”→“扭曲”→“球面化”命令，在打开的“球面化”对话框中设置数量为 100，单击“确定”按钮，如图 7.7 所示。

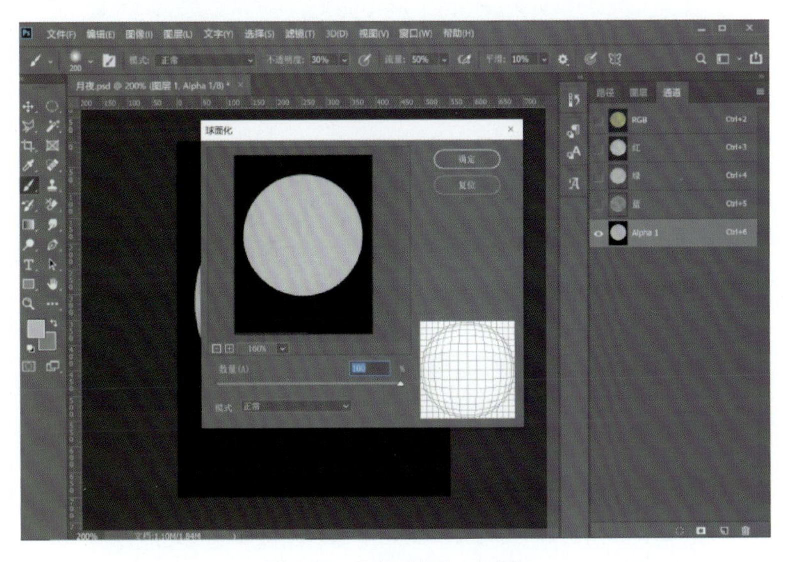


图 7.7　“球面化”对话框

（8）按【Ctrl+D】组合键取消选区，执行菜单栏中的“图像”→“调整”→“亮度 / 对比度”命令，在打开的对话框中设置“亮度”为 -25，单击“确定”按钮，如图 7.8 所示。

（9）在“图层”面板中双击图层 1 后面的空白处，在打开的对话框中选中“外发光”复选框，“设置发光颜色”为黄色（R：231，G：231，B：171），“大小”为 40 像素，如图 7.9 所示。

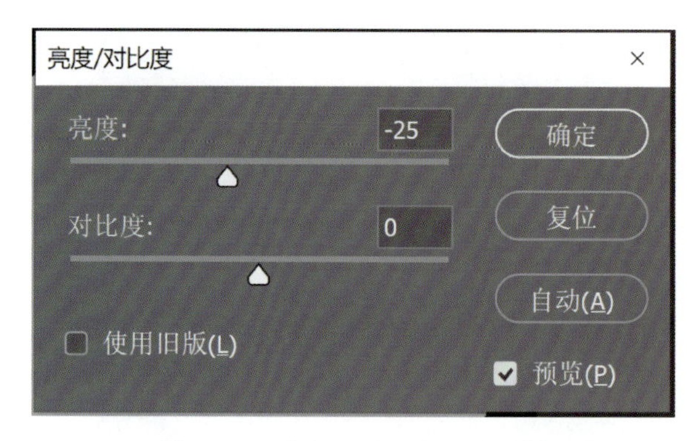


图 7.8 “亮度 / 对比度”对话框

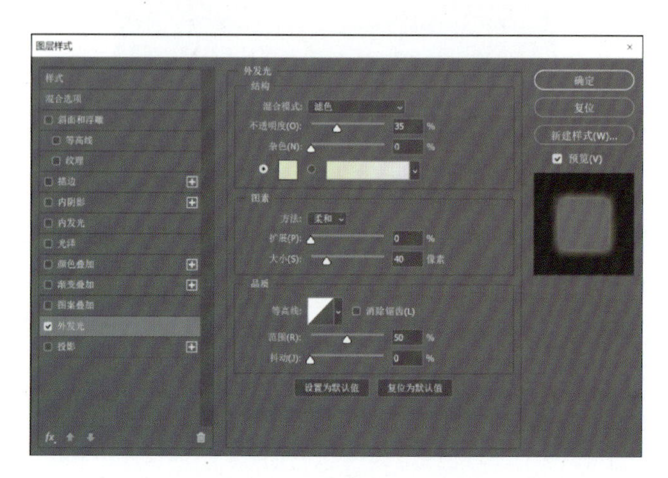

图 7.9 “外发光”设置

（10）选中“内发光”复选框，“设置发光颜色”为黄色（R：235，G：235，B：183），“不透明度”为 30%，“大小”为 80 像素，单击“确定”按钮，如图 7.10 所示。

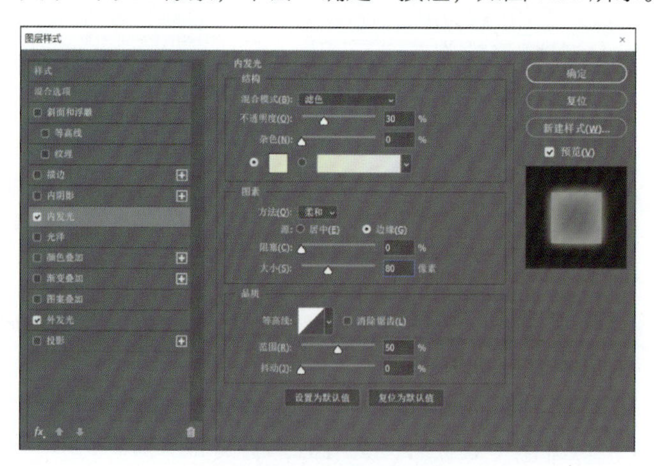

图 7.10 “内发光”设置

（11）在工具箱中选择“模糊工具”按钮“”，在属性栏中设置“画笔”为柔角 15 像素，“强度”为 45%，沿月亮边缘进行涂抹。完成最终效果，如图 7.11 所示。

图 7.11　月光效果

## 实例 2：颜色通道——香水瓶

（1）执行菜单栏中的“文件”→“打开”命令，或使用快捷键【Ctrl+O】，将弹出“打开”对话框，选择“香水瓶 .jpg”文件，将图像打开。打开的素材如图 7.12 所示。

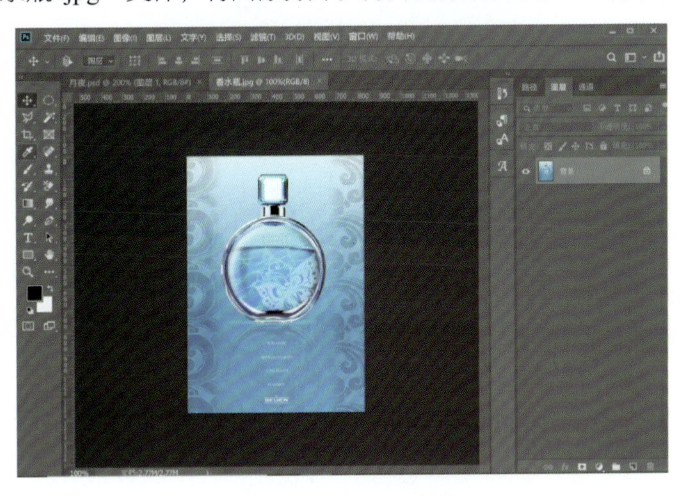

图 7.12　打开香水素材

（2）在“通道”面板中共有四个通道。其中 RGB 通道为复合通道，“红”通道、“绿”通道和“蓝”通道为原色通道。复合通道不含任何信息，实际上它只是同时预览并编辑所有颜色通道的一个快捷方式，如图 7.13 所示。

（3）在“通道”面板中单击“绿”通道，执行菜单栏中的“图像”→“调整”→“曲线”命令，打开“曲线”对话框，调整对话框中的曲线，使“绿”通道变亮，如图 7.14 所示。

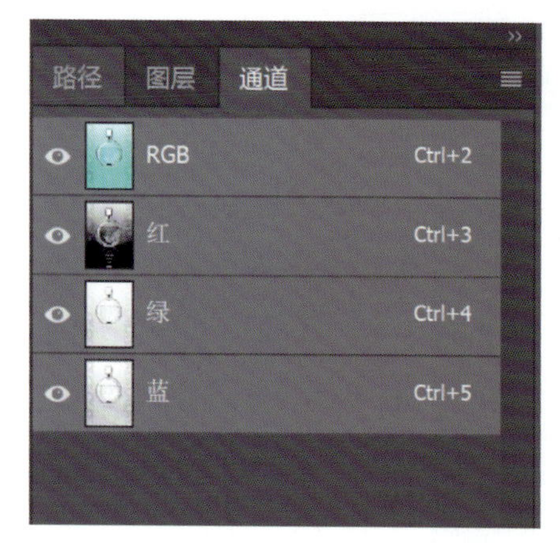


图 7.13　“通道”面板

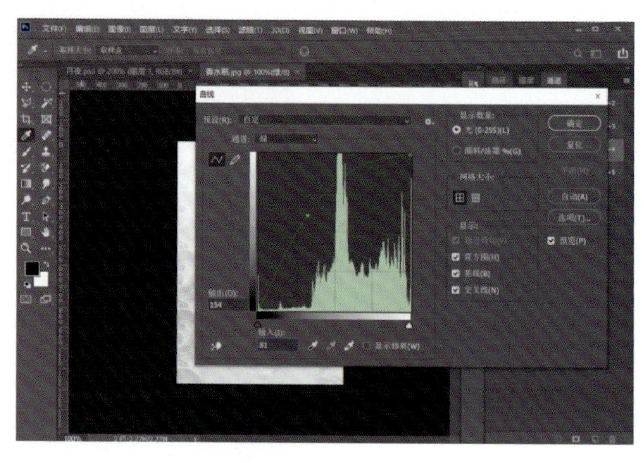

图 7.14　“曲线”对话框

（4）设置完成后，单击“确定”按钮，将图像中绿色的成分增加，打开“RGB”通道前的眼睛图标，显示图像的全部通道，即修改后的图像效果，如图 7.15 所示。

图 7.15　调整图像颜色效果

## 学习内容

## 7.2　蒙版

蒙版可以控制显示或隐藏图像内容，使用蒙版可以将图层或图层组中的不同区域隐藏或显示。通过编辑蒙版可以对图层应用各种特殊效果，而不会实际影响该图层上的像素。

# 操作实践

## 实例 3：快速蒙版——另类写真设计

（1）执行菜单栏中的“文件”→“打开”命令，或使用快捷键【Ctrl+O】，将弹出“打开”对话框，选择素材文件，将图像打开。打开的素材如图 7.16 所示。

图 7.16　老夫妇素材

（2）新建图层 1。设置“前景色”为褐色（R：100，G：80，B：9），按【Alt+Delete】组合键将图层 1 填充为前景色。

（3）设置图层 1 的图层的“混合模式”为颜色，效果如图 7.17 所示。

图 7.17　设置“混合模式”效果

（4）新建图层 2。设置前景色为灰色（R：219，G：219，B：219），按【Alt+Delete】组合键将图层 2 填充为前景色。

（5）执行菜单栏中的“滤镜”→“杂色”→“添加杂色”命令，在打开的“添加杂色”对话框中设置数量为 75%，单击“确定”按钮，如图 7.18 所示。

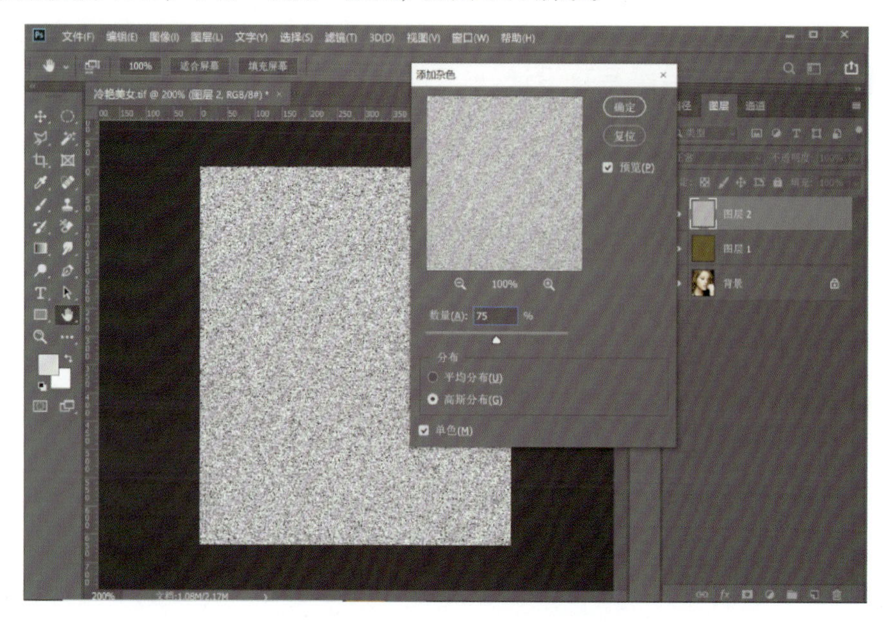


图 7.18　“添加杂色”对话框

（6）设置图层 2 的图层的“混合模式”为颜色加深，效果如图 7.19 所示。

图 7.19　颜色加深后效果

（7）拖动背景图层到“创建新图层”按钮“ ”上，复制生成背景拷贝图层。

（8）单击工具箱中的“以快速蒙版模式编辑”按钮“ ”，进入快速蒙版模式。设置前景色和背景色分别为白色和黑色。

（9）选择“渐变工具”按钮“ ”，选择“前景到背景”渐变样本，单击属性栏中的“径向渐变”按钮“ ”，从中心向斜角拖动鼠标填充渐变色，如图 7.20 所示。

图 7.20　填充渐变色效果

（10）按【Q】键退出快速蒙版模式。按【Delete】键删除选区内容，按【Ctrl+D】组合键取消选区。

（11）设置背景副本的图层的“混合模式”为差值，“不透明度”为 50 %，如图 7.21 所示。

图 7.21　设置差值后效果

（12）拖动背景图层到“图层”面板下方的“创建新图层”按钮“ ”上，复制生成背景拷贝 2 图层，然后将其拖动到背景拷贝图层之上。

（13）单击工具箱中的“以快速蒙版模式编辑”按钮“ ”，进入快速蒙版模式。

（14）单击“渐变工具”按钮“ ”，从人物中心向照片左上角拖动鼠标，填充渐变色，如图 7.22 所示

（15）按【Q】键退出快速蒙版模式。按【Ctrl+Shift+I】组合键反选选区，按【Delete】键删除选区内容，按【Ctrl+D】组合键取消选区。

（16）设置背景拷贝 2 的图层的“混合模式”为滤色。

图 7.22　填充渐变色效果

（17）选择“通道”面板，新建 Alpha1 通道。

（18）选择画笔工具“ ”，在属性栏中选择任意“干介质画笔”9 像素，在窗口中随意绘制直线，如图 7.23 所示。

（19）执行“滤镜”→“模糊”→“动感模糊”命令，在打开的“动感模糊”对话框，设置角度为 90°，距离为 301 像素，单击“确定”按钮，如图 7.24 所示。

图 7.23　绘制直线效果

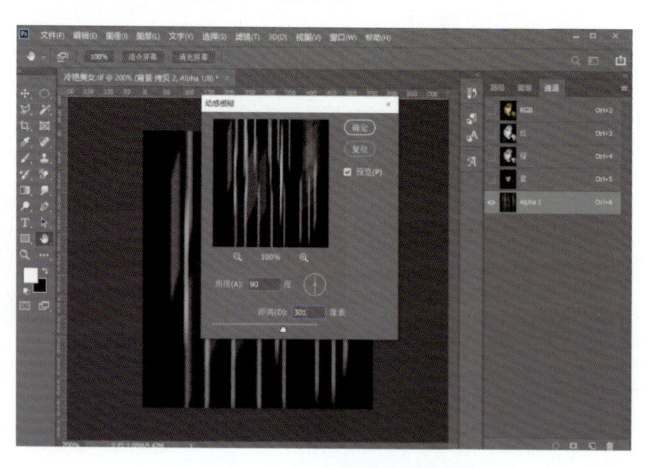

图 7.24　“动感模糊”对话框

（20）执行“滤镜”→“滤镜库”→“画笔描边”→“强化的边缘”命令，打开“强化的边缘”对话框，设置边缘宽度为 1，边缘亮度为 10，平滑度为 1，单击“确定”按钮，如图 7.25 所示。

（21）执行“喷溅”命令，打开“喷溅”对话框，设置喷色半径为 3，平滑度为 15，单击“确定”按钮，如图 7.26 所示。

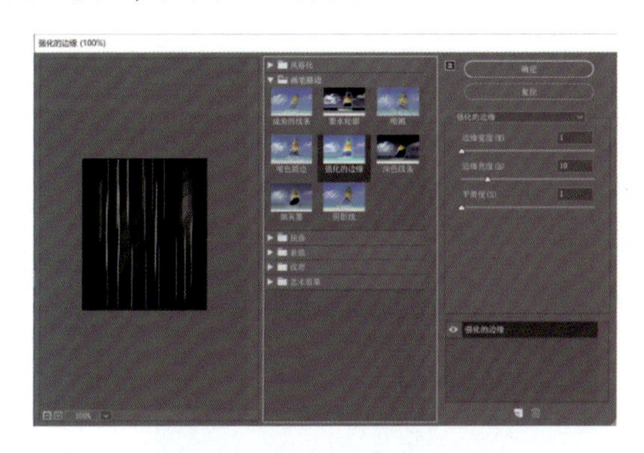

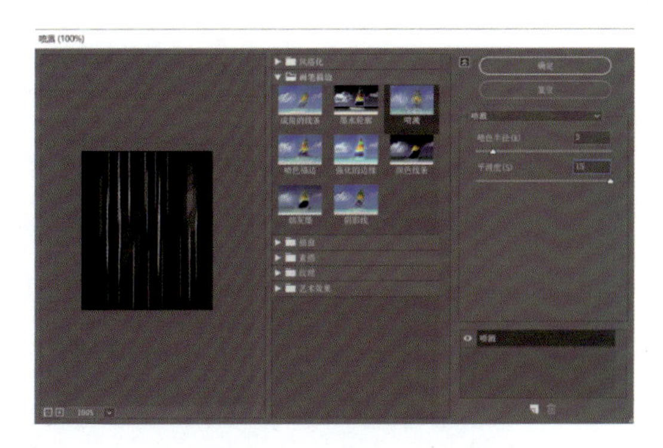

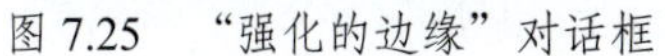

图 7.25　“强化的边缘”对话框

图 7.26　“喷溅”对话框

（22）对 Alpha1 做两次“图像”→“计算”，参数如图 7.27 所示。按住【Ctrl】键不放，单击【Alpha3】通道缩览图，载入选区，选择图层 2 后新建图层 3。

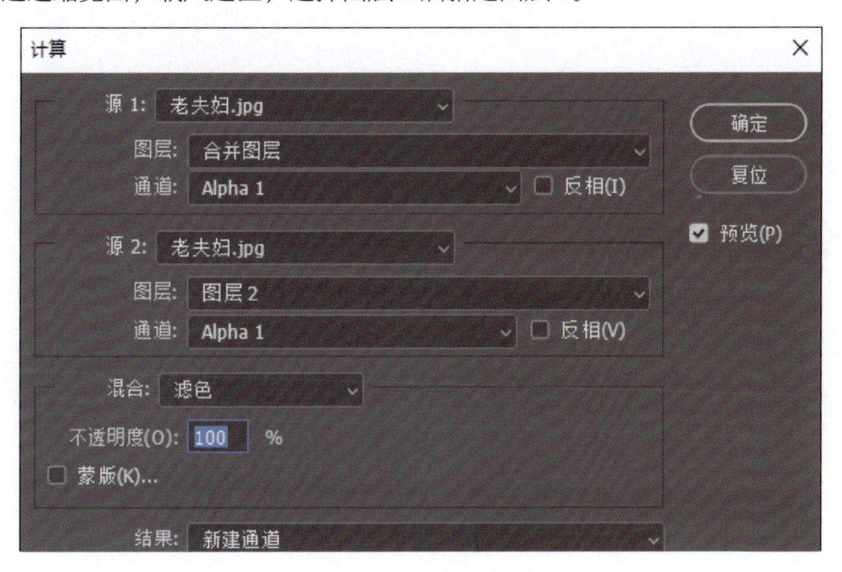


图 7.27　“计算”对话框

（23）设置前景色为深咖啡色（R：82，G：60，B：0），按【Alt+Delete】组合键将选区填充为前景色，按【Ctrl+D】组合键取消选区。

（24）设置图层 3 的图层的“混合模式”为滤色，如图 7.28 所示。

（25）选择“横排文字工具”，选择个人喜欢的字体和大小，在窗口中如图 7.29 所示的位置输入文字。

图 7.28　图层 3 设置效果

图 7.29　另类写真完成效果

## 操作实践

### 实例 4：图层蒙版——茶文化海报设计

图层蒙版可以让图层中的部分图像显现或隐藏。图层蒙版是一种灰度图像，其效果与分辨率相关，因此用黑色绘制的区域是隐藏的，用白色绘制的区域是可见的，而用灰度绘制的区域则会出现在不同层次的透明区域中。

在“图层”调板中，图层蒙版显示为图层缩览图右边的附加缩览图，该缩览图代表添加图层蒙版的创建的灰度通道。

（1）执行菜单栏中的“文件”→“打开”命令，或使用快捷键【Ctrl+O】，将弹出“打开”对话框，选择“茶文化海报”，将图像打开，如图 7.30 所示。

图 7.30　水乡和茶园素材文件

（2）为了使上层的图像与底部的图像更好地融合，需要使用图层蒙版将不需要的图像隐藏，但不是删除，如果需要随时还可以使图像返还到初始状态。

（3）按下【Q】键或单击工具箱中“以快速蒙版模式编辑”按钮“”，进入快速蒙版编辑状态，确定前景色为黑色，在工具箱中单击“画笔”工具“”，使用“画笔”工具在上层图像的右下角进行涂抹，如图 7.31 所示。

图 7.31　以快速蒙版模式编辑并涂抹效果

（4）然后按【Q】键或单击工具箱中“以标准模式编辑”按钮“”切换到标准编辑模式状态，可以看到涂抹区域为选区以外的区域，如图 7.32 所示。

（5）单击“图层”面板底部“添加图层蒙版”按钮“”，在“图层”面板中“图层 2”右侧出现一个白色的方框，即增加的图层蒙版，此时选区以外的区域被隐藏了，选区内的区域显现在图层中，如图 7.33 所示。

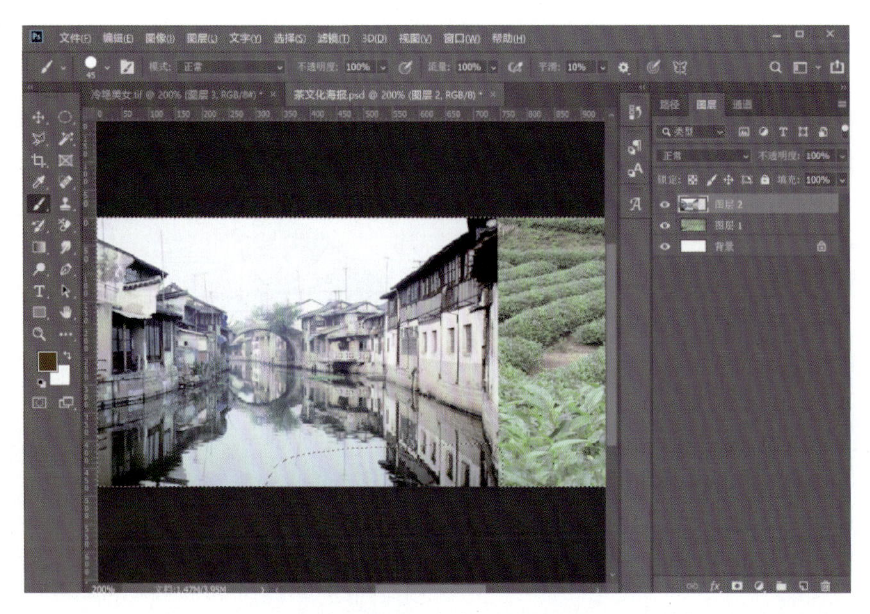
图 7.32　以标准模式编辑效果

图 7.33　添加图层蒙版

（6）切换到“通道”面板，在面板中自动生成一个“图层 2 蒙版”通道，该通道实际上就是“图层 2”的蒙版。编辑该通道就是在编辑“图层 2”的蒙版，如图 7.34 所示。

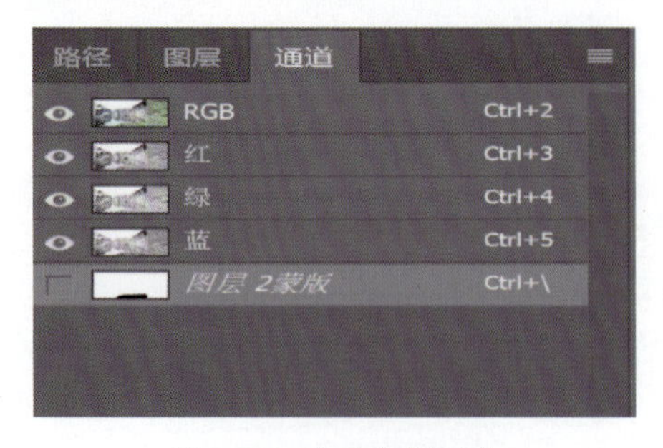

图 7.34　临时蒙版通道

（7）确定“前景色”为黑色，使用“画笔”工具，在“图层 2 蒙版”通道中进行涂抹，在涂抹的同时根据情况适当调整“画笔”的笔触大小和不透明度。画笔所涂之处显现出底下图层中的图像，如图 7.35 所示。

图 7.35　编辑蒙版通道

（8）单击“图层 2 蒙版”通道前的眼睛图标，并将 RGB 通道隐藏，这是观察画笔所涂抹的区域和效果，如图 7.36 所示。

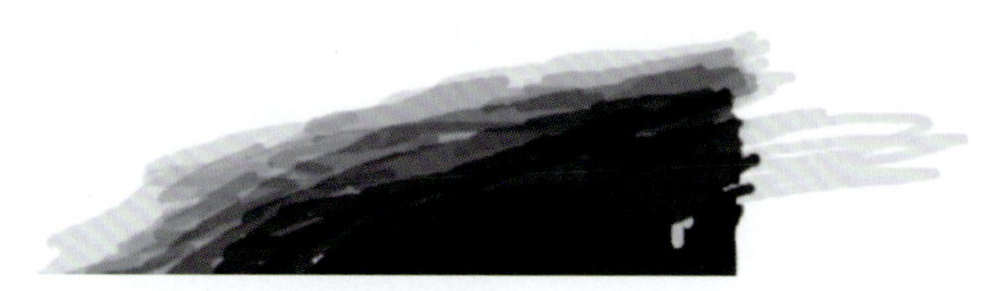

图 7.36　显示通道涂抹效果

（9）通过上述操作可以看出，蒙版可以像通道一样定义一个区域，图层蒙版可以让图层中的图像按照区域规划的方式显示或隐藏。

（10）多次按下【Ctrl+Z】组合键返回图像的初始状态，选择“图层”，执行“图层”→“图层蒙版”→“显示全部”命令，为“图层 2”添加图层蒙版，如图 7.37 所示。

（11）确认“图层 2”的图层蒙版缩览图处于选择状态，按【D】键或单击工具箱中“默认前景色和背景色”按钮“■”，将前景色和背景色设置为默认的白色和黑色。接着单击工具箱中“渐变”工具“■”，设置其工具选项栏，如图 7.38 所示。

图 7.37 执行“显示全部”命令

图 7.38 设置“渐变”工具选项栏

（12）使用设置好的“渐变”工具，在视图相应位置单击并拖动鼠标，将“图层 2”中的部分图像遮盖，如图 7.39 所示。

图 7.39 编辑蒙版

（13）确认“图层 2”图层蒙版缩览图为选择状态，执行“滤镜库”→“素描”→“绘图笔”命令，在打开的“绘图笔”对话框中进行设置，单击“确定”按钮，如图 7.40 所示。

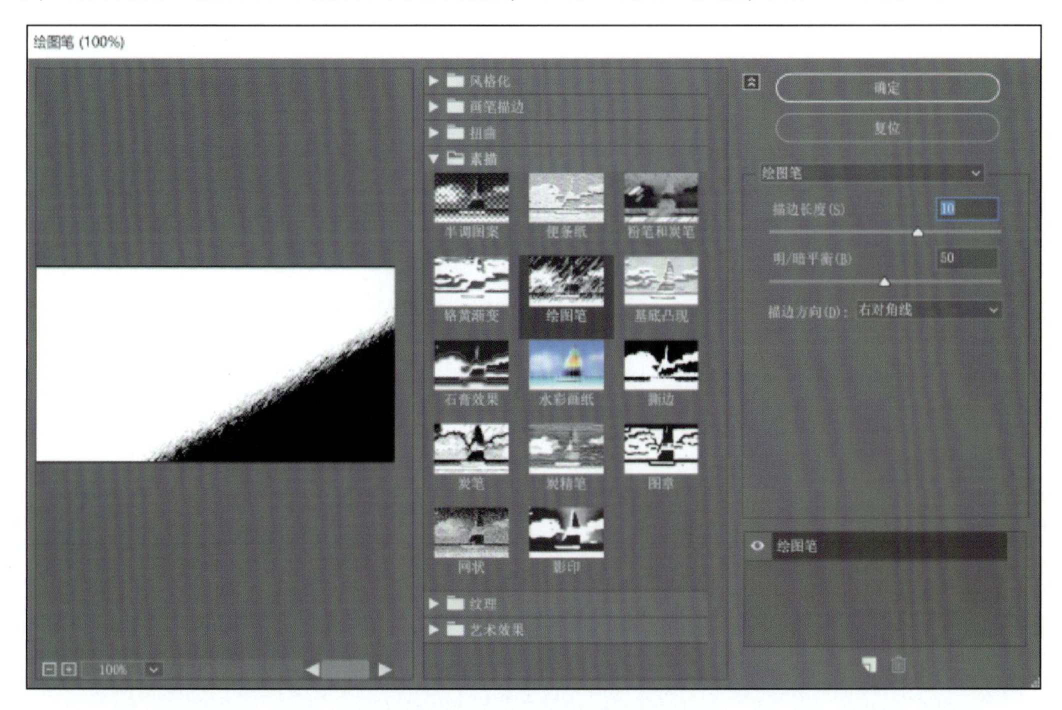


图 7.40　“绘图笔”对话框

（14）执行菜单栏中的“文件”→“打开”命令，或使用快捷键【Ctrl+O】，将弹出“打开”对话框，选择素材文件，将图像打开，如图 7.41 所示。

图 7.41　打开天空素材

（15）使用工具箱中“移动工具”按钮“![]”，将“天空”文档中的图像拖动至“茶文化海报”文档中，生成“图层 3”，并调整图像的大小和位置，效果如图 7.42 所示。

图 7.42 调整图像大小与位置

（16）按下【Alt】键，单击并拖动“图层 2”的图层蒙版缩览图至“图层 3”上，然后松开鼠标，这时将复制“图层 2”的图层蒙版并将其应用于“图层 3”上，如图 7.43 所示。

图 7.43 复制蒙版

（17）将“前景色”设置为黑色，选择 “画笔”工具，并设置其选项栏，然后在蒙版中涂抹，将“图层 3”中相应的图像隐藏，如图 7.44 所示。

（18）选择“图层 3”，然后单击“创建新的填充或调整图层”按钮，在弹出的快捷菜单中执行“渐变映射”命令，在弹出的“拾色器（色标颜色）”对话框中进行设置，调整图像整体色调，如图 7.45 所示。

图 7.44　编辑“图层 3”蒙版

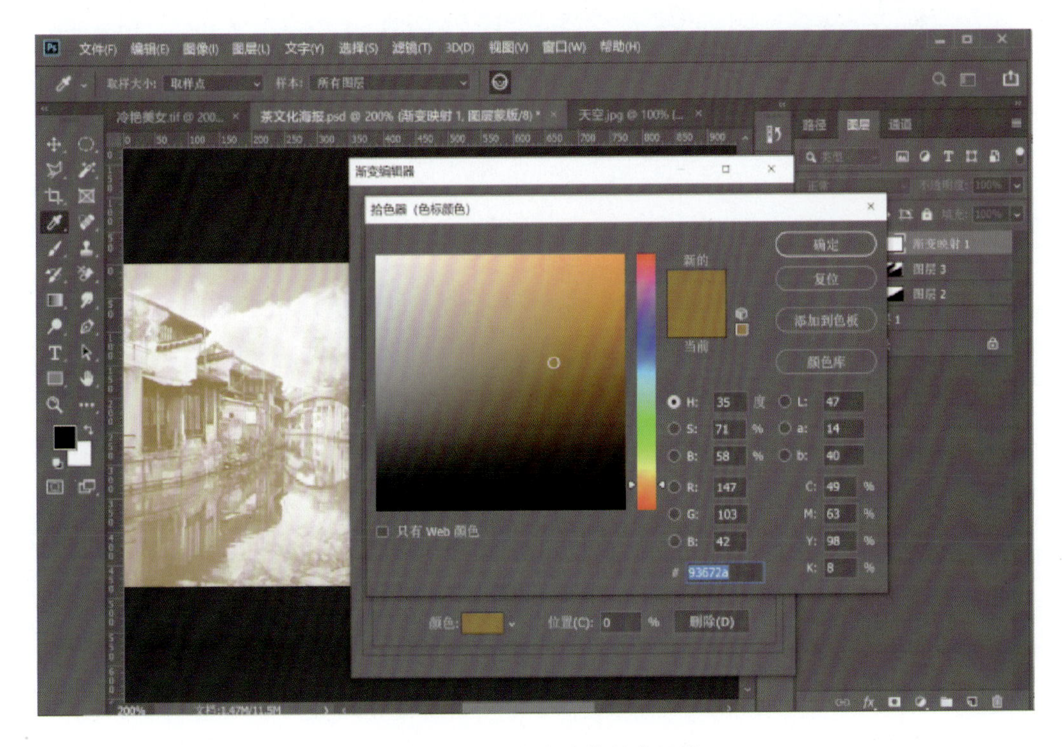


图 7.45　添加渐变映射调整图层

（19）按下【Alt】键，单击并拖动“图层 3”的图层蒙版缩览图到“渐变映射”调整图层的图层蒙版缩览图上，然后松开鼠标，将弹出提示对话框，询问是否替换图层蒙版，如图 7.46 所示。

（20）单击“是”按钮，使“渐变映射 1”调整图层的蒙版被替换为与“图层 3”相同的蒙版，效果如图 7.47 所示。

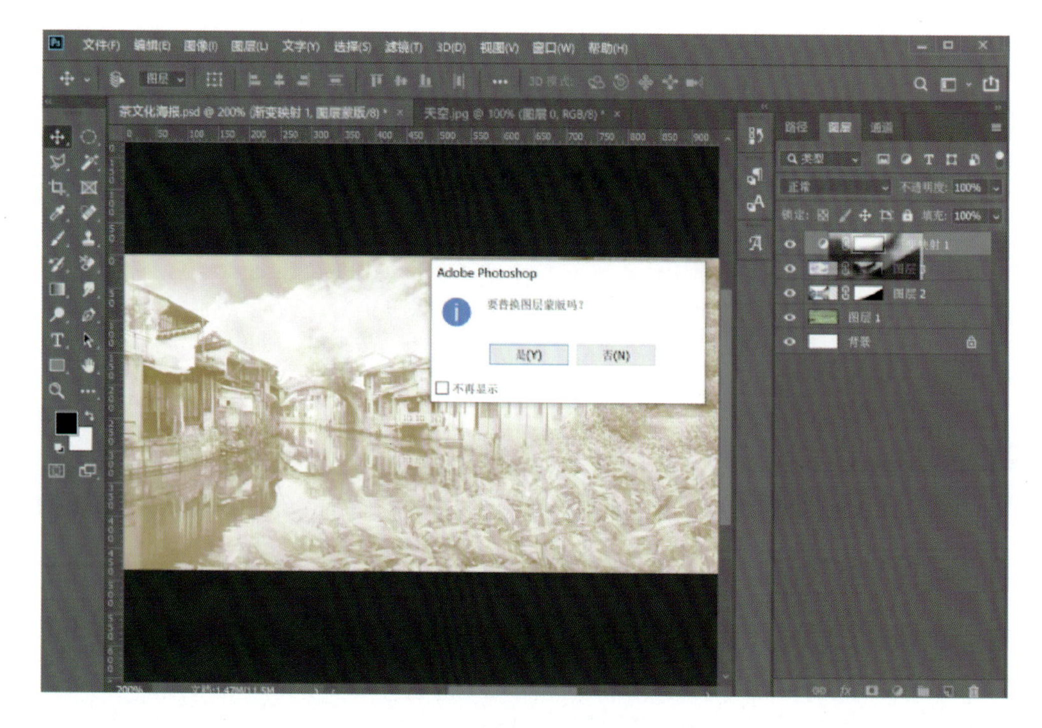


图 7.46　替换蒙版提示框

图 7.47　替换蒙版效果

（21）设置“前景色”为白色，使用“画笔”工具再对“渐变映射 1”调整图层的蒙版进行编辑，使相应图像不受该蒙版的影响，效果如图 7.48 所示。

（22）新建“图层 4”使用“矩形选框工具”在视图右侧绘制一个矩形选区，并对选区填充颜色（R：241；G：225；B：198），然后取消选区，如图 7.49 所示。

图 7.48　编辑“渐变映射 1”图层蒙版

图 7.49　绘制图像

（23）执行菜单栏中的“文件”→“打开”命令，或使用快捷键【Ctrl+O】，将弹出“打开”对话框，选择素材文件，将图像打开，如图 7.50 所示。

图 7.50　茶壶素材

（24）对“茶壶”文件进行图像大小设置，使用工具箱中“磁性套索工具”沿茶壶轮廓绘制选区，执行“编辑”→“拷贝”命令，将选区复制。然后选中“茶文化海报”文档，执行“编辑”→“粘贴”命令，将茶壶复制到“茶文化海报”文档中，调整茶壶位置，如图 7.51 所示。

图 7.51　复制图像

（25）在合适位置添加文字，效果如图 7.52 所示。

图 7.52　“茶文化海报”最终完成效果

## 实例 5：通道抠图

（1）打开素材图片“白云”，如图 7.53 所示。

（2）按【Ctrl+J】组合键复制“背景”图层，得到“图层 1”。执行“窗口”→“通道”命令，打开“通道”面板，如图 7.54 所示。

（3）选择“红”通道，如图 7.55 所示。按【Ctrl+M】组合键打开“曲线”对话框，拖动曲线向下弯曲，如图 7.56 所示。单击“确定”按钮，效果如图 7.57 所示。

图 7.53　白云素材

图 7.54　通道面板

图 7.55　选中“红”通道

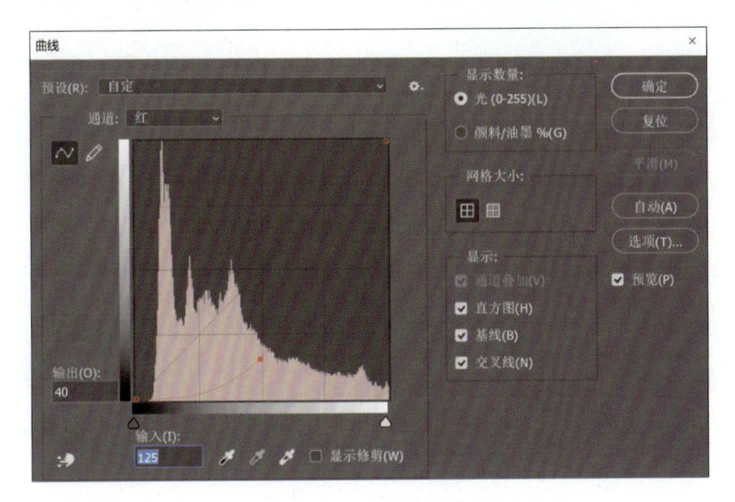


图 7.56　曲线对话框

图 7.57 调整后的效果图

（4）选中“红”通道，单击“通道”面板下方的“将通道作为选区载入”按钮，调出“红”通道的选区，如图 7.58 所示。

（5）选中“RGB”通道，如图 7.59 所示。然后切换至“图层 1”面板，如图 7.60 所示。

（6）选中“图层 1”，按【Ctrl+J】组合键进行复制，得到“图层 2”。此时，“图层 2”中的图像便是抠取出来的云彩，如图 7.61 所示。

图 7.58 调出选区

图 7.59 选中“RGB”通道

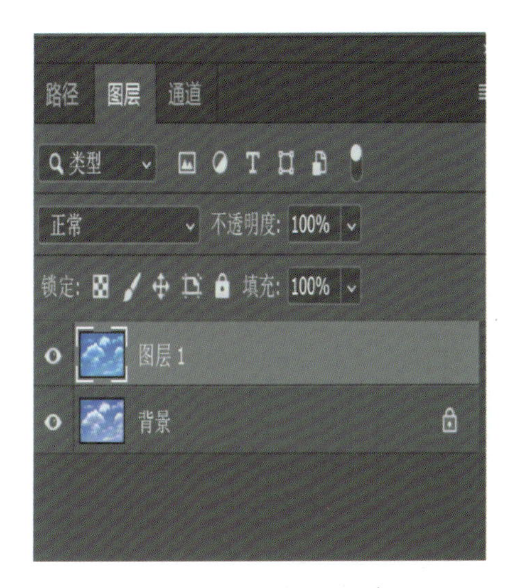

图 7.60　“图层 1”面板

图 7.61　抠取云彩

（7）在窗口中，打开素材图片“大海”，如图 7.62 所示。

（8）执行菜单栏中的“文件”→“存储为”命令，在弹出的对话框中以名称“通道抠图 .PSD”保存图像。

（9）将抠取的云彩图像拖动到新窗口中，得到“图层 1”。然后，按【Ctrl+T】组合键调出定界框，调整其大小并放在合适的位置，如图 7.63 所示。

图 7.62　大海素材

图 7.63　调整大小及位置

（10）按【Ctrl+U】组合键，打开“色相 / 饱和度”对话框。向右拖动滑块将“明度”调为最亮，如图 7.64 所示。单击“确定”按钮，效果如图 7.65 所示。

（11）单击“添加图层蒙版”按钮，为“图层 1”添加图层蒙版。

（12）选择“画笔工具”，并在其选项栏中设置“不透明度”为 100%。

（13）设置“前景色”为黑色，并为画笔选择合适的笔触大小。选中“图层蒙版”，通过画笔擦除多余的图像，从而将“图层 1”中多余的云彩隐藏起来，效果如图 7.66 所示。

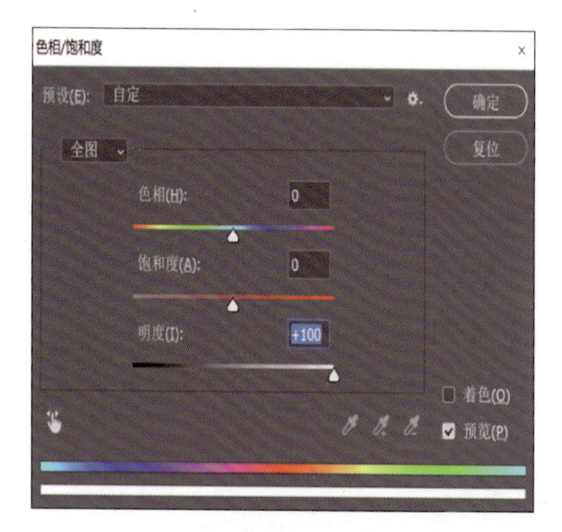


图 7.64 “色相 / 饱和度”对话框

图 7.65 调整后的效果

图 7.66 隐藏多余云彩效果

##  延伸性学习与研究

思考和探究图层的混合模式、蒙版、剪贴蒙版，深入探讨蒙版的应用。

## 拓展训练

应用蒙版制作一个公益广告。
参考技术要素：
图层的混合模式（根据混合模式的特点，为图像添加适当的混合模式）
蒙版（1. 应用图层蒙版 2. 应用剪切蒙版）

# 第 8 章　路径与形状工具的使用

## 知识技能目标

（1）了解哪些情况需要路径与形状工具操作。
（2）掌握路径与形状工具的操作方法。
（3）识记路径的调整技巧与自定义形状工具的使用。
（4）熟练掌握路径与形状工具操作满足各种特殊效果的制作。

## 操作任务

通过对路径与形状工具进行操作，制作出特殊的图像效果。

## 学习内容

## 8.1　路径和“路径”面板

利用路径工具可以绘制各种形状的矢量图形，并可以帮助用户精确地创建选区。与路径有关的绝大部分操作都可以在“路径”面板中完成。

### 8.1.1　路径

路径不是图像中的像素，只是用来绘制图形或选择图像的一种依据。利用路径不仅可以编辑不规则图形、建立不规则选区，还可以对路径进行描边、填充，以制作特殊的图像效果。

路径是由一个或多个直线或曲线组成的线条，如图 8.1 所示。

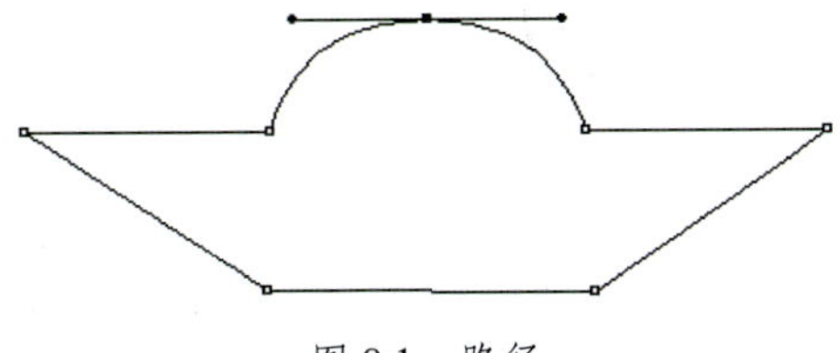

图 8.1　路径

路径既可以是闭合的，也可以是开放的。路径分为三种：开放路径、闭合路径和复合路径。

（1）开放路径：起点和终点不重合的路径，例如，直线、弧线等。

（2）闭合路径：起点和终点重合在一起的路径，例如，矩形、椭圆形、多边形等。

（3）复合路径：由两个或两个以上的开放或闭合的路径，通过一定的运算方式组合而成的路径。

路径由锚点、路径线段及方向线组成。

线条的起始点和结束点由锚点标记。所谓锚点，是指路径上用于标记关键位置的转换点，通过编辑路径的锚点，可以改变路径的形状，如图 8.2 所示。

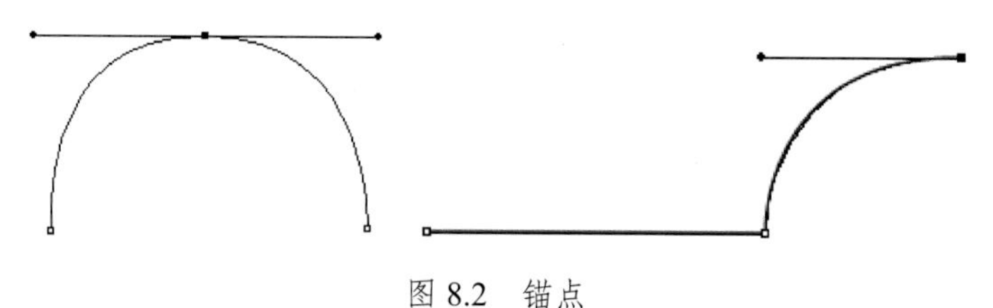

图 8.2　锚点

锚点分为平滑点和角点；在角点，路径突然改变方向；在平滑点，路径段连接为连续曲线；可以使用角点和平滑点的任意组合绘制路线，如图 8.3 所示。

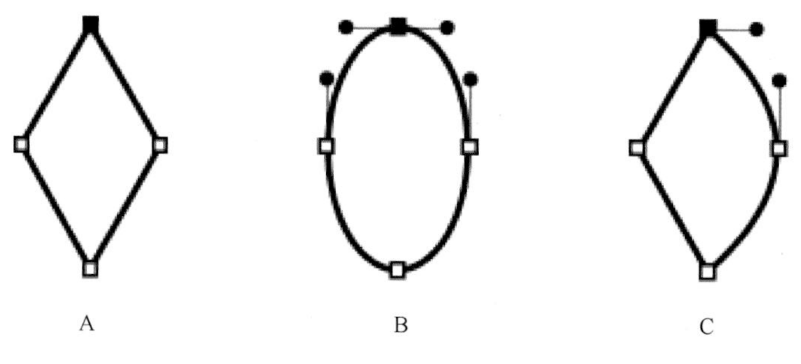


图 8.3　平滑点和角点

角点可以连接任何两条直线段或曲线段，而平滑点始终连接两条曲线段。

方向线和方向点，选择连接曲线段的锚点（或选择点段本身）时，连接线段的锚点会显示方向手柄；方向手柄由方向线组成，方向线在方向点处结束；方向线的角度和长度决定曲线的形状和大小，移动方向点将改变曲线形状，方向线的长度决定了曲线的弧度，方向线越短，曲线的弧度越小，越长则越大，方向线不显示在最终输出上，如图 8.4 所示。

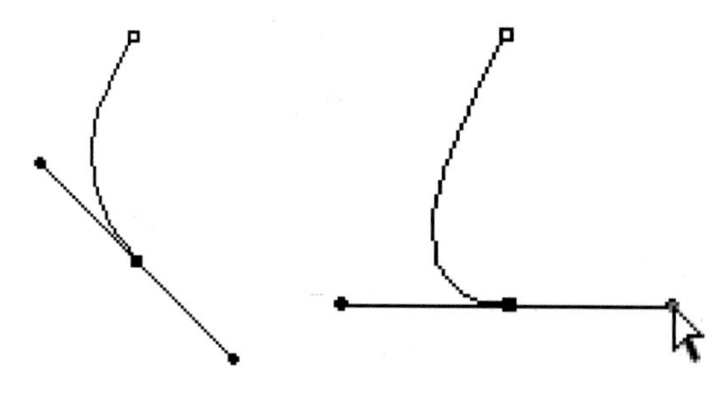

图 8.4　方向线和方向点

## 8.1.2 “路径”面板

“路径”面板是用于保存和管理路径的工具，在其中显示了当前工作路径、存储的路径和当前矢量蒙版的名称及缩览图。路径的基本操作和编辑大部分都可以通过该面板来完成。

执行“窗口”→“路径”命令，可以打开“路径”面板，如图 8.5 所示。

图 8.5　“路径”面板

其中，各选项的含义如下：

路径：当前文件中包含的路径。

（1）“工作路径”：当前文件中包含的临时路径。工作路径是出现在“路径”面板中的临时路径，如果没有存储便取消了对该路径的选择，再绘制新的路径时原工作路径将被新的工作路径所替代。

（2）“矢量蒙版”：当前文件中包含的矢量蒙版。

（3）“用前景色填充路径”：单击该按钮，可以用前景色填充路径。

（4）“用画笔描边路径”：单击该按钮，将以画笔工具和设置的前景色对路径进行描边。

（5）“将路径作为选区载入”：单击该按钮，可以将路径转换为选区。

（6）“从选区生成工作路径”：单击该按钮，可以将选区转换为路径。

（7）“创建新路径”：单击该按钮，可以创建新的路径。

（8）“删除当前路径”：单击该按钮，可以将选择的路径删除。

# 8.2 钢笔工具

钢笔工具是创建路径最常用的工具，包括钢笔工具和自由钢笔工具，主要用于绘制矢量图形，还可以用作图像勾边。

钢笔工具用于绘制直线和曲线段，并可以对路径进行编辑，如图 8.6、图 8.7、图 8.8、图 8.9 所示。

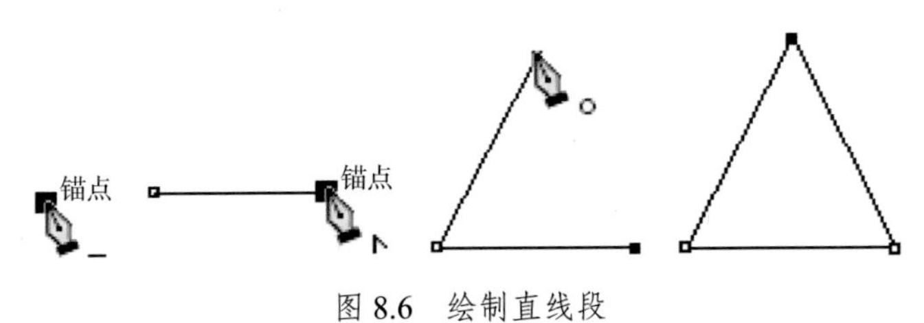


图 8.6　绘制直线段

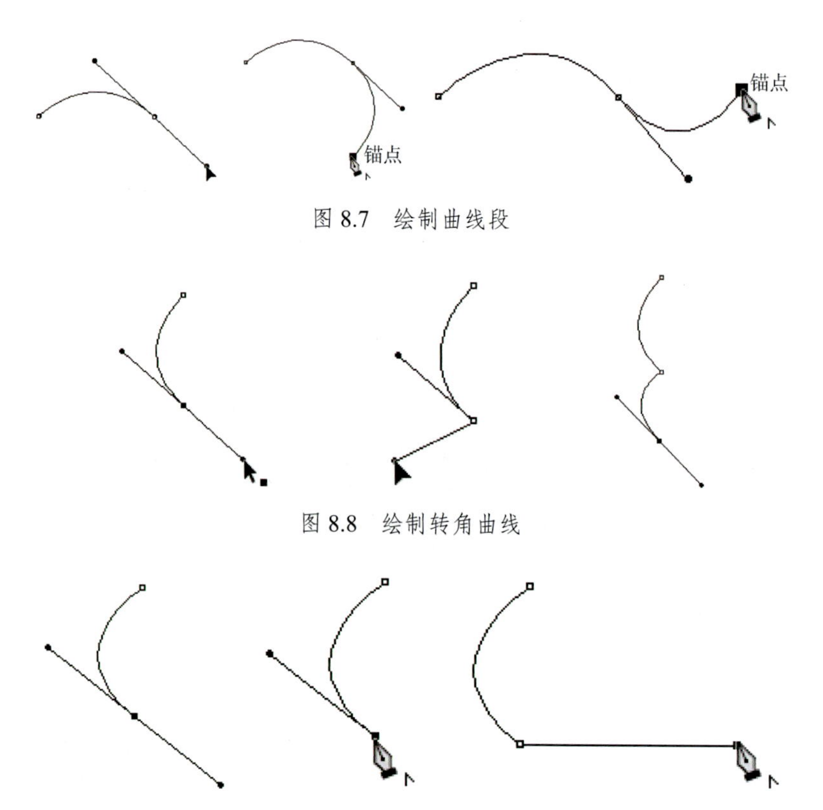


图 8.7　绘制曲线段

图 8.8　绘制转角曲线

图 8.9　在曲线后面绘制直线

## 操作实践

### 实例 1：绘制四叶草

（1）执行“文件”→“新建”命令，打开“新建文档”对话框，设置“宽度”为 600 像素，“高度”为 500 像素，“分辨率”为 72 像素 / 英寸，“颜色模式”为 RGB 颜色，“背景内容”为白色。设置完成后，单击“确定”按钮，创建一个新的文档。

（2）单击工具箱上的“钢笔工具”按钮“ ”，在工具选项栏中单击“路径”按钮“ ”，然后在画布中央绘制一个多边形路径，如图 8.10 所示。

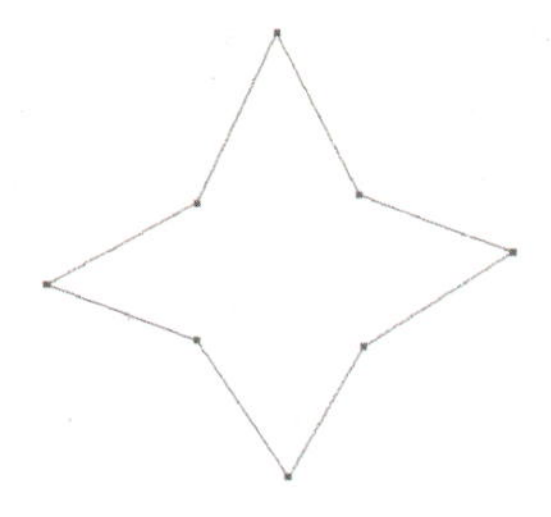

图 8.10　绘制多边形路径

（3）单击工具箱上的“转换点工具”按钮“”，单击拖动其中的一个点，来调整多边形的形状，如图 8.11 所示。

（4）用同样的方法，单击拖动其他的几个点，来调整图形的形状，绘制出花的效果，如图 8.12 所示。

（5）使用钢笔工具添加新锚点，使用直接选择工具调整锚点位置，拖拽方向点，改变方向线的角度及长度，调整路径形状，将图形调整至心形，如图 8.13 所示。

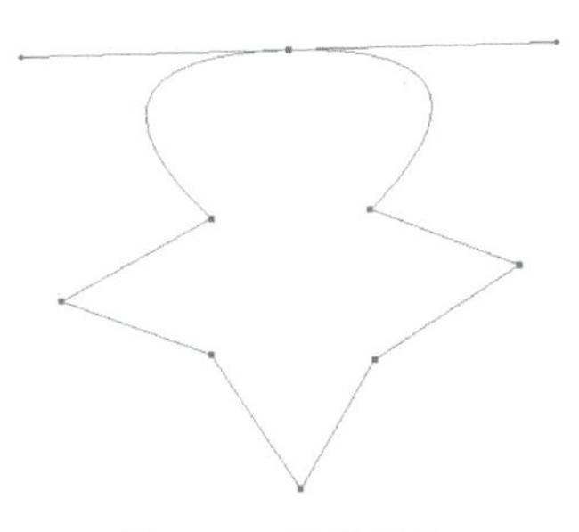

图 8.11　调整形状

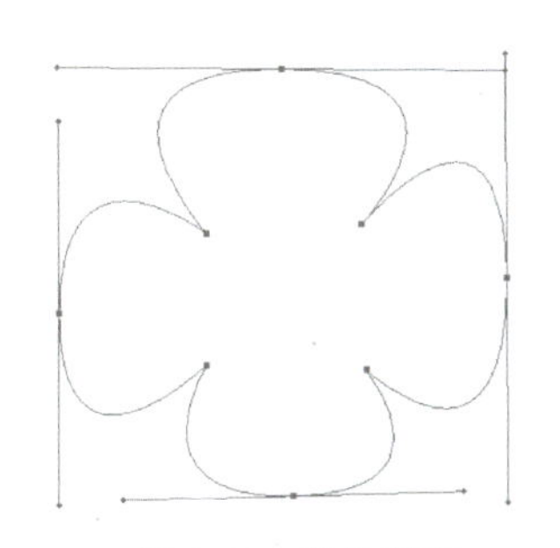

图 8.12　整体调整

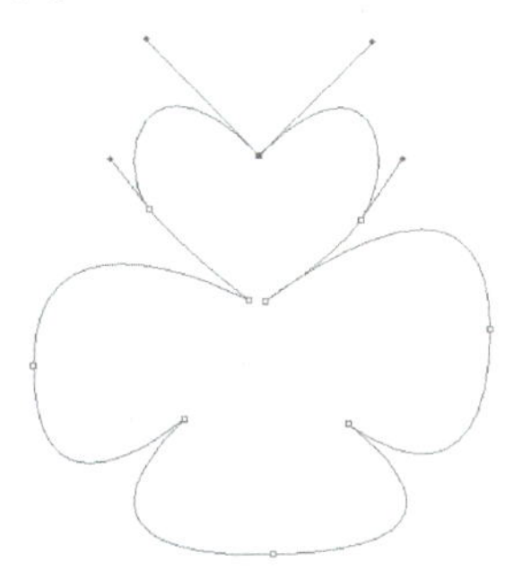

图 8.13　添加锚点

（6）用同样的方法，调整其他图形的形状，绘制效果如图 8.14 所示。

（7）打开路径面板，选择“将路径作为选区载入”按钮“”，如图 8.15 所示。

（8）新建图层 1，将前景色设置为绿色 RGB（135，185，41），使用快捷键【Alt+Delete】进行前景色填充，如图 8.16 所示。

图 8.14　调整其他形状

图 8.15　载入选区

图 8.16　填充颜色

（9）使用钢笔工具绘制四叶草的茎，执行“自由变换”命令，或者使用快捷键【Ctrl+T】调整位置及大小，旋转合适的角度，如图 8.17 所示。

图 8.17　绘制茎

（10）向下合并图层，使用快捷键【Ctrl+E】，并复制多个图层，使用快捷键【Ctrl+J】，如图 8.18 所示。

（11）执行“自由变换”命令，或者使用快捷键【Ctrl+T】调整位置及大小，旋转合适的角度，完成实例制作，如图 8.19 所示。

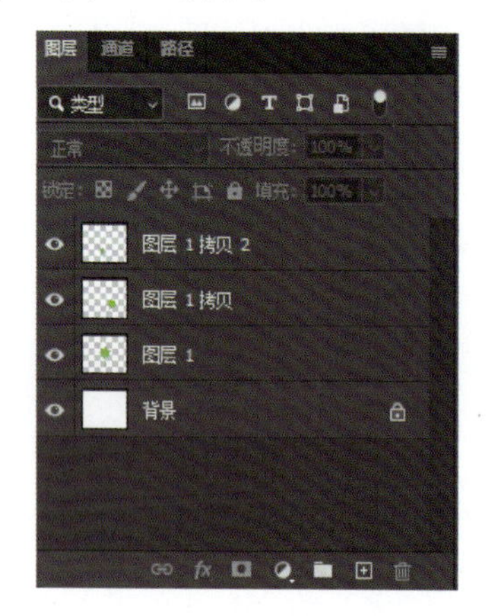


图 8.18　复制图层

图 8.19　“四叶草”最终效果

## 学习内容

# 8.3　应用形状工具

在创建路径时，除了可以使用钢笔工具和自由钢笔工具外，还可以使用工具箱中提供的形状工具绘制形状。

## 8.3.1　使用工具箱工具绘制矩形

使用矩形工具“ ”可以绘制矩形和正方形。选择该工具后，直接在图形窗口中按住鼠标左键并拖拽，即可绘制矩形，如图 8.20 所示，按住【Shift】键并拖动鼠标，可以绘制正方形，如图 8.21 所示。

图 8.20　绘制矩形

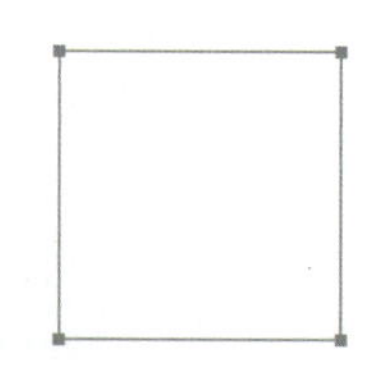

图 8.21　绘制正方形

选择工具箱中的矩形工具，其工具属性栏，如图 8.22 所示。

图 8.22　矩形工具属性栏

其中，各选项的含义如下：

（1）“形状”：形状模式，使用矩形工具将创建矩形形状图层，填充的颜色为前景色。

（2）“路径”：路径模式，使用矩形工具将创建矩形路径。

（3）“像素”：像素模式，使用矩形工具将在当前图层中绘制一个填充前景色的矩形区域。

（4）“描边”：该选项只有在选择“形状”后才可以使用，在“2像素”和“——”中可以分别设置形状描边的宽度和类型。

（5）“W”：在文本框中设置形状宽度。

（6）“H”：在文本框中设置形状高度。

（7）“对齐边缘”：可以将矩形边缘对齐到像素边缘。

## 8.3.2　使用圆角矩形工具绘制圆角矩形

圆角矩形工具“”用于绘制圆角的矩形。选择该工具后，在图像中按住鼠标左键并拖动，即可绘制圆角矩形，如图 8.23 所示，按住【Shift】键并拖动鼠标，可以绘制圆角正方形，如图 8.24 所示。

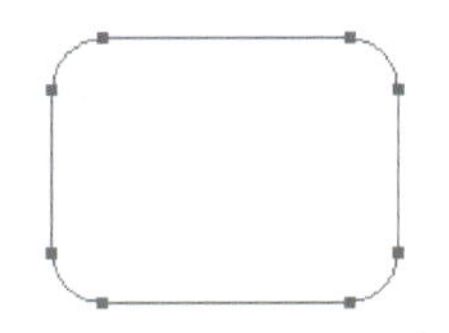

图 8.23　绘制圆角矩形

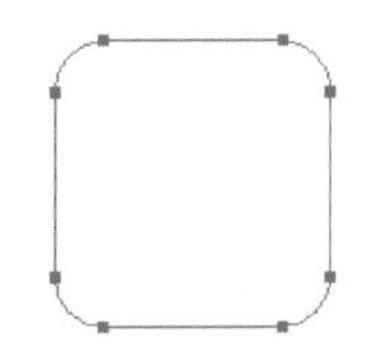

图 8.24　绘制圆角正方形

选择工具箱中的圆角矩形工具，其工具属性栏如图 8.25 所示。

图 8.25　圆角矩形工具属性栏

其中，“半径:”文本框中可以设置圆角的半径大小，数值越大，矩形的边角就越圆滑。

## 8.3.3　使用椭圆工具绘制椭圆

椭圆工具“”与矩形工具的绘制方法基本相同，所不同的是使用椭圆工具绘制的路径是椭圆形，如图 8.26 所示，按住【Shift】键并拖动鼠标，可以绘制正圆形，如图 8.27 所示。

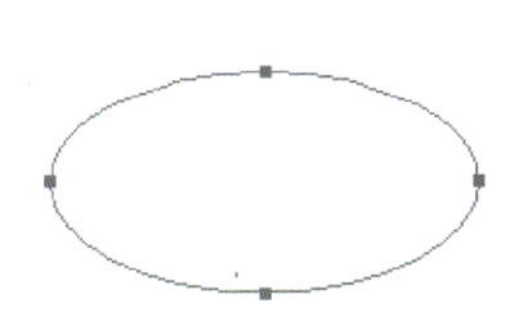

图 8.26　绘制椭圆形

图 8.27　绘制圆形

选择工具箱中的椭圆工具，其工具属性栏如图 8.28 所示。

图 8.28　椭圆工具属性栏

各选项含义与矩形工具属性栏基本相同。

### 8.3.4 使用多边形工具绘制多边形

选择工具箱中的多边形工具“”，在其工具属性栏“边:”数值框中可以设置边的数值，即多边形的边数，工具属性栏如图 8.29 所示。

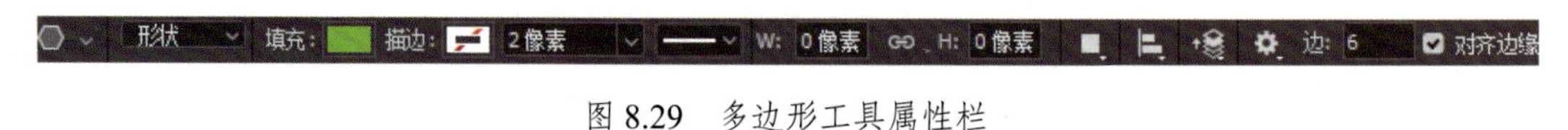


图 8.29 多边形工具属性栏

正多边形绘制效果如图 8.30、图 8.31 所示。

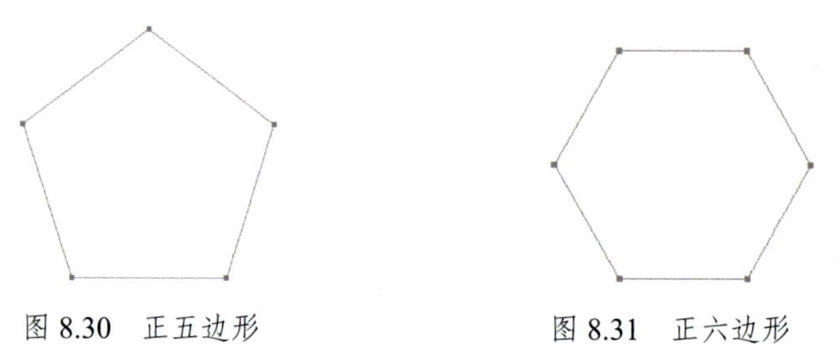

图 8.30 正五边形　　图 8.31 正六边形

### 8.3.5 使用直线工具绘制直线和箭头

选择工具箱中的直线工具“”，在其工具属性栏中设置直线粗细的数值，可以绘制不同粗细的直线。单击“”按钮，在弹出的“箭头”面板中设置各项参数，还可以绘制不同类型的箭头路径，如图 8.32 所示。

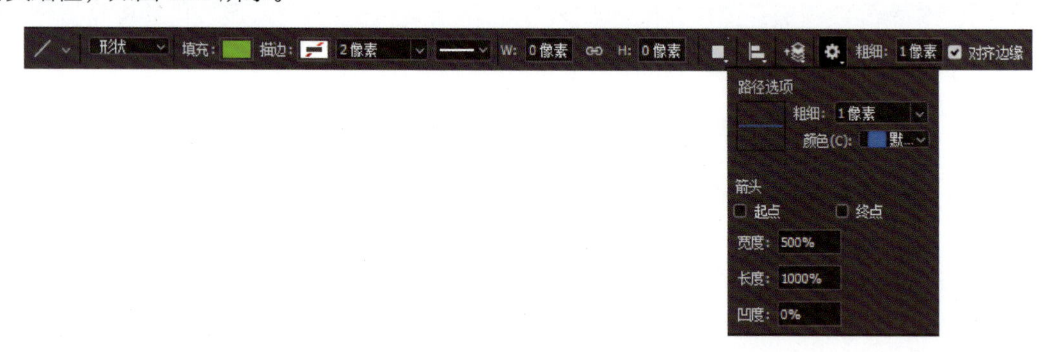


图 8.32 直线工具属性栏

其中，各选项的含义如下：

（1）“起点和终点”：选中“起点”复选框，绘制线段时将在起点处带有箭头；选中“终点”复选框，绘制线段时将在终点处带有箭头。

（2）“宽度”：用于设置箭头宽度和线段宽度的百分比。

（3）“长度”：用于设置箭头长度和线段长度的百分比。

（4）“凹度”：用于设置箭头中央凹陷的程度。

直线绘制效果如图 8.33 所示。

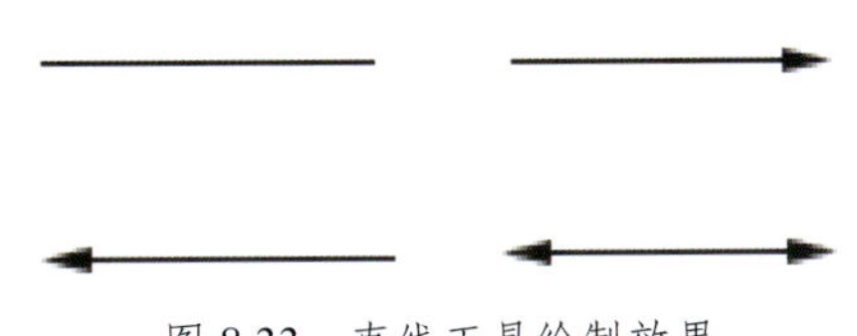

图 8.33　直线工具绘制效果

### 8.3.6　使用自定义形状工具绘制各种形状

使用自定义形状工具“”可以绘制 Photoshop 预设的各种图形，其工具属性栏如图 8.34 所示。

图 8.34　自定义形状工具属性栏

单击形状右侧的下拉按钮，在弹出的下拉面板中选择所需的形状，按住鼠标左键并拖动，即可绘制图形。

## 操作实践

### 实例 2：绘制浪漫心形海报背景

（1）执行“文件”→“新建”命令，打开“新建文档”对话框，设置“宽度”为 600 像素，“高度”为 500 像素，“分辨率”为 72 像素 / 英寸，“颜色模式”为 RGB 颜色，“背景内容”为白色。设置完成后，单击“确定”按钮，创建一个新的文档，如图 8.35 所示。

（2）将前景色设置为玫红色（#e5006a），背景色设置为深玫红色（#7d003e），使用渐变工具创建径向渐变填充，如图 8.36 所示。

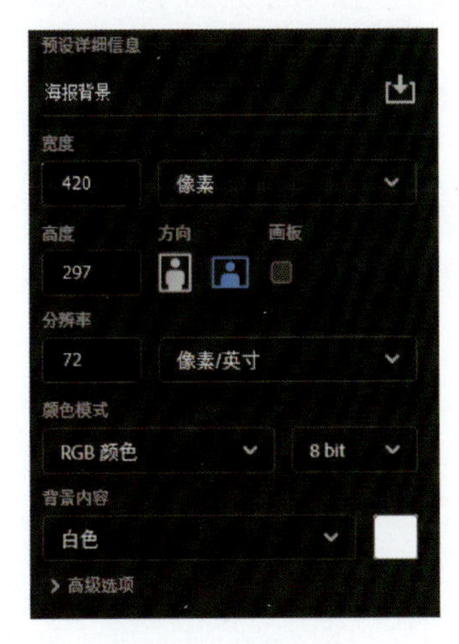


图 8.35　新建文档

图 8.36　渐变填充

（3）选择自定义形状工具，绘制心形路径，执行自由变换命令，或者使用快捷键【Ctrl+T】旋转角度，如图 8.37 所示。

（4）载入选区，将其填充成白色，单击图层样式按钮“fx”，选择“渐变叠加”选项，在弹出的对话框中设置，如图 8.38 所示。

图 8.37　心形路径

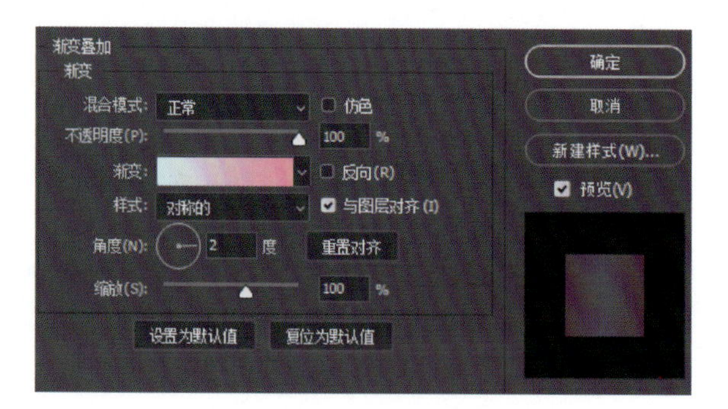


图 8.38　渐变叠加

（5）复制图层使用快捷键【Ctrl+J】，调整大小、位置即旋转角度，如图 8.39 所示。

（6）重复上一步骤，复制多个心形，效果如图 8.40 所示。

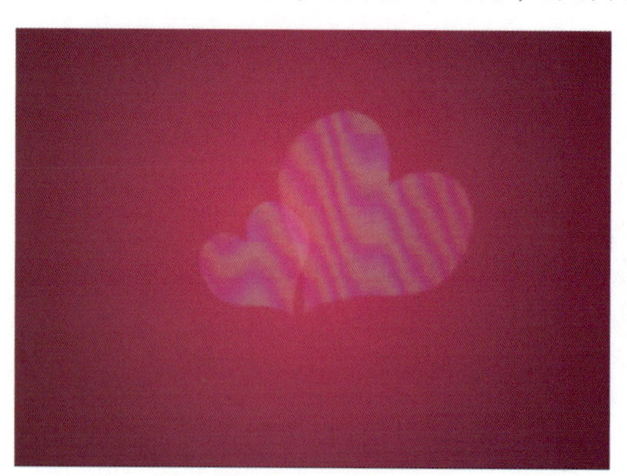

图 8.39　复制心形

图 8.40　“浪漫心形海报”最终效果

## 实例 3：天运古董——自定义形状工具的应用

（1）执行菜单栏中的“文件”→“新建”命令，打开“新建文档”对话框，设置“名称”为天运古董，“宽度”为 13 厘米，“高度”为 18 厘米，“分辨率”为 100 像素 / 英寸，“颜色模式”为 RGB 颜色，“背景内容”为白色。设置完成后，单击“确定”按钮，创建一个新的文档。将前景色设为红色（C：28，M：98，Y：70，K：23），将背景颜色设为深红色（C：46，M：89，Y：63，K：63），选择“渐变工具”按钮“”，设置渐变颜色从前景色到背景色，然后将其填充为线性渐变。

（2）选择“矩形工具”工具“”，在工具选项栏中单击“路径”按钮“”，在图像窗口中绘制一个矩形路径，如图 8.41 所示。

（3）选择“自定义形状工具”按钮“”，单击工具栏中的“形状”选项，在弹出的“自定形状拾色器”对话框中选择图形“旧版形状及其他”→“花饰字”→“饰件 4”，在工具选项栏中单击“路径”按钮“”，在图像窗口中绘制，如图 8.42 所示。

（4）利用“直接选择工具”将图中的菱形图案选中，执行菜单栏中的“编辑”→“自由变换路径”命令，路径周围出现控制框，在工具选项栏中将“旋转”设为 45°，按【Enter】键确认操作，此时，路径将旋转 45°，效果如图 8.43 所示。

图 8.41　绘制矩形路径

图 8.42　路径效果

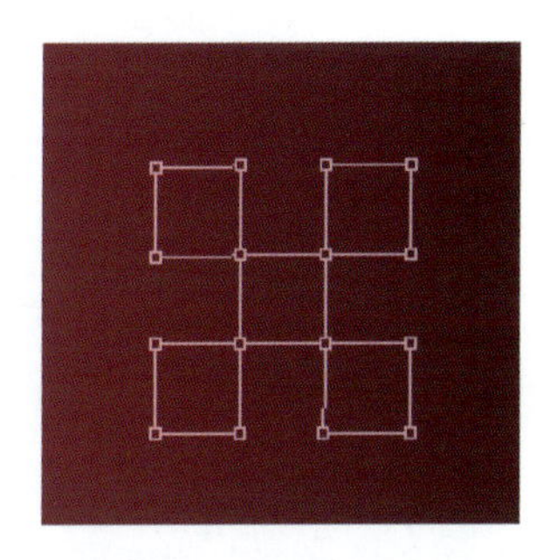

图 8.43　旋转 45°的效果

（5）选择“直接选择工具”，选择路径上的某些锚点，并按【Delete】键删除。此时，路径效果如图 8.44 所示。将该路径复制三次，分别将这几个路径移至矩形路径的顶角上，使其与矩形路径的边缘重合，效果如图 8.45 所示。

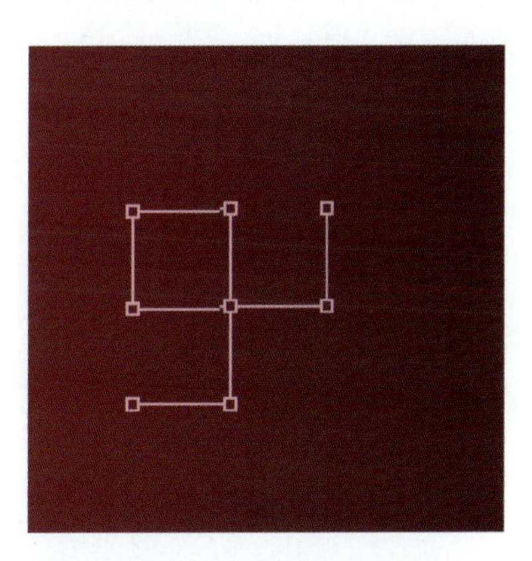

图 8.44　删除部分锚点

图 8.45　调整路径位置

（6）新建“图层 1”，选择“椭圆工具”按钮“”，在工具选项栏中单击“路径”按钮“”，按住【Shift】键并在图像窗口中绘制一个圆形路径。再次选择“椭圆工具”按钮“”，在工具选项栏中单击“路径”按钮“”和“重叠形状区域除外”按钮“”，按住【Shift】键并在图像窗口中绘制一个比刚才略小的圆形路径，如图 8.46 所示。

（7）单击“路径选择工具”按钮“”，同时选中两个圆形路径，单击工具选项栏中的“垂直居中对齐”按钮和“水平居中对齐”按钮，使两个路径对齐。单击工具选项栏中的“组合”按钮，大圆路径将减去小圆路径，路径效果如图 8.47 所示。

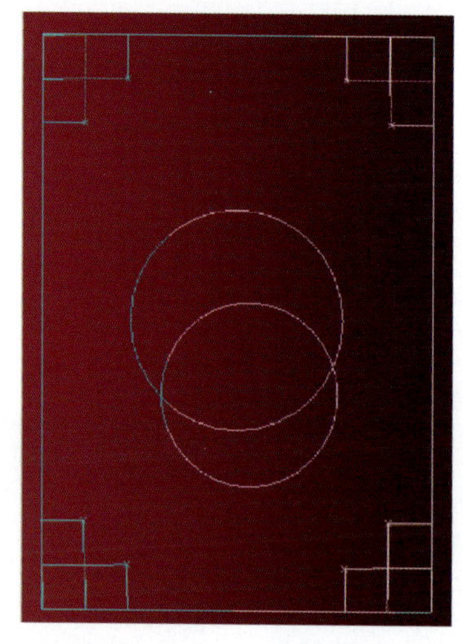
图 8.46 绘制较小的圆形路径

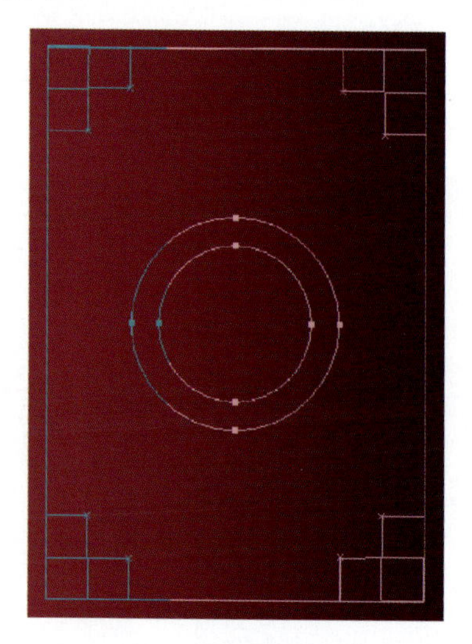
图 8.47 组合效果

（8）单击“自定义形状工具”按钮“ ”，单击工具栏中的“形状”选项，在弹出的“自定义形状拾色器”对话框中选择图形“装饰 5”，在工具选项栏中单击“路径”按钮“ ”，在图像窗口中绘制路径，调整其位置。

（9）单击“路径选择工具”按钮“ ”，选中刚绘制的路径，按住【Alt+Shift】组合键并向下拖拽鼠标复制路径，并将复制出的路径垂直向下移动。执行菜单栏中的“编辑”→“自由变换路径”命令，将复制的路径进行 180°旋转，调整其位置后，效果如图 8.48 所示。

（10）单击“路径”面板底部的“将路径作为选区载入”按钮“ ”，将路径转换为选区。新建“图层 2”，将前景色设为红色（C：31，M：96，Y：66，K：28），按【Alt+Delete】组合键，用前景色填充选区，取消选区。将“图层 2”的“填充”设为 60%，效果如图 8.49 所示。

图 8.48 复制并旋转路径

图 8.49 设置图层填充属性的效果

（11）按【Ctrl+O】组合键，选择“古董.psd”文件，将其添加到“天运古董”画布中，“图层”面板中生成“图层 3”，调整“图层 3”中图像的位置和大小。

（12）单击“直排文字工具”按钮“ ”，在工具选项栏中将字体设为“华文行楷”，字号设为 24 点，颜色设为深黄色（C：33，M：41，Y：75，K：7），在图像窗口中输入文字“天运古董”，如图 8.50 所示。

图 8.50　“天运古董”最终效果

## 实例 4：邀请函——路径综合应用

（1）执行菜单栏中的“文件”→“新建”命令，打开“新建文档”对话框，设置“名称”为邀请函，“宽度”为 18 厘米，“高度”为 10 厘米，“分辨率”为 100 像素 / 英寸，“颜色模式”为 RGB 颜色，“背景内容”为白色。设置完成后，单击“确定”按钮，创建一个新的文档。

（2）新建“图层 1”。单击“自定义形状工具”按钮“ ”，单击工具栏中的“形状”选项，在弹出的“自定义形状拾色器”对话框中选择图形“花 4”。

（3）在“自定形状工具”工具选项栏中单击“路径”按钮“ ”，在图像窗口中按住鼠标并拖拽，绘制一个形状路径，单击“路径”面板底部的“将路径作为选区载入”按钮“ ”，将路径转换为选区。

（4）单击“渐变工具”按钮“ ”，单击工具选项栏中的“编辑渐变”按钮“ ”，弹出“渐变编辑器”对话框，将渐变颜色设为从红色（C：0，M：88，Y：99，K：0）到淡红色（C：1，M：38，Y：16，K：0），单击“确定”在工具选项栏中选中“径向渐变”按钮“ ”，选中“反向”复选框，在图像窗口中，从选区中心位置向外侧拖拽鼠标，为其填充渐变。

（5）将“图层 1”复制两次，“图层”面板中将生成“图层 1 副本”及“图层 1 副本 2”图层，使用“移动工具 ”和“自由变换”命令分别对这两个图层中的图像进行移动和缩放，效果如图 8.51 所示。

（6）新建“图层 2”。单击工具栏中的“形状”选项，在弹出的“自定形状拾色器”对话框框中选择图形“花 3”，在图像窗口中按住鼠标左键并拖拽，绘制一个路径形状，在“路径”面板中，将该路径重命名为“路径 2”，单击面板底部的“将路径作为选区载入”按钮“ ”，将路径转换为选区。

（7）单击“套索工具”按钮“ ”，在工具选项栏中单击“从选区减去”按钮“ ”，在图像窗口中选区右部绘制一个不规则的选区，将原选区减去一部分。然后将其填充为红色（C：0，M：81，Y：71，K：0），取消选区，效果如图 8.52 所示。

图 8.51　复制并调整　　　　图 8.52　填充颜色

（8）按住【Ctrl】键并单击“路径”面板中的“路径 2”层，将该路径转换为选区。在“图层”面板中，保持选中“图层 2”，执行菜单栏中的“选择”→“载入选区”命令，弹出“载入选区”对话框，在“通道”选项下选择“图层 2 透明”选项，在“操作”选项组中单击“从选区中减去”按钮，单击“确定”按钮。

（9）执行菜单栏中的“编辑”→“描边”命令，弹出“描边”对话框，将“宽度”设为 1 px，将“颜色”设为红色（C：0，M：81，Y：71，K：0），在“位置”选项组中单击“居中”按钮，单击“确定”按钮。按【Ctrl+D】组合键取消选区，效果如图 8.53 所示。

（10）单击“钢笔工具”按钮“ ”，在工具选项栏中单击“路径”按钮“ ”，在图像窗口中绘制多条曲线路径，新建“图层 3”，将前景色设为红色（C：0，M：81，Y：71，K：0）。单击“画笔工具”按钮“ ”，在工具选项栏中单击“画笔”选项中的按钮“ ”，打开“画笔预设”选取器，将“主直径”选项设为 1 px，将“硬度”选项设为 100%。单击“路径”面板底部的“用画笔描边路径”按钮“ ”，用画笔为路径进行描边，隐藏该路径后，图像效果如图 8.54 所示。

图 8.53　描边效果　　　　图 8.54　画笔描边效果

（11）在“图层”面板中，将“图层 3”拖动到背景图层上方、其他图层下方，调整图层的叠放次序。选择“自定形状工具”，单击工具栏中的“形状”选项，在弹出的“自定形状拾色器”对话框中选择图形“叶子 3”，在工具选项栏中单击“路径”按钮“”，在图像窗口中绘制多个叶子形状的路径，效果如图 8.55 所示。

（12）新建“图层 4”，使用“路径选择工具”，将部分叶子形状的路径选中，单击“路径”面板下方的“用前景色填充路径”按钮“”，用前景色填充路径，图像效果如图 8.56 所示。

图 8.55　绘制叶子路径

图 8.56　填充前景色

（13）使用“路径选择工具”，将其他叶子形状的路径选中，如图 8.57 所示。选择“画笔工具”，单击“路径”面板底部的“用画笔描边路径”按钮“”，用画笔为路径进行描边，隐藏所有路径后图像效果，如图 8.58 所示。

图 8.57　选择路径

图 8.58　用画笔进行描边

（14）新建“图层 5”，选择“自定形状工具”，选中工具栏中的“形状”选项，在弹出的“自定形状拾色器”对话框中选择图形“花 4”，在“自定形状工具”工具选项栏中单击“路径”按钮“”，在图像窗口中按住鼠标左键并拖拽，绘制一个形状路径，单击“路径”面板底部的“将路径作为选区载入”按钮“”，将路径转换为选区。用红色（C：0，M：87，Y：99，K：0）填充选区，按【Ctrl+D】组合键，取消选区，将“图层 5”复制五次，生成五个副本图层，使用“移动工具”和“自由变换”命令分别对这五个图层中的图像进行移动和缩放。将五个副本图层合成合并，并设置“不透明度”为10%，效果如图8.59所示。

图8.59　设置不透明度效果

（15）选择“横排文字工具T”，在工具选项栏中将字体设为隶书，字号设为48点，颜色设为深红色（C：26，M：91，Y：100，K：30），在图像窗口中输入文字“邀请函”，效果如图8.60所示。

图8.60　输入文字

## 实例5：路径的输出

（1）执行菜单栏中的“文件”→“打开”命令，将弹出“打开”对话框，选择文件“路径输出.psd”文件，将图像打开。

（2）在“路径”面板中，可以看到一个已经存在的路径效果。选择该路径后，可以在文档窗口中看到该路径，如图8.61所示。选择“路径1”路径层后，在“路径”面板中单击按钮“”，在弹出的菜单中选择“剪贴路径”命令，如图8.62所示。

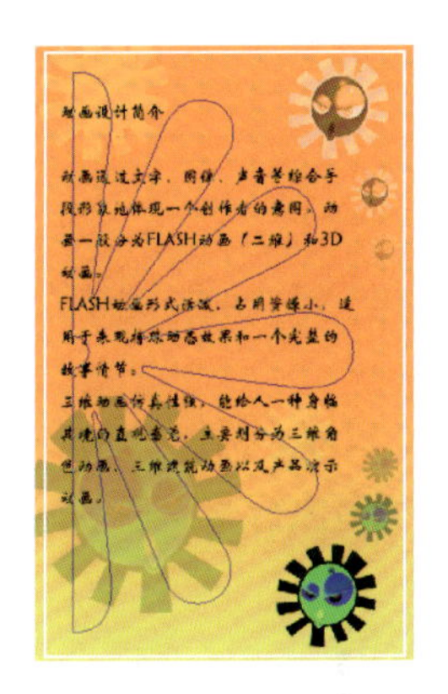

图 8.61　路径效果

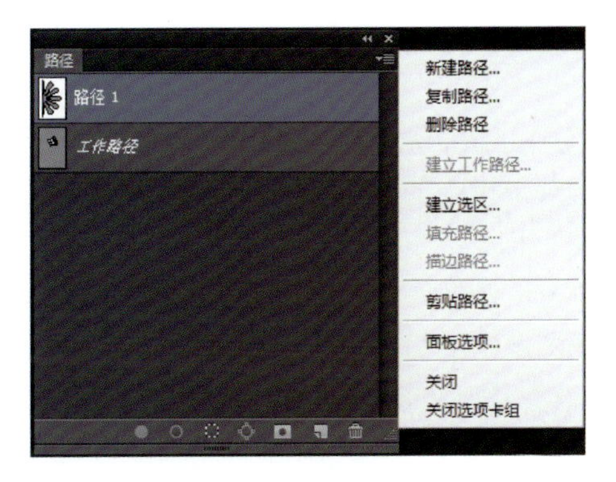


图 8.62　“剪贴路径”命令

（3）选择“剪贴路径”命令后，将打开图 8.63 所示的“剪贴路径”对话框，通过该对话框可以对路径进行设置。

图 8.63　“剪贴路径”对话框

（4）设置完剪贴路径参数后，单击“确定”按钮，即可为图像创建剪贴路径，然后将该图像保存为 TIF 格式或 EPS 格式。打开 Adobe InDesign 或是 PageMaker 等排版软件，将其导入，通过剪贴路径的图像将不再显示路径以外的图像，只显示路径内的图像效果。

## 延伸性学习与研究

思考和探究沿路径书写文字的方法，如图 8.64 所示。

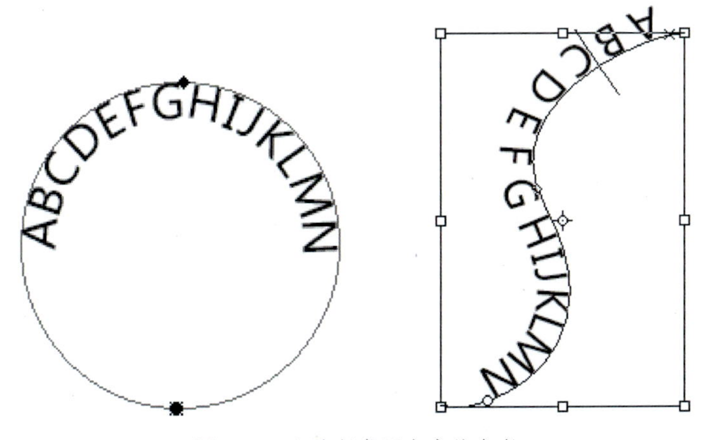


图 8.64　沿路径书写文字的参考

## 拓展训练

导出路径到 Illustrator。

（1）执行菜单栏中的“文件”→“打开”命令，将弹出“打开”对话框，选择文件“鞭炮 .tif”文件，将图像打开。

（2）从打开的图像中可以看出，使用魔棒工具选择鞭炮非常容易。选择工具箱中的“魔棒工具”，然后在图像中的白色位置单击，将鞭炮以外的图像选中，然后执行菜单栏中的“选择”→“反向”命令，选择鞭炮，如图 8.65 所示。

（3）打开“路径”面板，单击底部的“从选区生成工作路径”按钮，将选区转换为路径，执行菜单栏中的“文件”→“导出”→“路径到 Illustrator”命令，打开“导出路径”对话框，如图 8.66 所示，单击“确定”按钮。设置一个文件名并指定保存的位置，单击“保存”按钮，即可将路径导出。

图 8.65　创建选区

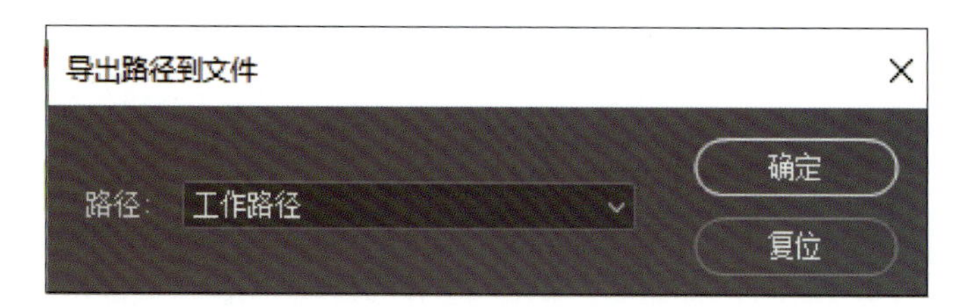


图 8.66　导出路径到文件

# 第 9 章　图像色彩和色调调整

## 知识技能目标

（1）了解图像色彩和色调调整的重要用途。
（2）掌握色彩和色调的调整编辑。
（3）识记图像色彩和色调调整的操作技巧。
（4）熟练掌握通过色阶、曲线和色相/饱和度的使用，制作特效。

## 操作任务

通过对图像色彩和色调调整的综合应用，制作出特殊的图像效果。

## 学习内容

## 9.1　图像色调调整

本节将介绍通过“色阶”“曲线”命令调整图像的色调。

### 9.1.1　色阶的调整

“色阶”命令用来调整图像的明暗度，可以调整图像的黑场、白场、中间调的强度级别，从而校正图像的色调范围和色彩平衡。还可以用来观察图片的质量，有些图片很容易看出偏色，而有些则很难用肉眼分辨，因此可以采取查看直方图的方法来判断。

通过执行“图像”→“调整”→“色阶”命令，或者使用快捷键【Ctrl+L】，打开“色阶”对话框，如图 9.1 所示。在“色阶”对话框中，最上面是“通道”的选择，然后是“输入色阶”，可以用具体数字进行调整，中间是直方图，最下面是“输出色阶”。

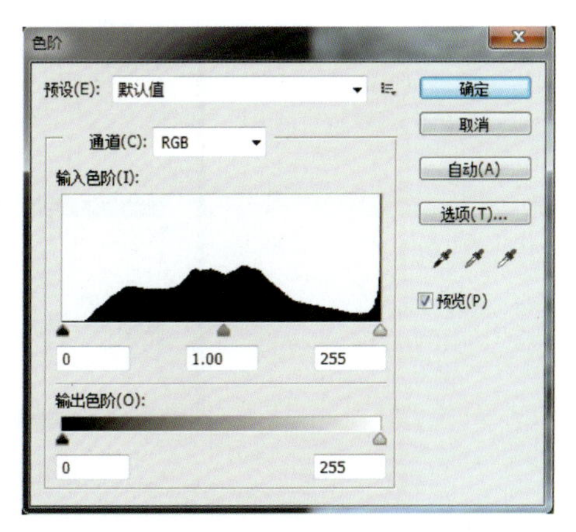


图 9.1　“色阶”对话框

输入、输出色阶中色调分为 256 级，数值为 0 到 255，0 代表黑色，255 代表白色。其中从 0 到 85 为暗部，从 86 到 170 为中间调，从 171 到 255 为高光部。下面的小三角，黑色的代表 0，它移动到哪，哪的值就为 0，相反白色的小三角代表 255，它移动到哪，哪的值就为 255，中间的灰色三角用来控制灰色（中间调）部分。

先把黑色三角向右移动，白色三角向左移动，图片的对比度变高了，而且灰色调也没了，图像更清晰了，如图 9.2 所示。因为黑色三角以左的部分的值都变为 0，也就是说从前这里的灰色调都变暗了，高光部分也是同样的道理，灰色调都变亮了。再看“输出色阶”，将暗部的输出值设置为 50，也就是将输入值黑色三角以左的值都设置为 50，因此暗部不再有低于 50 的色阶。高光也同理，将输入值的白色三角以右的值全部设置为了 230，也就是说 230 以上的亮度都没有了，那么这幅图片现在最亮的地方色阶是 230，如图 9.3 所示。

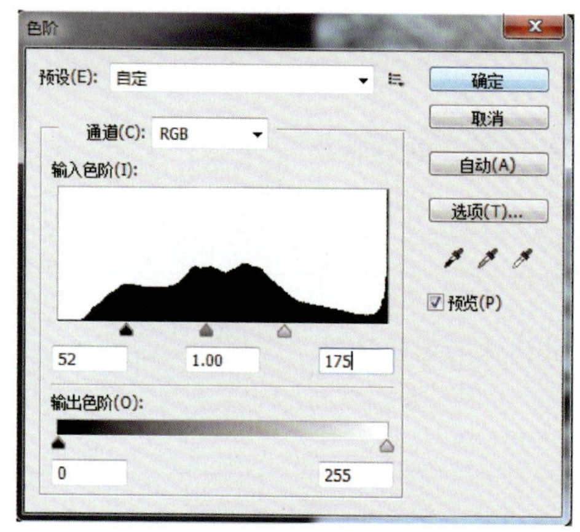

图 9.2　增强对比度

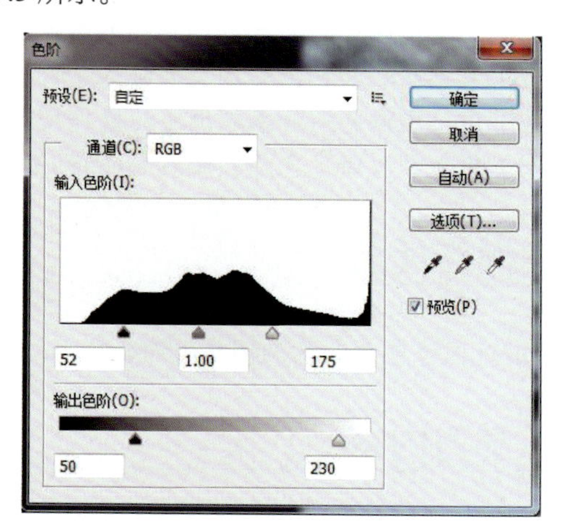

图 9.3　设置输出色阶

调整后的图像色阶分布很均匀，图片质量较高，如图 9.4 所示。

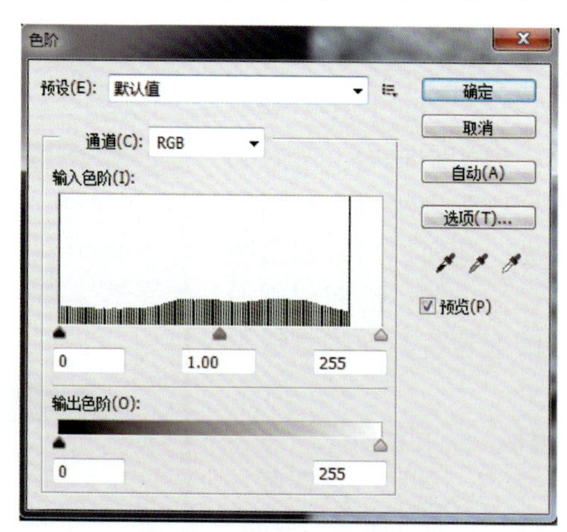

图 9.4　调整后色阶分布

“色阶”对话框右下方的三个吸管工具一般是用来校正颜色的，如图 9.5 所示。第一个叫“黑场”，代表黑色，第二个叫“灰场”，代表中性灰色，第三个是“白场”，代表白色。要校正一幅图片，就要分别找出它的黑、白、灰场。如果找对了，那么这幅图片的偏色将完全校正。

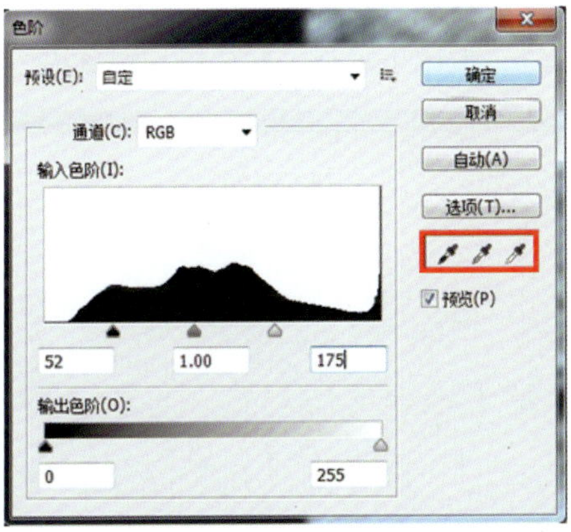

图 9.5　“黑场”“灰场”“白场”设置按钮

“色阶”的另一个命令是“自动”，使用简便，按一下就可以自动调节。但这些命令要慎用，不是每幅图片都适用。因为“自动”命令是根据色彩来调节，会把 RGB 三个通道的色调平分，也就是说如果蓝色通道偏少，就会将它补足，这样就会造成严重的色彩失衡。

## 操作实践

### 实例 1：图片校色

下面通过具体实例对“色阶”命令调整图像色调做进一步了解。

先观察一下原图，如图 9.6 所示，从整幅图来看，整体色调反差不大，暗调像素缺乏，明调像素也同样缺乏。

图 9.6　公园素材

利用“色阶”校正色调的具体步骤如下：

（1）按快捷键【Ctrl+L】打开色阶调节窗口。

（2）单击“白场”和“黑场”按钮（吸管）对白场和黑场进行设置，如图 9.7、图 9.8 所示。

图 9.7　设置白场

图 9.8　设置黑场

（3）单击“灰场”按钮设置中性灰，如图 9.9 所示。

图 9.9　设置灰场

（4）再看直方图，黑、白场都有像素存在，图片不再显得那么灰，简单的图片校色处理完成，最终效果如图 9.10 所示。

图 9.10　处理前后对比

## 实例 2：调整图片色彩

色阶常用来调整黑、白、灰场，其实也能调出很不错的颜色，前提是更加熟悉和了解它。接下来的实例就是利用“色阶”实现色彩的调整。

（1）打开素材图片，如图 9.11 所示，做色阶调整，如图 9.12～图 9.15 所示，调整后图片效果如图 9.16 所示。

图 9.11　小船素材

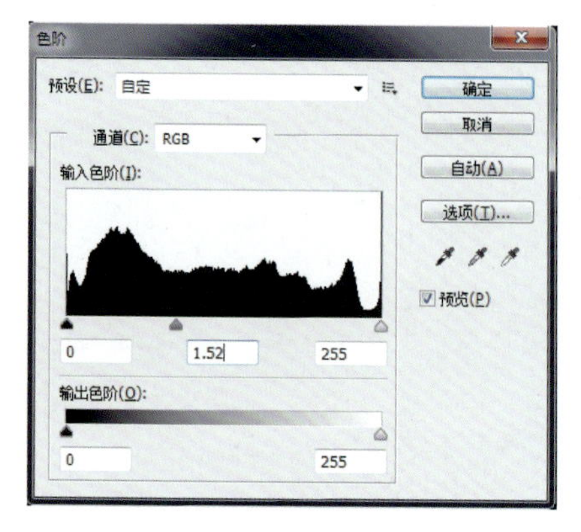


图 9.12　对“RGB”通道的调整

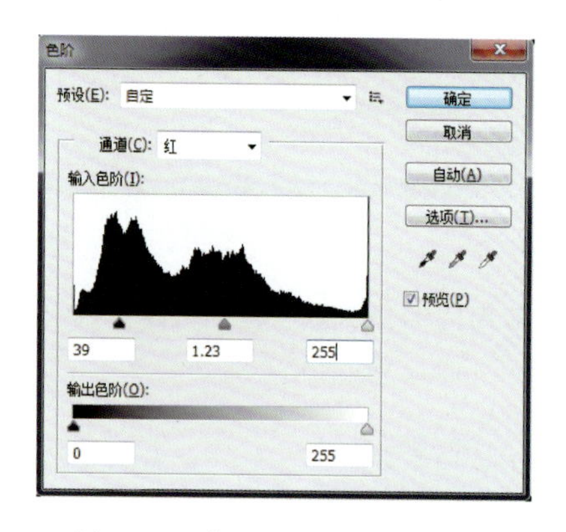


图 9.13　对“红色”通道的调整

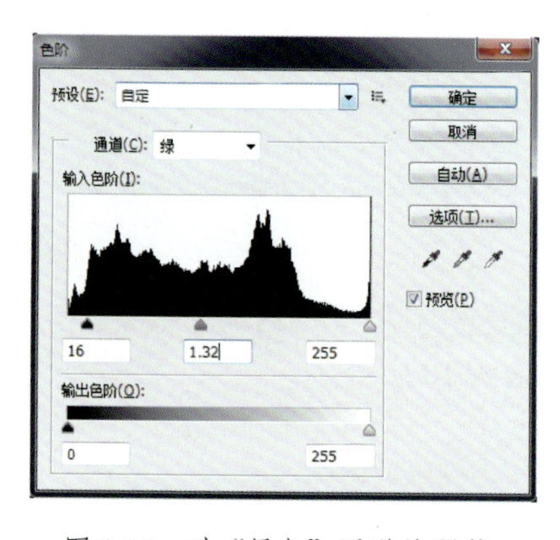


图 9.14　对“绿色”通道的调整

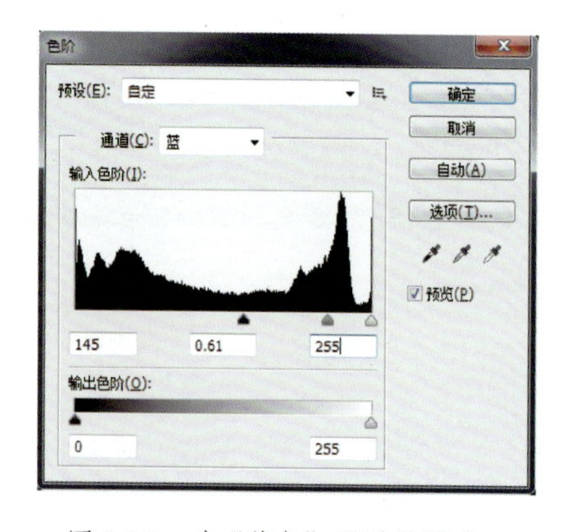


图 9.15　对“蓝色”通道的调整

图 9.16　调整后图片效果

（2）添加“色阶”调整图层，如图 9.17~ 图 9.20 所示，用黑色画笔在蒙版中间部位涂抹，如图 9.21 所示。

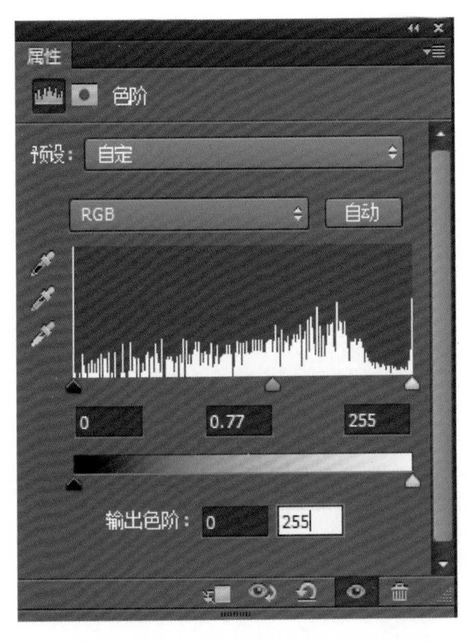


图 9.17　对“RGB”通道的调整

图 9.18　对“红色”通道的调整

图 9.19　对“绿色”通道的调整

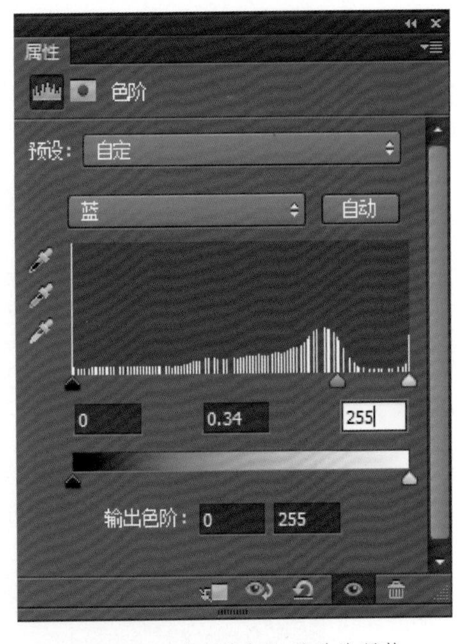


图 9.20　对“蓝色”通道的调整

图 9.21　对“蒙版”的处理

（3）新建图层，做透明到黑色径向渐变，添加“图层蒙版”，效果如图 9.22 所示。

图 9.22　为渐变图层添加蒙版

（4）盖印可见图层，执行“滤镜”→“转换为智能滤镜”命令，做“光照效果”，如图 9.23 所示。

图 9.23　添加“光照效果”智能滤镜

（5）盖印可见图层，做锐化，图像处理完毕，效果如图 9.24 所示。

图 9.24　图片色彩处理前后对比

## 实例 3：制作斑驳效果

"色阶"除了可以调整色彩外，还可以轻松快速地做出印章的斑驳效果。

（1）新建文件，输入要做印章的字"色阶印章"，如图 9.25 所示。

图 9.25　输入"色阶印章"文字

（2）在背景上加上适当边框，如图 9.26 所示。

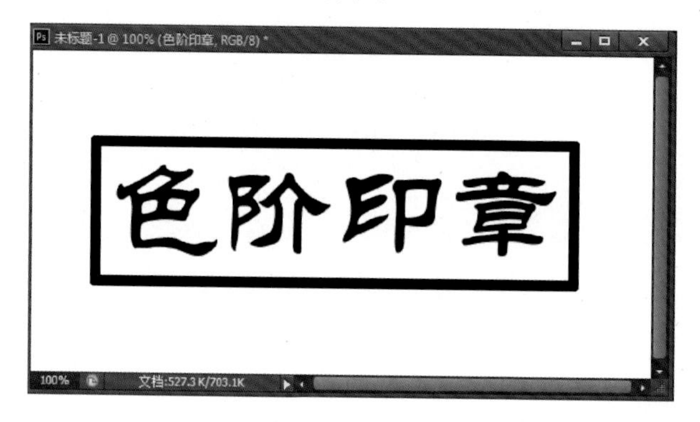


图 9.26　添加边框

（3）新建图层，填充白色到透明的渐变，图层设置为"溶解"模式，如图 9.27 所示。

图 9.27　添加渐变层，设置为"溶解"

（4）合并图层，应用高斯模糊，效果如图 9.28 所示。

图 9.28　高斯模糊效果

（5）应用色阶调节，最终效果如图 9.29 所示。

图 9.29　制作“斑驳”最终效果

## 实例 4：皮肤美白

（1）打开图片，提取高光选区，或使用快捷键【Ctrl+Alt+2】。

（2）将选区内的图像复制到新层，或使用快捷键【Ctrl+J】，如图 9.30 所示。

图 9.30　将高光区拷贝为新图层

（3）将新图层混合模式改为“滤色”，添加“图层蒙版”，涂抹曝光过度的区域，完成照片的处理，效果如图 9.31 所示。

图 9.31　对蒙版的处理

（4）处理完毕，效果如图 9.32 所示。

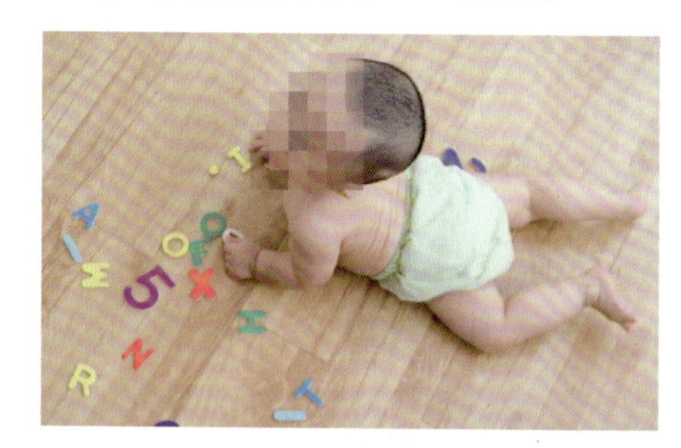
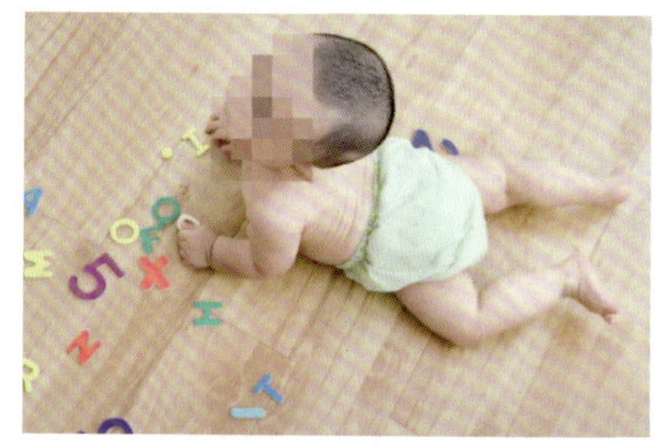

图 9.32　“皮肤美白”处理前后对比

## 学习内容

### 9.1.2　曲线的调整

就调整图像来说，在“图像”→“调整”菜单中，有很多可以选择的工具，但仅“曲线”这一项工具就可以完成很多功能，如调节全体或者单独通道的对比，调节任意局部的亮度、颜色等。

执行“图像”→“调整”→“曲线”命令，或者使用快捷键【Ctrl+M】，弹出“曲线”对话框，如图 9.33 所示。按住【Alt】键在网格内单击，可在大小网格之间切换，网格大小对曲线功能没有影响，但较小的网格可以帮你更好的观察。要注意在下面灰度条中间的两个小三角形，RGB 图像默认的是左黑右白，即从图像的暗部区到亮部区，而 CMYK 图像的默认正好相反。

“曲线”反映的是图像的亮度值。一个像素有着确定的亮度值，可以改变它使其变亮或变暗。

下面的水平灰度条代表原图的色调，垂直的灰度条代表调整后的图像色调。在未做任何改变时，输入和输出的色调值是相等的，因此“曲线”为 45°的直线。当对“曲线”上任一点做出改动时，图像上相对应的同等亮度像素也跟着改变。单击确立一个调节点，这个点可被拖移到网格内的任意位置。

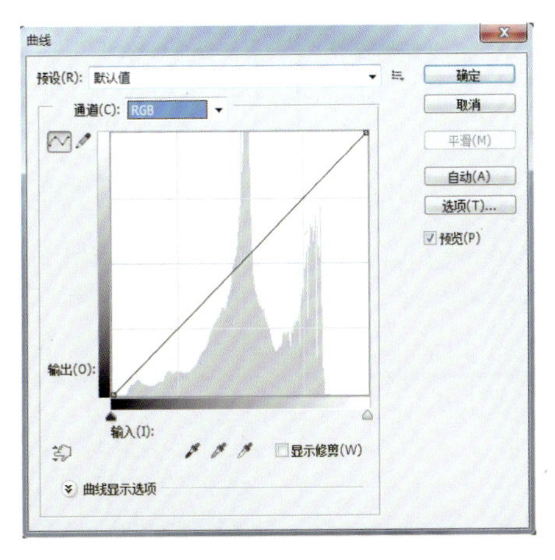


图 9.33　“曲线”对话框

接下来的实例示范了“曲线”上一些特定值的改变对图像所起的作用。

## 操作实践

### 实例 5 ：“曲线”在灰度图像中的应用

首先打开一张素材图片，如图 9.34 所示，这是用数码照相机在一个昏暗的傍晚捕捉到的画面，画面缺乏对比，像素过于集中在中间色调范围。要用“曲线”来改善这幅图片。

图 9.34　江景素材

“曲线”向上弯曲可提高调节点亮度，使图片整体变亮；曲线向下弯曲可降低调节点亮度，图片整体变暗，如图 9.35 所示。

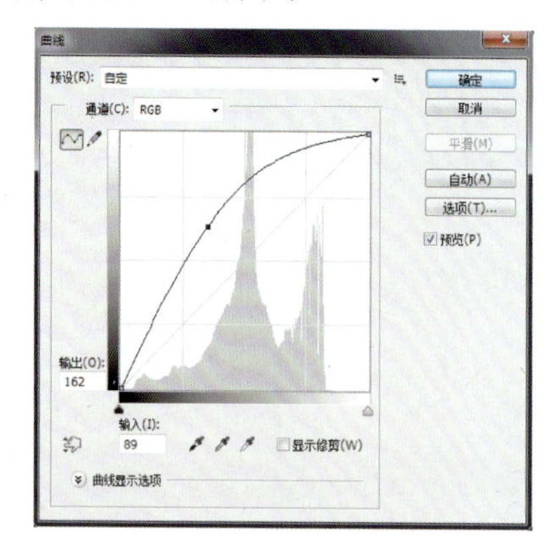


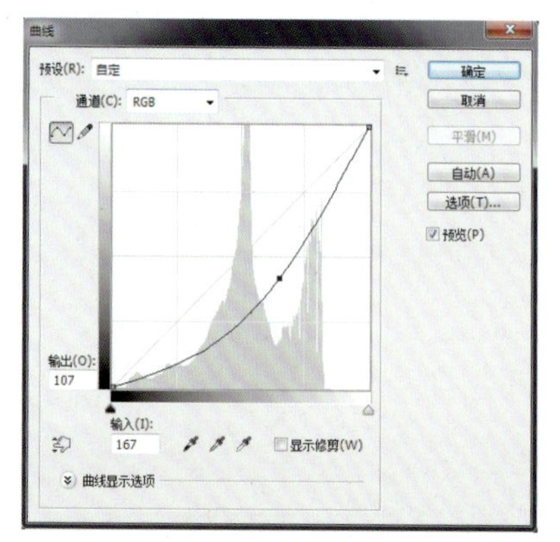

图 9.35　“曲线”调整对图片的影响

但单纯提高或降低“曲线”亮度都不能完全解决问题，它们在改善图像一部分的同时也破坏了图像的另一部分。所以“曲线”的另一个特点是可以添加多个调节点。在图像的任意地方添加调节点，单独调节，这样就可以针对不同亮度区域进行调整。对这张图片来说，两个调节点就可以工作得很出色，提高亮部区的亮度值，降低暗部区的亮度值，如图 9.36、图 9.37 所示。

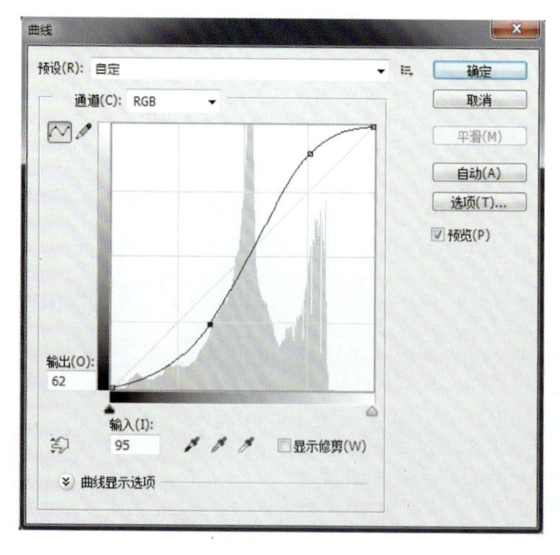


图 9.36　“曲线”形状

图 9.37　图片效果

◆**小技巧**

按住【Shift】键可选择多个调节点，如要删除某一点，可将该点拖移出曲线坐标区外，或者按住【Ctrl】键单击这个点即可。

“曲线”上的任一点都可移动，当然也包括“曲线”的两个终点。如果确保“曲线”是直的，将“曲线”暗部端点向右移，亮部端点向左移，“曲线”变得陡峭，增加了中间色调的对比。这个方法对大多数缺乏对比的中间调图像十分有效，如图 9.38 所示。

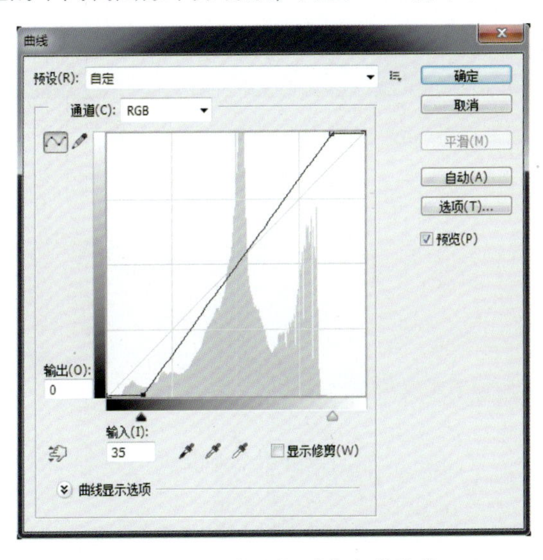


图 9.38　“曲线”形状变得陡峭

◆**小技巧：快速做出反相效果**

将黑色端点从左边最下方移到最上方，将白色端点从右边最上方移到最下方，这样不再使用“反相”命令也可以同样达到效果。

“自动”选项要慎用，一旦单击这个按钮，会使图像中最亮的像素变成白色，而使最暗的像素变成黑色。可以用吸管工具来指定图像中的最亮和最暗部分，在处理特殊效果图片时尤为突出。选择左边的黑色吸管，在图像窗口单击想要使它变成黑色的地方，白色也是同样。如果是为打印图像做准备，需要更确定的颜色值，则双击吸管，弹出颜色对话框，可以在这里设置精确值。

如果想要知道图像上任一点的精确值，可以把鼠标移动到图像窗口，指针变成吸管模样，在想要查看的地方单击，在“曲线”上就会出现和这一点相对应的点，如图 9.39 所示。当需要改变某个特定地方的亮度值而又不知道它在“曲线”上的位置时，这个方法就非常有用。如果记不住准确位置时可以按住【Ctrl】键，这样，这个点就会被固定下来。每张图片都是唯一的，所以它的“曲线”也是唯一的。图片之间最适合的“曲线”形态也许会大有不同，单击需要调节的范围，在“曲线”上标出，改变“曲线”斜率以增加对比，如图 9.40 所示。

图 9.39　“曲线”上对应图像上的点

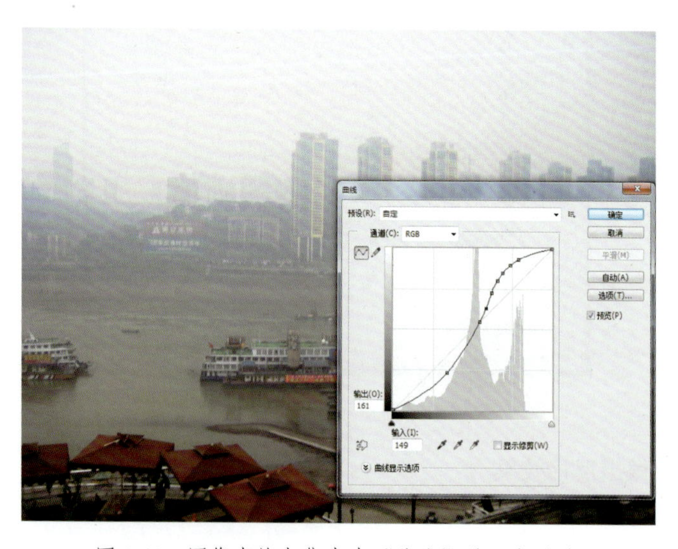


图 9.40　图像中的点集中在“曲线”的一部分上

“曲线”在彩色图像中的应用，这里所指的彩色图像，是指 RGB 图像，不包括 CMYK 模式的图像。RGB 图像是由一个复合通道和三个分别包含一种颜色亮度值的灰度通道所组成的。如果没有注意这一点，打开通道面板，单击不同通道，将会看到不同亮度的灰度图像。这样，就可以像编辑灰度图像那样用“曲线”单独编辑每个通道。

◆**小技巧：消褪曲线**（快捷键【Ctrl+Shift+F】）

有些时候你做得很好，就是看来有些“过”，如果不愿用还原命令进行还原，就可以使用“消褪”命令来减淡“曲线”效果。随着数量的递减，效果也越来越不明显。不过，要记得，一定要在刚刚用完“曲线”之后，还没有用别的命令之前，消褪才可以使用，否则将会是下一个命令的消褪。

◆**小技巧：撤销和重做**

如果对刚做的“曲线”效果不满意，可以用快捷键【Ctrl+Alt+M】打开“曲线”面板，此时会以最后一次设置的“曲线”打开对话框，这样就可以继续调节。此外，“色阶”“色相 / 饱和度”“色彩平衡”等命令也可同样工作。

## 实例 6：利用“曲线”校正一幅偏色照片

（1）在 PS 中打开原图，如图 9.41 所示。

（2）复制背景层（快捷键【Ctrl+J】）建立“曲线调整图层”，对“绿色”通道进行如下调整，如图 9.42 所示。

图 9.41　原图

（3）再调整“蓝色”通道曲线，如图 9.43 所示。

（4）到这一步，偏色的问题基本解决，接下来可以根据图片的实际情况做一些微调，如图 9.44 所示。

图 9.42　对“绿色”通道的调整

图 9.43　对“蓝色”通道的调整

图 9.44　对图片添加“可选颜色”调节图层

（5）图片处理完毕，效果如图 9.45 所示。

图 9.45　处理前后对比

## 实例 7：利用“曲线”修复逆光照片

（1）打开第一幅图片，如图 9.46 所示，做“曲线”调整，一步完成，如图 9.47 所示。

图 9.46　逆光古建筑

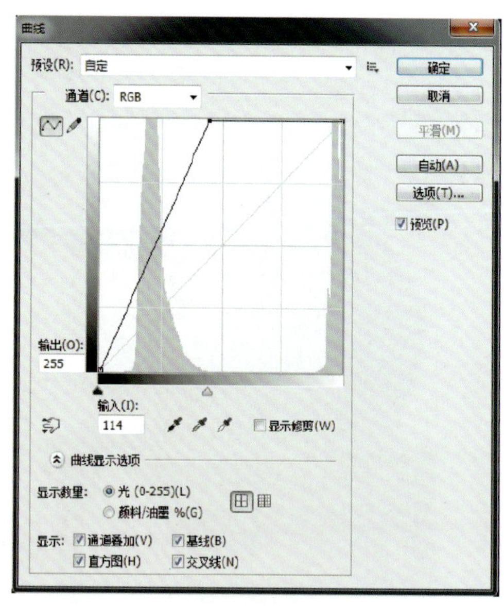


图 9.47　“曲线”调整 1

（2）打开第二幅图片，如图 9.48 所示，建一个“曲线调整层”，作“曲线”调整，如图 9.49 所示。

图 9.48　逆光楼房

图 9.49　“曲线”调整 2

（3）用黑色画笔在“蒙版”里擦出天空，处理完毕，效果如图 9.50 所示。

图 9.50　最终效果

## 实例 8：增强照片的清晰度

（1）打开图片，如图 9.51 所示，执行“曲线”命令调整，如图 9.52~ 图 9.55 所示。

图 9.51　大草原

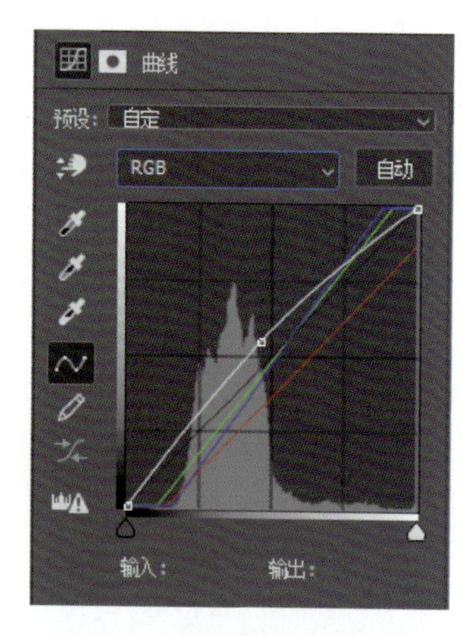


图 9.52　对“RGB”曲线的调整

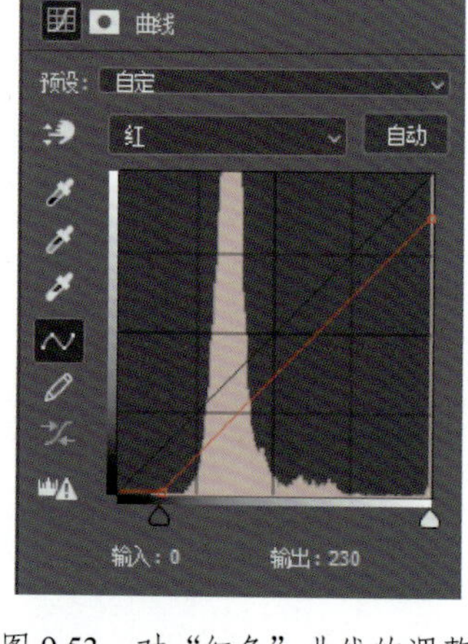


图 9.53　对“红色”曲线的调整

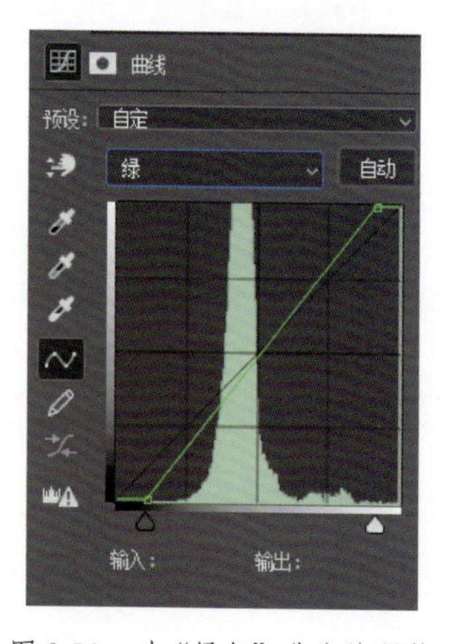


图 9.54　对“绿色”曲线的调整

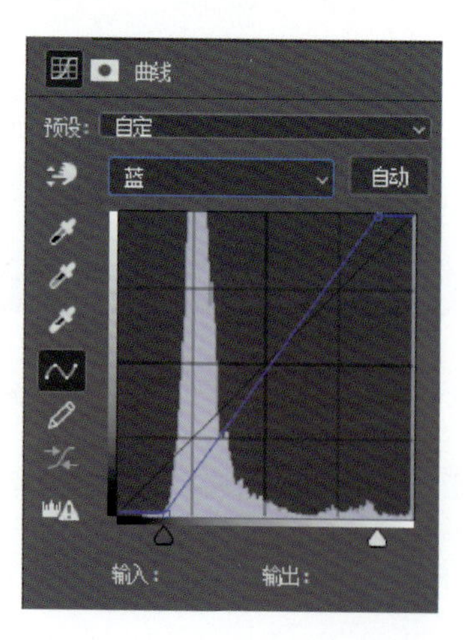


图 9.55　对“蓝色”曲线的调整

（2）盖印可见图层，效果如图 9.56 所示。

图 9.56　处理效果

（3）新建图层，使用“径向渐变”为黑色到透明，将图层模式设置为“柔光”，效果如图 9.57 所示。

图 9.57　柔光效果

（4）添加“蒙版”，确保画面中心的亮度，如图 9.58 所示。

（5）盖印可见图层，效果如图 9.59 所示。

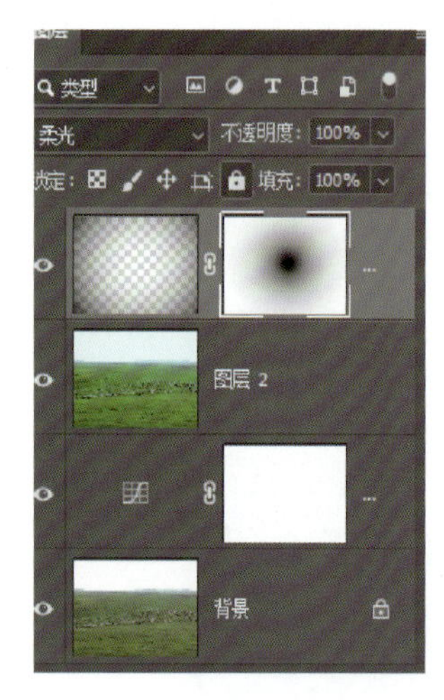


图 9.58　添加“蒙版”

图 9.59　处理效果

（6）再执行曲线调整，如图 9.60～图 9.62 所示。
（7）盖印可见图层，效果如图 9.63 所示。

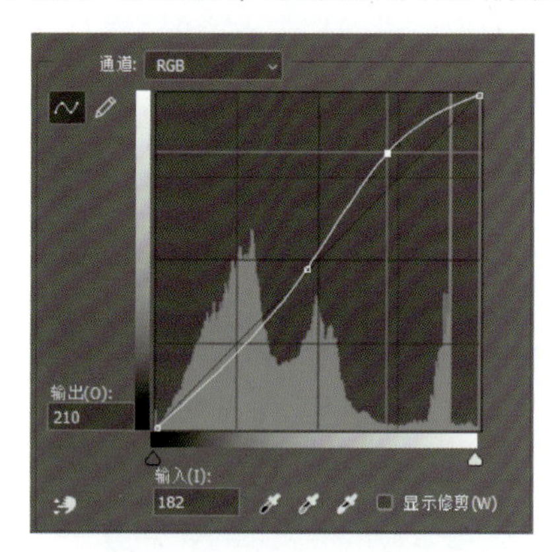


图 9.60　对“RGB”通道进行调整

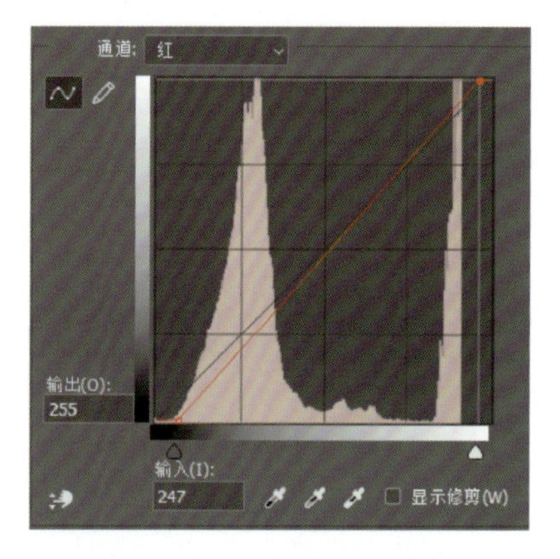


图 9.61　对“红色”通道进行调整

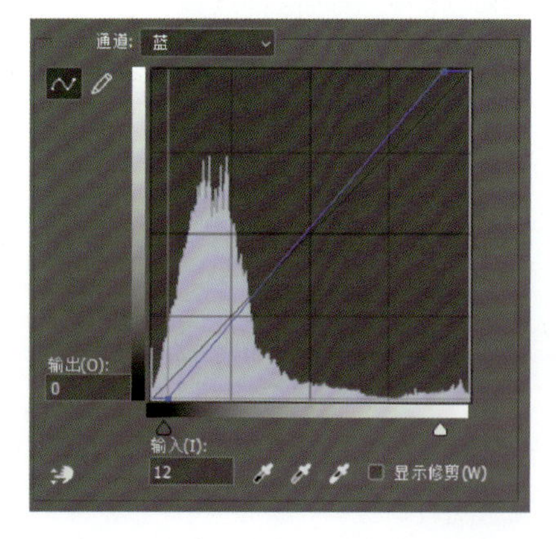


图 9.62　对“蓝色”通道进行调整

图 9.63　处理效果

（8）降噪处理后，基本完成，效果如图 9.64 所示。

图 9.64 处理前后对比

学习内容

## 9.2 图像色彩调整

### 9.2.1 色彩平衡

图像在处理过程中或多或少地会丢失一些颜色，下面学习另一组命令——“色彩平衡”，如图 9.65 所示。“色彩平衡”可以更改彩色图像的颜色混合。

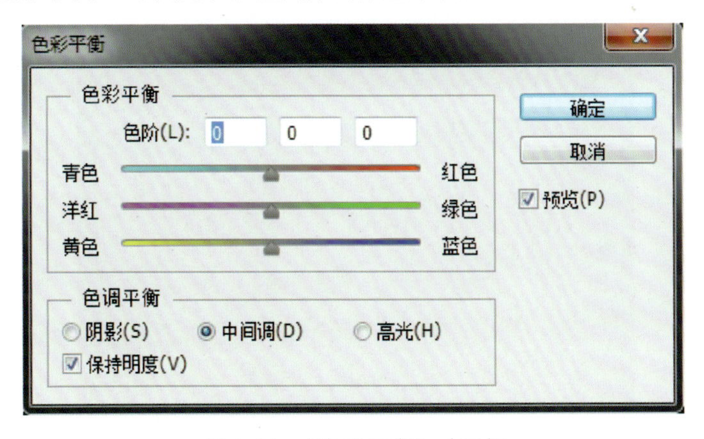


图 9.65 “色彩平衡”对话框

可以根据需要着重更改阴影、中间调、高光的色调范围。选中“保持明度”复选框可以防止图像的亮度值随颜色的更改而改变，该选项可以保持图像的色调平衡。将滑块拖向要在图像中增加的颜色，或将滑块脱离要在图像中减少的颜色。颜色条上面的值为红、绿、蓝三色通道的颜色变化。值的范围从 -100~+100。该命令不能单独调节单色通道。

## 操作实践

### 实例 9：利用“色彩平衡”为照片加偏色

（1）打开照片，复制背景层，如图 9.66 所示。

图 9.66　复制背景层

（2）选择“通道”面板里的绿色通道，全选（快捷键【Ctrl+A】），复制（快捷键【Ctrl+C】），如图 9.67 所示。

图 9.67　复制“绿色”通道

（3）选择通道面板里的“蓝色”通道，粘贴（快捷键【Ctrl+V】），如图 9.68 所示。

图 9.68　粘贴到“蓝色”通道

（4）选择背景层副本，执行“滤镜”→“模糊”→“特殊模糊”命令，如图 9.69 所示。

图 9.69　“特殊模糊”对话框

（5）复制该图层，效果如图 9.70 所示。

图 9.70　处理效果

（6）执行“图像”→“调整”→“色彩平衡”或选择“色彩平衡”调节图层。调整“阴影”，不选“保持明度”，如图 9.71 所示。

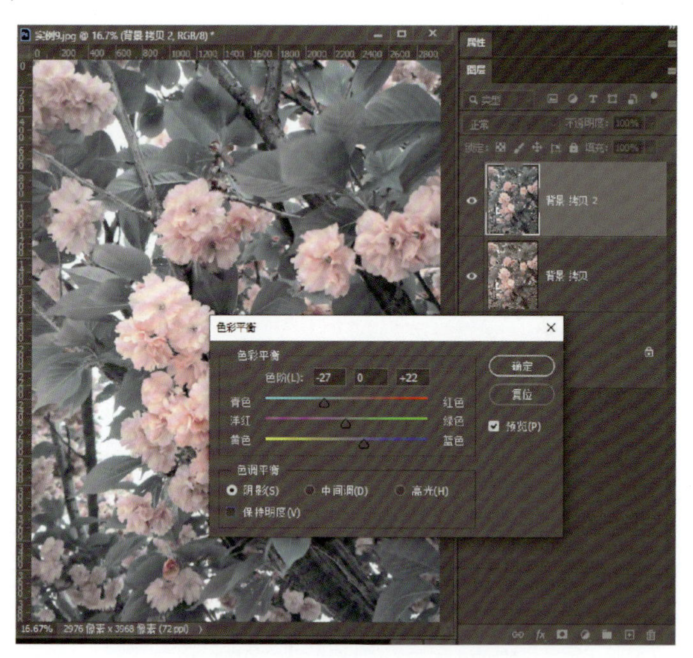


图 9.71　“色彩平衡”对话框

（7）给“背景拷贝 2”添加图层蒙版，将画笔不透明度调低，把花朵擦出来，调整花朵亮度，如图 9.72 所示，调整完毕，效果如图 9.73 所示。

图 9.72　调整“蒙版”

图 9.73　处理前后对比

## 学习内容

### 9.2.2 亮度 / 对比度

执行“亮度 / 对比度”命令，可以对图像的色调范围进行简单的调整。与“曲线”和“色阶”命令不同，“亮度 / 对比度”会对每个像素进行相同程度的调整，该操作可能导致图像细节的丢失。在文本框中输入数值或者拖动滑块，可以调整图像的“亮度”和“对比度”，如图 9.74 所示。

图 9.74 “亮度 / 对比度”对话框

### 9.2.3 黑白

使用“黑白”命令，可以快速调制特殊的黑白特效。

## 操作实践

### 实例 10：调制黑白特效

（1）打开图片，如图 9.75 所示，首先建立“色相 / 饱和度”调整层，如图 9.76 所示，设置各颜色饱和度如下，红色（0）、黄色（-100）、绿色（-100）、青色（-100）、蓝色（-100）、洋红（-100）。

图 9.75 瓢虫

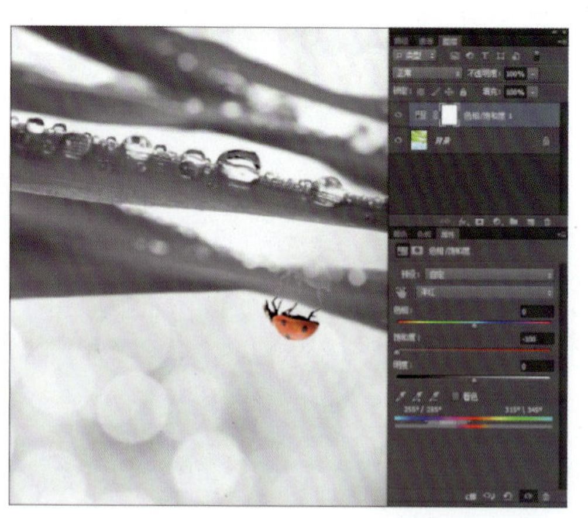

图 9.76 设置“色相 / 饱和度”调节图层

（2）然后建立黑白调节图层，如图 9.77 所示。

图 9.77　添加“黑白”调节图层

（3）可以试着按上面的方法反复调试，最终得到自己喜欢的某种效果，如图 9.78 所示。

图 9.78　调整为各种效果

## 学习内容

### 9.2.4　色相 / 饱和度

使用“色相 / 饱和度”命令，可以调整图像中特定颜色的色相、饱和度和明度，或者同时调整图像中的所有颜色，如图 9.79 所示。所谓色相，简单地说就是颜色。所谓饱和度，简单地说就是颜色的鲜艳程度。对于明度，就是指明亮程度。

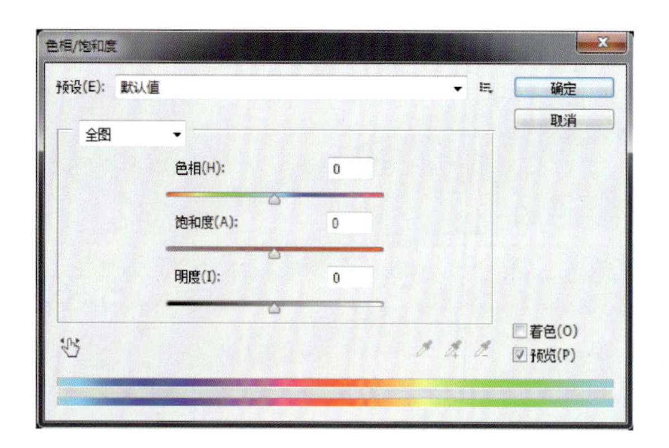


图 9.79 “色相 / 饱和度”对话框

选中“着色”复选框，可以给灰度图像上色，或创作单色调效果。选择编辑单色时，底部的吸管功能则可以使用，用户可以从图像中选择颜色作为编辑范围，要扩大颜色范围，可以使用带“+”号的吸管工具；要缩小颜色范围，可以使用带“－”号的吸管工具。当吸管工具被选中时，也可以按【Shift】键来添加范围，或按【Alt】键从范围中减去。对话框下部有两个颜色条：上面的一条显示调整前的颜色；下面那条显示调整后在全饱和状态下的所有色相。

## 操作实践

### 实例 11：修复偏色照片

（1）打开一张偏色照片，这张照片最明显的特点就是偏红，执行“色相 / 饱和度”命令先，降低照片中的红色，如图 9.80 所示。

（2）此时，照片的洋红色过饱，所以接着再降低洋红色，如图 9.81 所示。

图 9.80 “色相 / 饱和度”调整红色

图 9.81 调整洋红色

（3）当前，照片中的洋红色还是偏重，但利用色相和饱和度调整空间不大。所以，用“色彩平衡”再对照片做进一步调整，如图 9.82 所示。

（4）执行“色阶”命令调整图片亮度，如图 9.83 所示。

图 9.82　调整“色彩平衡”

图 9.83　调整“色阶”

（5）到了这一步，颜色基本就正常了。如果想要效果更好，可以继续利用“色相 / 饱和度”对红色和黄色做进一步微调，如图 9.84 所示。

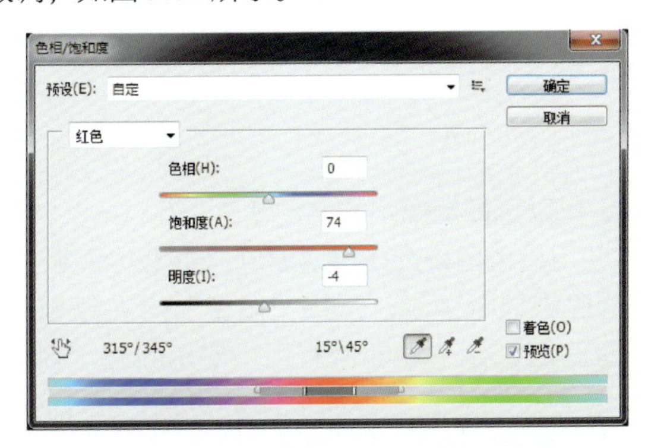


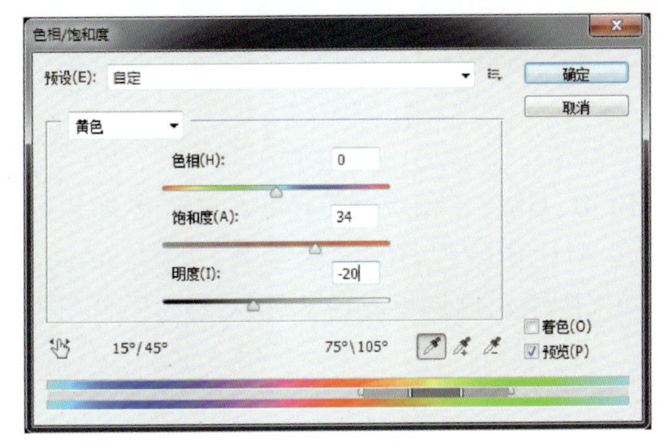


图 9.84　调整“色相 / 饱和度”

（6）调整完毕，效果如图 9.85 所示。

图 9.85　处理前后对比

## 学习内容

### 9.2.5　替换颜色

执行“替换颜色”命令，可以选择图像中的特定颜色，然后调整它的色相、饱和度和明度值，从而替换那些颜色。也可以使用拾色器来选择替换颜色，如图 9.86 所示。

单击“选区”，在预览框中显示蒙版。选择“图像”可在预览框中显示图像，在处理放大的图像或仅有有限屏幕空间时，该选项非常有用。使用吸管工具可以选择显示的区域，按【Shift】键单击或使用带“+”号的吸管工具可以添加区域，按【Alt】键单击或使用带“-”号的吸管工具可以移去区域。在“颜色容差”文本框中输入数值或拖动滑块可以调整蒙版的“容差”。

### 9.2.6　可选颜色

“可选颜色”命令可对 RGB、CMYK 和灰度等色彩模式的图像进行通道校色，如图 9.87 所示。

“相对”为按照总量的百分比更改现有的颜色含量，如从 50% 的洋红开始添加 10%，结果洋红总量为 55%。“绝对”为采用绝对值调整颜色，如从 50% 的洋红开始添加 10%，结果洋红总量为 60%。

图 9.86　“替换颜色”对话框

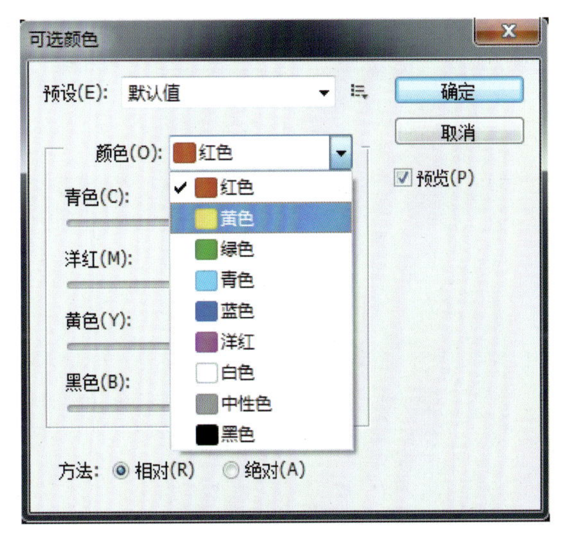


图 9.87　“可选颜色”对话框

## 操作实践

### 实例 12：利用“可选颜色”打造纯色艺术效果

（1）打开图片，复制背景层，做“自动色阶”，如图 9.88 所示。

图 9.88　“自动色阶”效果

（2）设置“可选颜色”，如图 9.89~图 9.91 所示。

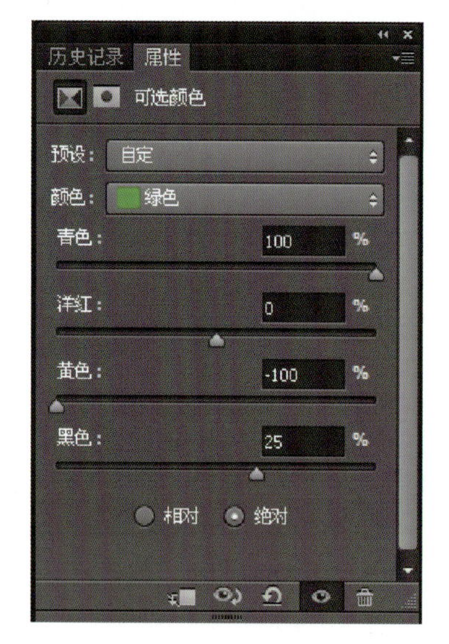


图 9.89　调整“绿色”

图 9.90　调整“黄色”

图 9.91　调整后效果

（3）添加“纯色”调节图层，如图 9.92 所示。

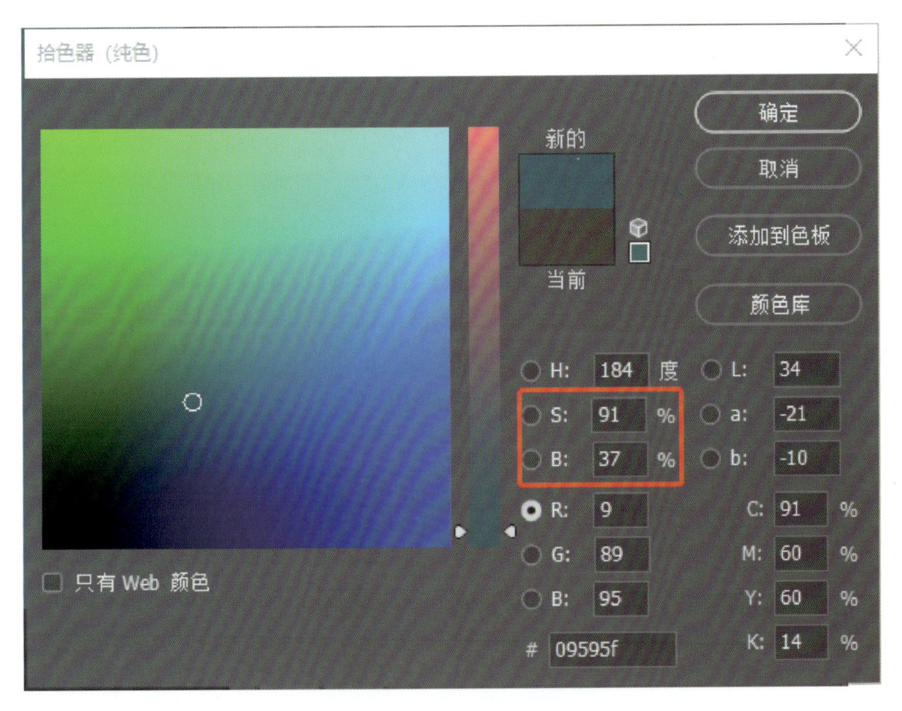


图 9.92　“纯色”设置

（4）图层模式设置为“颜色”，如图 9.93 所示。

图 9.93　设置图层混合模式

（5）打开通道面板，复制绿色通道，得到绿色通道副本，然后按【Ctrl】键单击绿色通道，返回到图层面板，如图 9.94 所示。

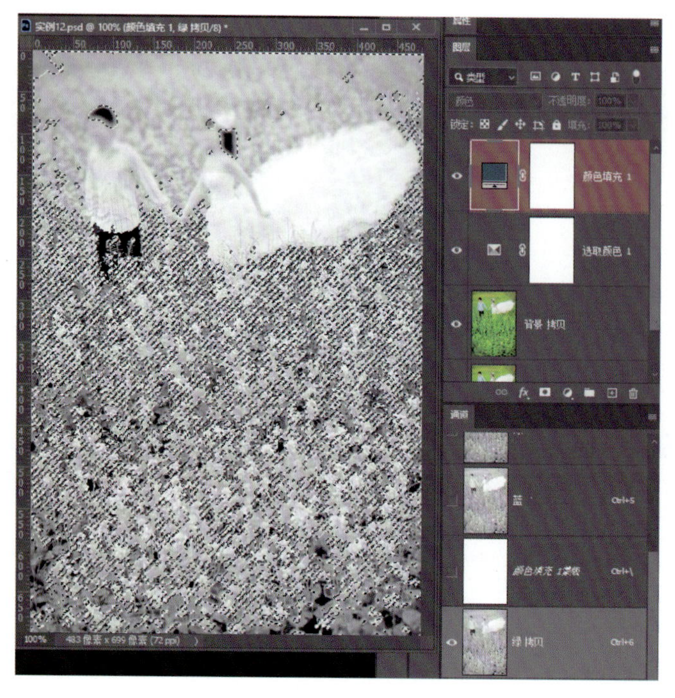

图 9.94　取选区

（6）出现选区，设置前景色为黑色，添加纯色蒙板，如图 9.95 所示，制作完成，效果如图 9.96 所示。

图 9.95　调整蒙版

图 9.96　处理前后对比

## 学习内容

### 9.2.7　通道混合器

使用“通道混合器”命令，可以改变某一通道的颜色，并混合到主通道中产生图像合成的效果。该命令只能用于 RGB 模式和 CMYK 模式的图像，如图 9.97 所示。

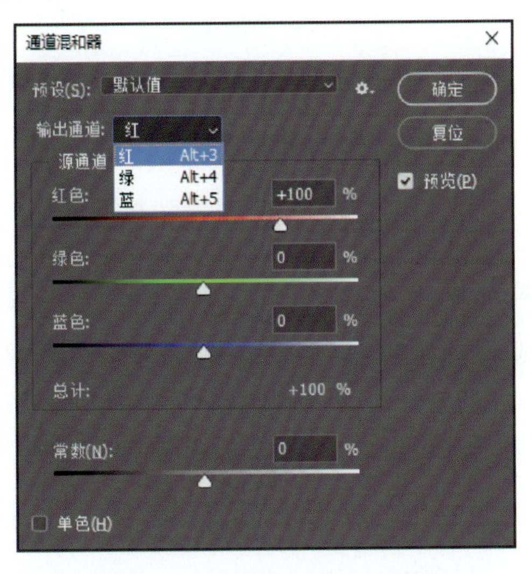


图 9.97　“通道混合器”对话框

在“输出通道”列表中可以选择要在其中混合的通道。滑动滑块或在文本框中输入数值，可以增大或减小该通道在“输出通道”中所占的百分比，从 -200%~+200%。“常数”选项可以调节通道的不透明度，并将其添加到“输出通道”，负值相当于加上一个黑色通道，正值相当于加上一个白色通道。选择“单色”复选框，同样会将对话框中的设置应用到“输出通道”，不过最后创建的是只包含灰度信息的彩色图像。

## 操作实践

### 实例 13：进行色彩校正

（1）打开图片，对图片进行磨皮，如图 9.98 所示。

图 9.98 图片效果

（2）盖印可见图层，设置“色相 / 饱和度”，如图 9.99 所示。

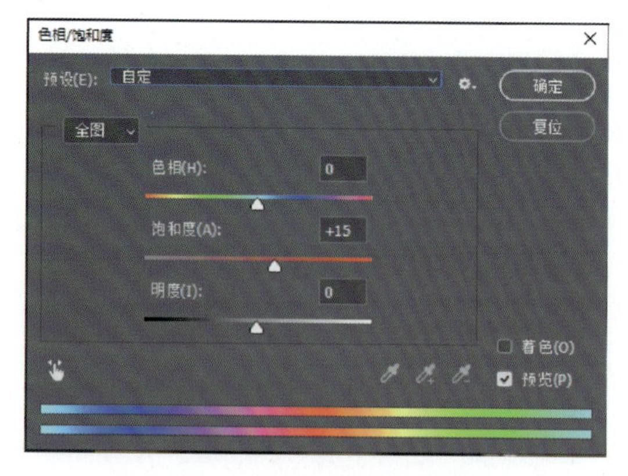


图 9.99 “色相 / 饱和度”对话框

（3）调节“曲线”，如图 9.100 所示。

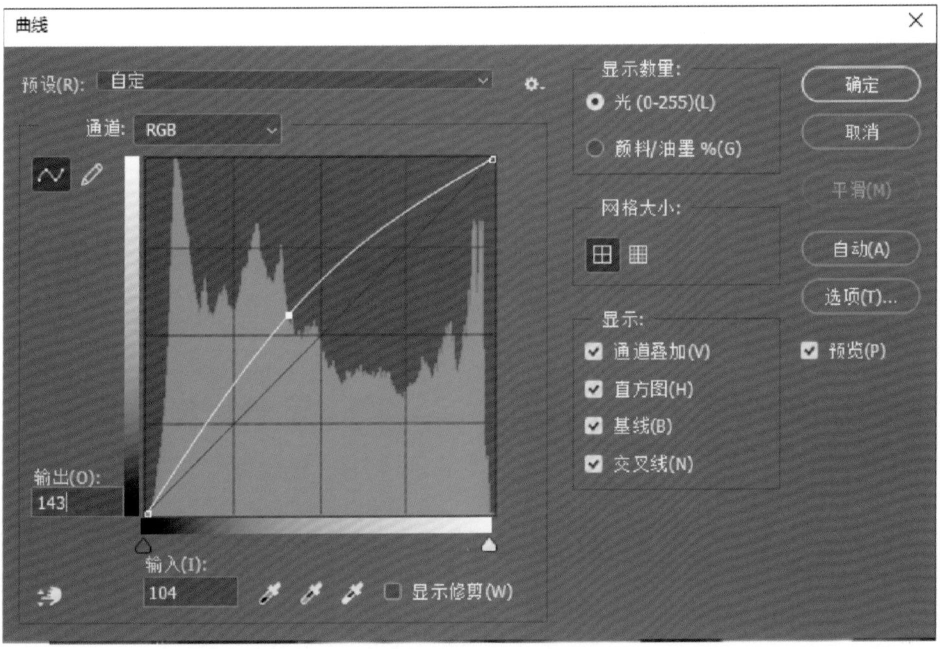

图 9.100　“曲线”对话框

（4）再打开“通道混合器”设置如图 9.101 所示。

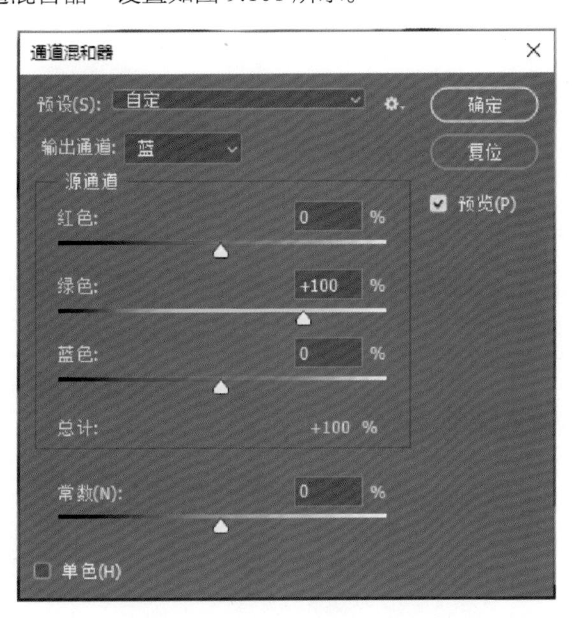


图 9.101　“通道混合器”对话框

（5）盖印可见图层，再次调节“曲线”，如图 9.102 所示，调节完毕，效果如图 9.103 所示。

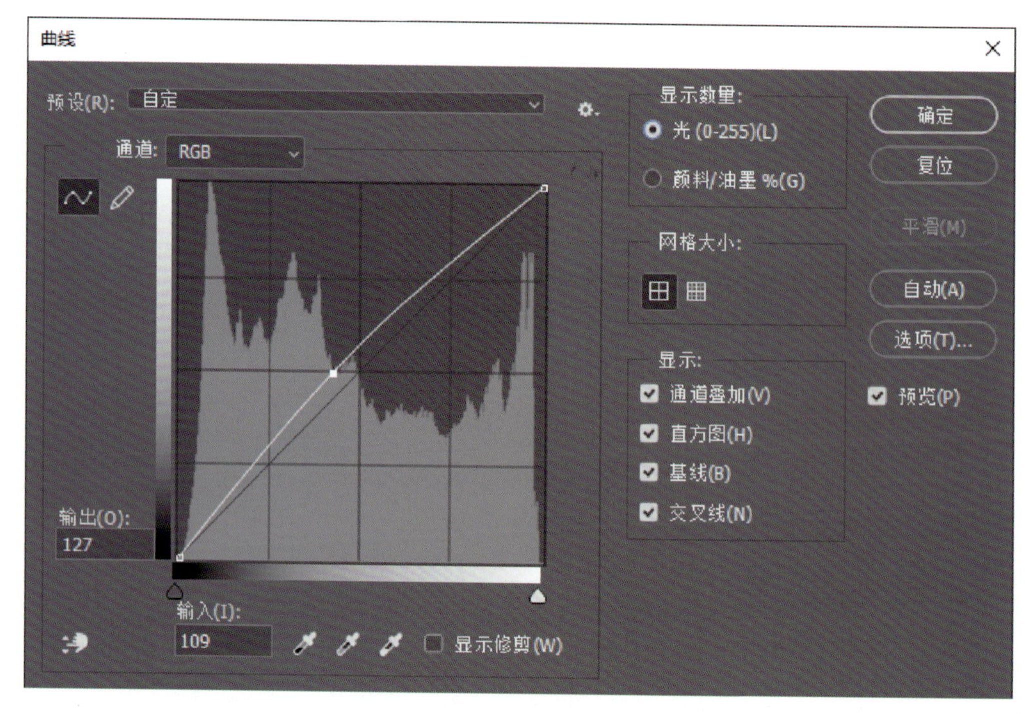


图 9.102 “曲线”对话框

图 9.103 处理前后对比

## 实例 14：使用“通道混合器”调整图像色调

（1）打开图片，如图 9.104 所示，使用“通道混合器”命令可以将所选的通道与想要调整的颜色通道采用“相加”或“减去”模式混合，修改该颜色通道中的光线量，从而影响其颜色含量，改变色彩。

图 9.104　湿地素材

（2）执行“图像”→“调整”→“通道混合器”命令，设置输出通道为蓝，在源通道栏中，设置红色、绿色和蓝色，如图 9.105 所示。

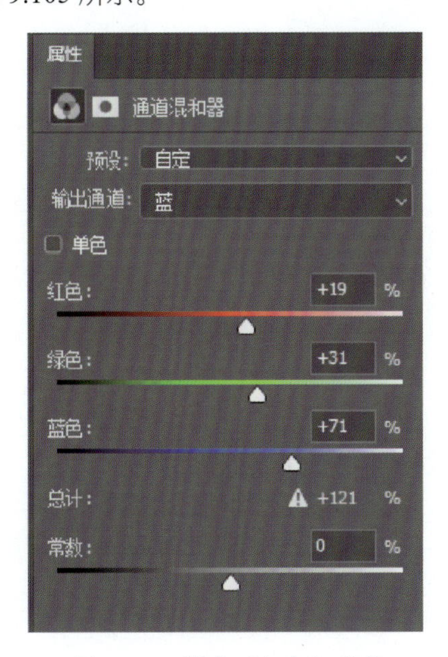


图 9.105　调整“红色”通道

（3）通过前面的操作，蓝色、红色、绿色以不同程度相加模式和蓝通道进行混合，效果如图 9.106 所示。

图 9.106　图片效果

（4）显示通道面板的效果，蓝通道变亮，从而实现色彩的变化，如图 9.107 所示。

（5）在红通道中，设置绿色和蓝色，如图 9.108 所示。

图 9.107　通道面板

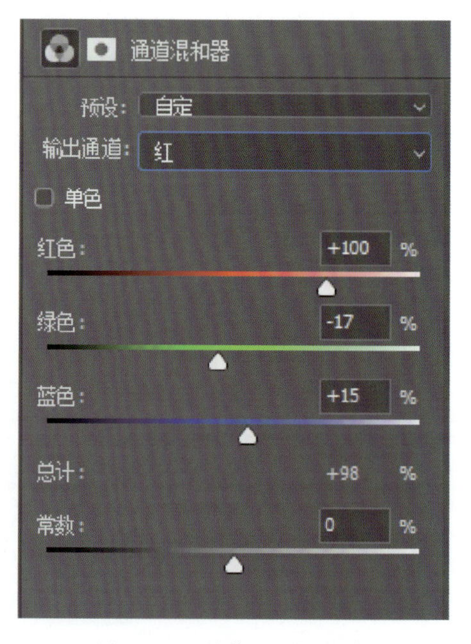


图 9.108　调整“红”通道

（6）通过前面的操作，蓝色、绿色以相加减模式和红通道进行混合，效果如图 9.109 所示。

图 9.109　图片效果

（7）显示通道面板的效果，红通道变暗，从而实现色彩的变化，如图 9.110 所示。

（8）调整曲线，对画面做提亮处理，单击“确定”按钮，如图 9.111 所示。

图 9.110　通道面板

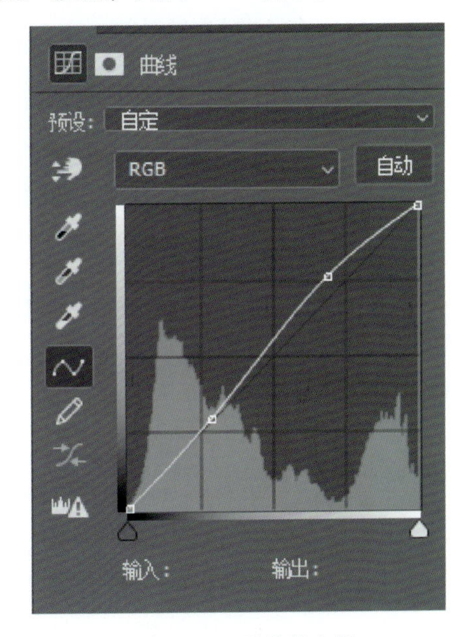


图 9.111　通道混合器

（9）图片处理完毕，效果如图 9.112 所示。

图 9.112　处理前后对比

## 学习内容

### 9.2.8　渐变映射

“渐变映射”命令可以将相等的图像灰度范围映射到指定的渐变填充色，如图 9.113 所示。

图 9.113　“渐变映射”对话框

单击渐变条，可以弹出“渐变映射”对话框，用来设置渐变颜色，也可以单击右侧的下拉按钮，选择渐变类型。“仿色”则会添加随机杂色，使渐变映射效果过渡更平滑。“反向”将切换渐变填充的方向。

## 操作实践

### 实例 15：使用“渐变映射”命令制作特殊色调

（1）打开素材并复制图层，如图 9.114 所示。

（2）执行“图像”→“调整”→“渐变映射”命令，如图 9.115 所示。

图 9.114　静物

（3）单击色条右侧的按钮“■”，如图 9.116 所示。

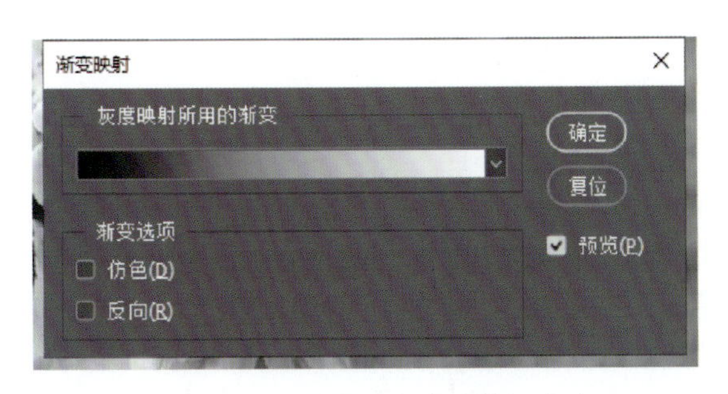


图 9.115　执行“渐变映射”命令

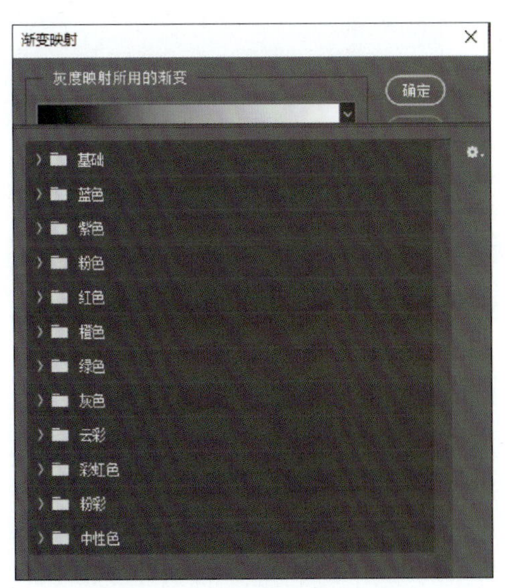


图 9.116　“渐变映射”可选项

（4）选择蓝色 27，如图 9.117 所示。

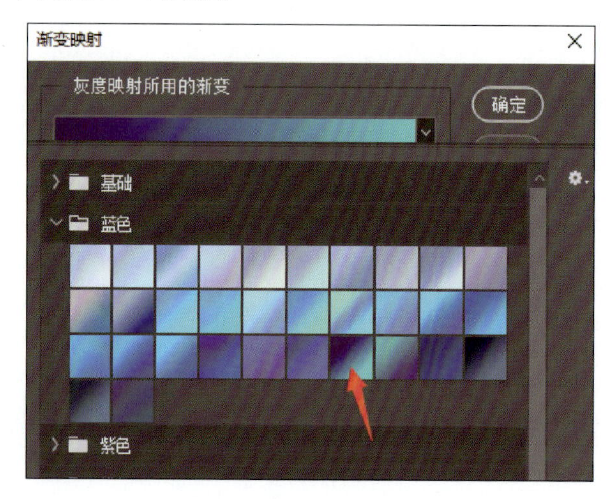


图 9.117　选择蓝色

（5）单击“确定”按钮，如图 9.118 所示。

图 9.118　处理前后对比

## 学习内容

### 9.2.9　照片滤镜

“照片滤镜”命令是模仿在相机镜头前面加彩色滤镜，以便调整通过镜头传输的光的色彩平衡和色温，使胶片曝光的效果，如图 9.119 所示。

可以选择预设滤镜或自定义颜色来指定颜色。“浓度”用来调整应用于图像的颜色数量，可以拖动滑块或在文本框中输入百分比。如果不希望通过添加颜色滤镜来使图像变暗，可以选中“保留明度”复选框。

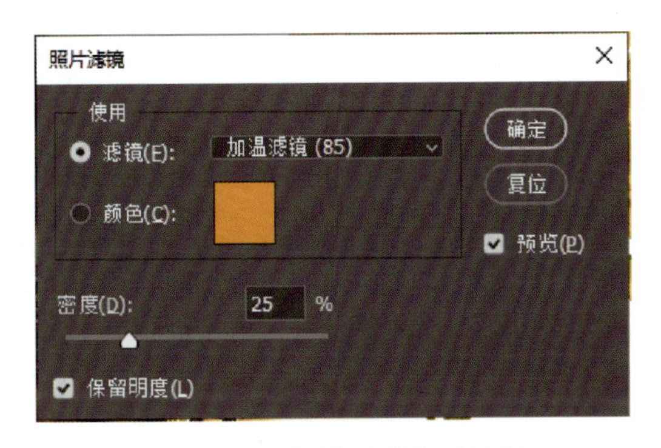


图 9.119　“照片滤镜”对话框

## 9.3　特殊颜色效果调整

### 9.3.1　去色

“去色”命令将彩色图像转换为灰度图像，但图像的颜色模式保持不变。此命令与“色相 / 饱和度”对话框中将“饱和度”设置为 -100 的效果相同。“去色”命令只应用于当前图层或选区。

## 操作实践

### 实例 16：使用“去色”命令，快速制作单色照片

（1）打开照片，复制背景层，如图 9.120 所示。

图 9.120　衣架

（2）提取高光选区（快捷键【Ctrl+Alt+2】），复制区域内的图像到新图层（快捷键【Ctrl+J】），再将图层模式设置为“柔光”，如图 9.121 所示。

（3）盖印可见图层，选择“去色”命令，为图层添加蒙版，用画笔工具，在需要的地方涂抹，如图 9.122 所示。

图 9.121　提取高光区

图 9.122　“蒙版”设置

（4）盖印可见图层，执行“滤镜”→“模糊”命令，再复制一层，图层模式设置为“叠加”，照片制作完成，如图 9.123 所示。

图 9.123　“叠加”效果

## 学习内容

### 9.3.2 反相

“反相”命令用于反转图像中的颜色，即将图像中的像素颜色转换为其补色。

### 9.3.3 色调均化

“色彩均化”命令将图像中像素的亮度值重新分布，使其更均匀地呈现所有范围的亮度级，最亮的值呈现为白色，最暗的值呈现为黑色，而中间的值则均匀地分布在整个灰度中。

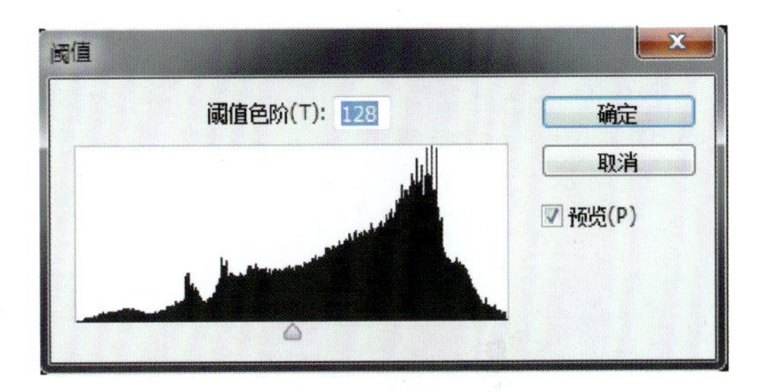


图 9.124 “阈值”对话框

### 9.3.4 阈值

使用“阈值”命令可以将灰度或彩色图像转换为高对比度的黑白图像，如图 9.124 所示。

该对话框中显示当前图层图像或当前选区中像素亮度级的直方图。拖动滑块可以修改阈值的大小，设置完毕后所有比该阈值亮度值大的像素会被转换为白色，所有比该阈值亮度低的像素会被转换为黑色。

## 操作实践

### 实例 17：利用“阈值”命令快速制作高对比度梦幻照片效果

（1）打开图片，复制背景层，设置“阈值”，如图 9.125 所示。

图 9.125 设置“阈值”

（2）将图层模式设置为“叠加”，然后执行“高斯模糊”命令，调整图层“不透明度”，如图 9.126 所示，图片制作完成，效果如图 9.127 所示。

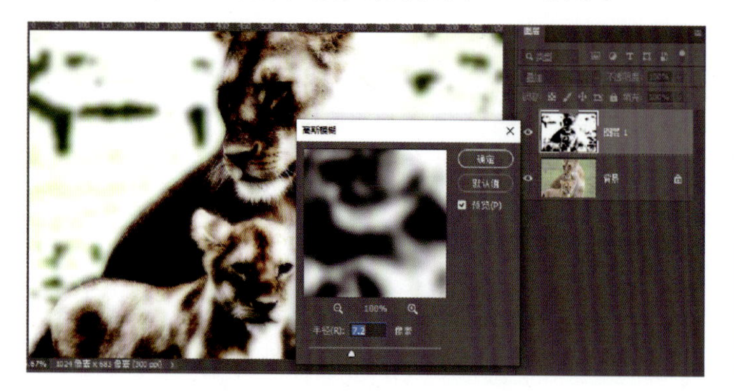

图 9.126　制作效果

图 9.127　处理前后对比

## 学习内容

### 9.3.5　色调分离

“色调分离”命令的作用和阈值类似，不过它可以指定转变的色阶数，而不像阈值只转变成黑白两种颜色，如图 9.128 所示。

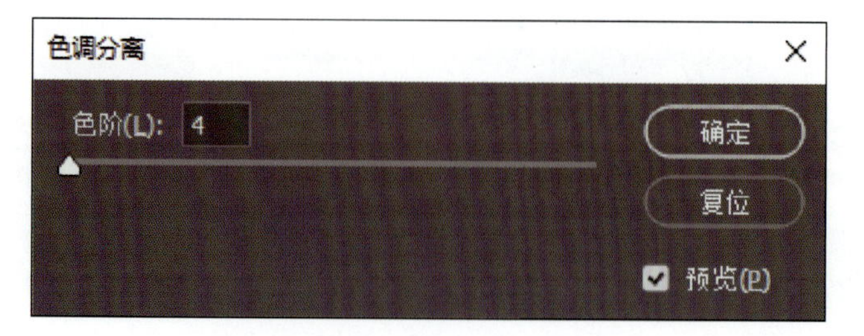


图 9.128　“色调分离”对话框

## 操作实践

### 实例 18：利用图像调整工具，使花卉照片更加清晰嫩绿

（1）打开一张花卉图片，按【Ctrl+J】复制图层，如图 9.129 所示。

图 9.129　复制图层

（2）设置“USM 锐化”滤镜，如图 9.130 所示。
（3）再设置“特殊模糊”滤镜，如图 9.131 所示。

图 9.130　“USM 锐化”对话框

图 9.131　“特殊模糊”对话框

（4）连续使用四种工具，分别是“亮度 / 对比度”、“色彩平衡”、“色阶”和“曲线”，如图 9.132~图 9.139 所示。

图 9.132　设置“亮度 / 对比度”

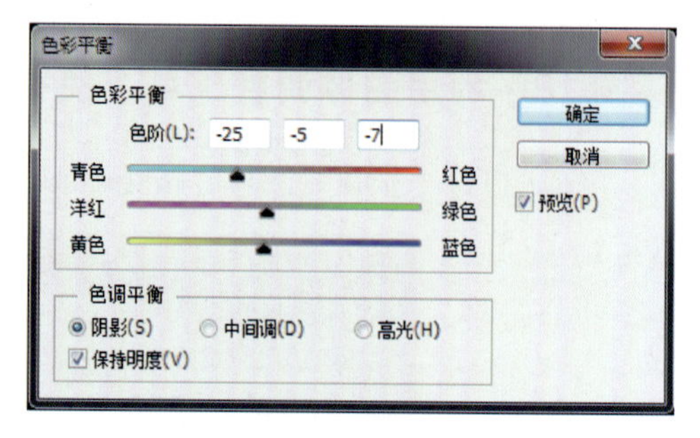


图 9.133　设置“阴影”

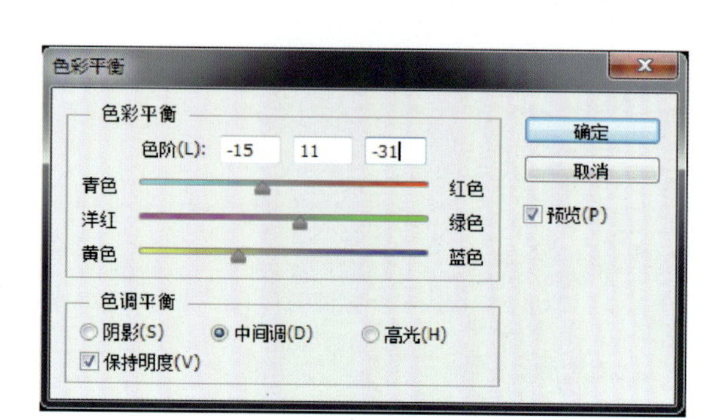


图 9.134　设置“中间调”

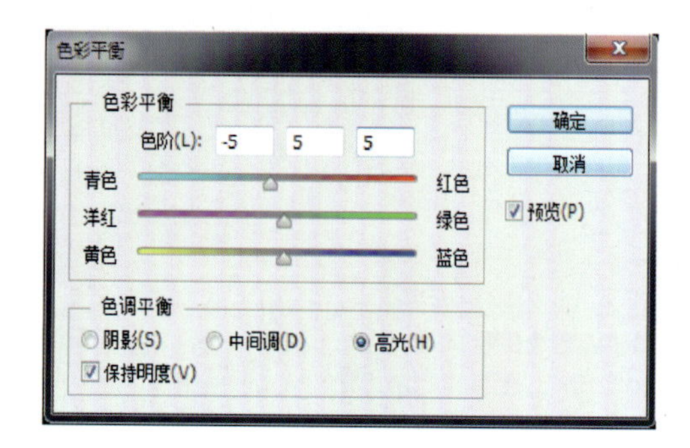


图 9.135　设置“高光”

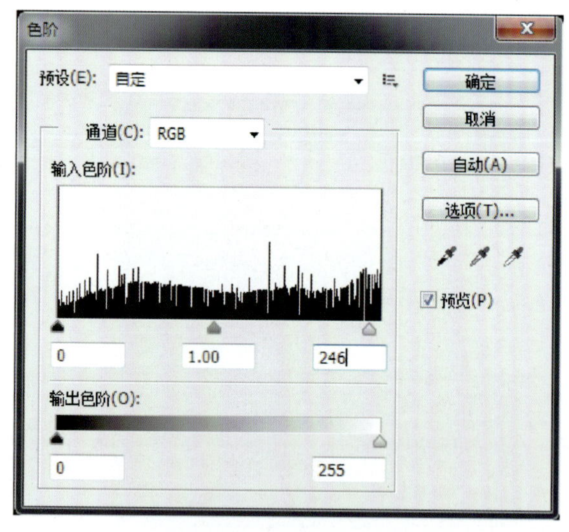


图 9.136　设置“色阶”

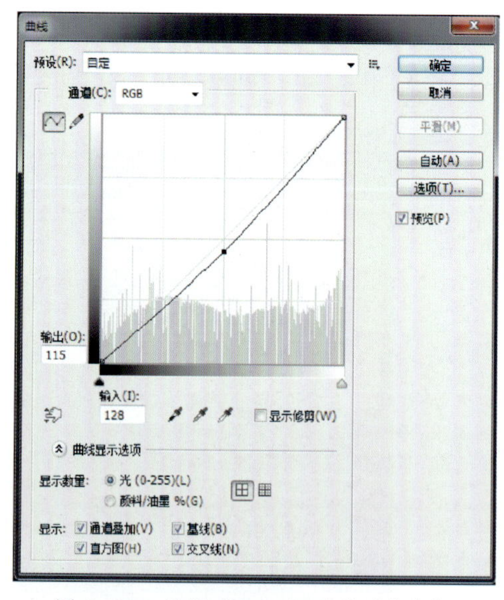


图 9.137　设置“RGB”通道“曲线”

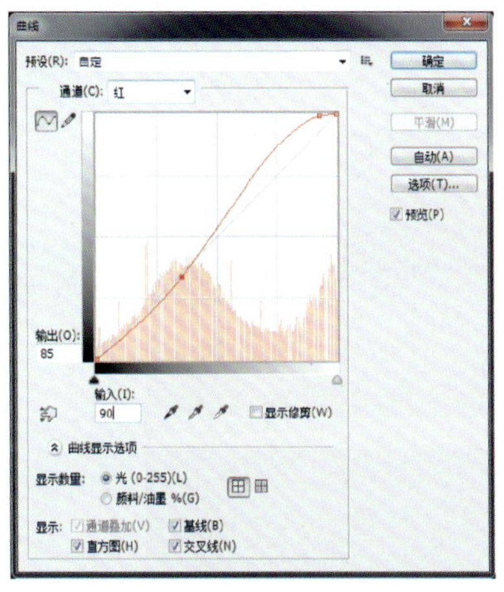


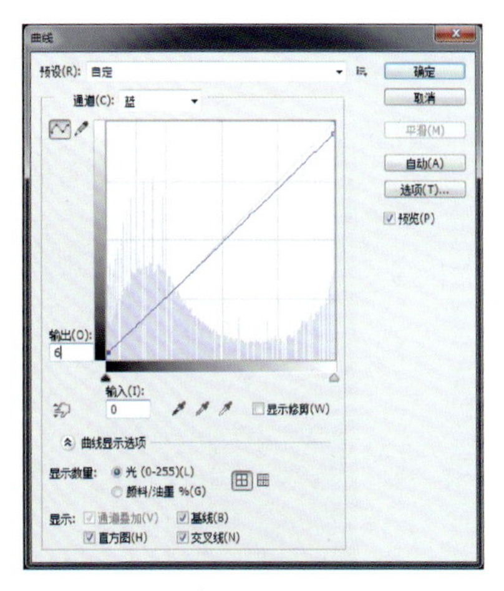


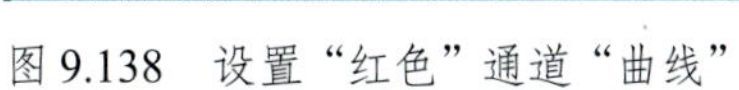

图 9.138　设置“红色”通道“曲线”　　图 9.139　设置“蓝色”通道“曲线”

（5）制作完成，效果如图 9.140 所示，最终图片比以前更清晰、嫩绿。

图 9.140　处理前后对比

## 实例 19：利用图像调整工具，使人物照片实现艺术效果

（1）打开图片，如图 9.141 所示，发现图片偏黄，首先要调偏色。

图 9.141　小女孩

（2）复制背景层，执行“匹配颜色”，选中“中和”复选框，增加亮度，减小颜色强度，如图 9.142 所示。

图 9.142 “匹配颜色”对话框

（3）偏黄改善了，但背景颜色饱和度不够，添加图层蒙版，把背景颜色适当恢复，如图 9.143 所示。

图 9.143 利用图层蒙版恢复背景颜色

（4）为使色调更鲜明，还要对其进行调色处理。盖印可见图层，再进行“曲线”调整，如图 9.144 所示。

图 9.144　“曲线”对话框

（5）最后调整一下整体色调，利用“色彩平衡”给它加种泛蓝的冷色，如图 9.145 所示。

图 9.145　“色彩平衡”对话框

（6）提取高光选区（快捷键【Ctrl+Alt+2】，复制区域内的图像到新图层（快捷键【Ctrl+J】），再将图层模式设置为“柔光”，效果如图 9.146 所示。

图 9.146　增加对比度效果

（7）复制柔光层，如图 9.147 所示，效果如图 9.148 所示。

图 9.147　复制柔光层

图 9.148　处理前后对比

## 实例 20：给汽车换色

使用简单的换色法往往会破坏物体的光线反射，要将图片中物体换色又能够有效地保护物体的光线反射，看不出编辑过的痕迹，才是要实现的最终效果。

（1）打开图片，如图 9.149 所示，给打算换色的车身建立选区，如图 9.150 所示。然后执行“选择”→“存储选区”命令，将选区保存起来。

图 9.149　汽车

图 9.150　建立选区

（2）调整“色相 / 饱和度”，设置如图 9.151 所示。

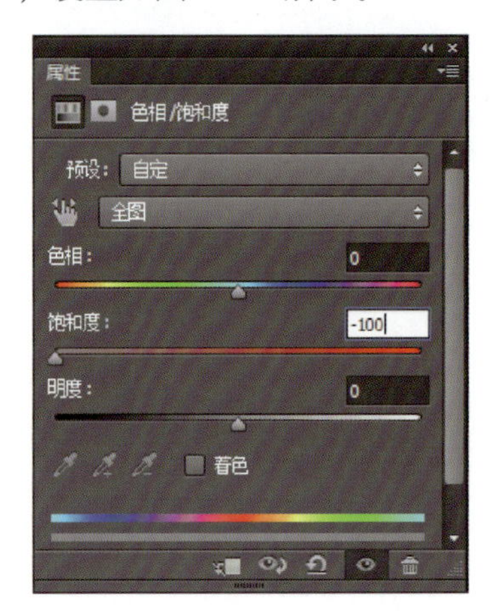


图 9.151　设置“色相 / 饱和度”

（3）新建图层，使用喜欢的颜色填充该图层，将图层模式改为“正片叠底”，如图 9.152 所示。

图 9.152　图层设置

（4）添加图层蒙版，执行“选择”→“载入选区”命令，将刚才保存的选区加载进来，反选（快捷键【Ctrl+Shift+I】），填充黑色（快捷键【Alt+ 退格键】，填充前景色，【Ctrl+ 退格键】，填充背景色），最后取消选区，如图 9.153 所示。

图 9.153　添加“蒙版”

（5）选择“色相 / 饱和度”调整图层，执行“图像”→“应用图像”命令，在弹出的“应用图像”对话框中，设置如图 9.154 所示。

图 9.154　“应用图像”对话框

（6）复制最上方的图层，设置图层模式为“滤色”，反相该图层（快捷键【Ctrl+I】），如图 9.155 所示。

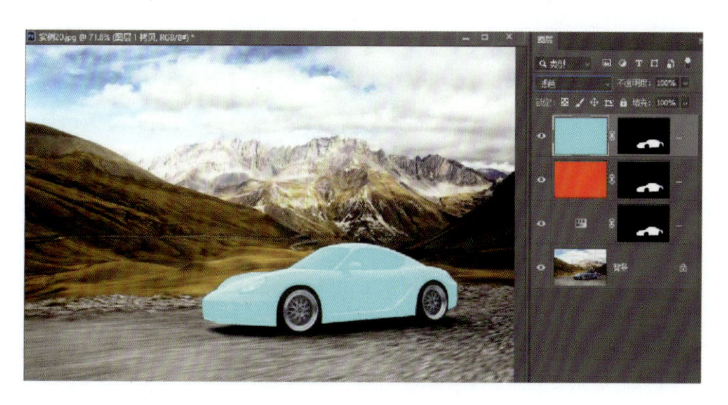

图 9.155　图层设置

（7）按住【Ctrl】键不放，单击当前层的图层蒙板，加载选区。再次执行“应用图像”命令，设置如图 9.156 所示。

图 9.156 “应用图像”设置

（8）选中当前图层蒙板，使用“色阶”工具（快捷键【Ctrl+L】）进行调整，直至得到满意的色彩效果。最后取消选区，完成换色的调整，效果如图 9.157 所示。

图 9.157 调整“色阶”

## 实例 21：打造另类意境婚纱照

（1）打开图片，复制背景层并隐藏，如图 9.158 所示。

图 9.158 图层设置

（2）对背景层执行“色相 / 饱和度”命令，选择“着色”选项，如图 9.159 所示。

图 9.159　设置“色相 / 饱和度”

（3）显示出复制图层，设置图层模式为“柔光”，如图 9.160 所示。

图 9.160　图层设置

（4）设置“色彩平衡”调节图层，这步就可以得到很好的效果，如图 9.161 所示。

图 9.161　设置“色彩平衡”

（5）添加“照片滤镜”，如图 9.162、图 9.163 所示，图片处理完毕，效果如图 9.164 所示。

图 9.162　选择“照片滤镜”

图 9.163　设置“照片滤镜”

图 9.164　处理前后对比

## 延伸性学习与研究

（1）思考和探究其他调色命令的使用方法。
（2）探究婚纱写真的设计风格及常用尺寸。

## 拓展训练

利用色彩色调调整命令，制作个人写真集。
参考技术要素：
调整命令综合应用（色阶、曲线、色彩平衡、亮度/对比度、黑白、色相/饱和度、可选颜色等）。
图文混排（后期修饰）。
形状、路径（后期修饰）。

# 第 10 章　应用滤镜创建特殊效果

## 知识技能目标

（1）了解 Photoshop CC 滤镜的基础知识。
（2）掌握滤镜的使用方法。
（3）识记常用的滤镜和外挂滤镜。
（4）熟练应用各种滤镜制作特殊效果。

## 操作任务

通过灵活应用各种滤镜，制作出特殊的图像艺术效果。

## 学习内容

## 10.1　滤镜简介

滤镜是 Photoshop 的最大特色，具有非常强大的功能，它可以在原来图像的基础上产生变化万千的特殊效果。运用滤镜加工处理图片必须掌握它的使用规则。

（1）滤镜只作用于当前可见图层，可反复、连续使用，但一次只能运用于一个图层上。

（2）滤镜不能应用于位图模式、索引颜色和 48 位 RGB 模式的图像，部分滤镜只对 RGB 色彩模式的图像起作用，部分滤镜只对图层的有颜色的区域有效果，对透明区域不起作用。

（3）滤镜完全靠内存处理，所以内存容量对滤镜生成速度起关键作用，如执行时间过长，想要结束滤镜，只需要按【Esc】键即可。

（4）如想修复滤镜设置，只需按住【Alt】键，这时滤镜里的“取消”按钮就变成“复位”按钮，可将参数设置为调整之前的状态。

（5）滤镜的处理效果以像素为单位，所以不同分辨率的图像，即使设置数据相同，效果也会不同。

（6）预览功能在处理图像时很重要，使用该功能可直接观察到滤镜使用后的效果。

（7）滤镜分自带滤镜和外挂滤镜两类，自带滤镜是指 Photoshop 软件系统自己带的滤镜，而外挂滤镜种类很多，如 KPT 滤镜、Eye Candy 滤镜等。安装外挂滤镜一般会安装在 Photoshop 安装目录下的 Required\Plug-ins\Filters 文件中，安装之后要重启 Photoshop 才可以使用。

## 10.2 滤镜的应用

“转换为智能滤镜”：普通的滤镜功能一旦执行，原图层就被更改为滤镜的效果了，如果效果不理想，只能从历史记录里退回到执行前。而智能滤镜，就像给图层加样式一样，在图层面板，你可以把这个滤镜删除，或者重新修改这个滤镜的参数，可以关掉滤镜效果的小眼睛而显示原图，所以很方便再次修改。

### 10.2.1 “滤镜库”

滤镜库是整合了多个常用滤镜组的设置对话框。利用 Photoshop “滤镜库”可以累积应用多个滤镜或多次应用单个滤镜，还可以重新排列滤镜或更改已应用的滤镜设置。在滤镜库对话框中提供了风格化、画笔描边、扭曲、素描、纹理和艺术效果六组滤镜。

### 10.2.2 “自适应广角”

Adobe Photoshop CC 为摄影师提供了一些更简单易用且强大的功能，“自适应广角”（见图 10.1）就是其中之一。顾名思义，这个功能的设计初衷是用来校正广角镜头畸变的。不过它其实还有一个的作用：找回由于拍摄时相机倾斜或仰俯丢失的平面。

图 10.1 自适应广角

打开原始文件，执行“滤镜”→“自适应广角”命令，快捷键为【Alt+Shift+Ctrl+A】。校正方式有鱼眼、透视、自动和完整球面，具体要根据广角效果的不同进行选择，如图 10.2 所示。

对于本图，在“鱼眼”模式下，手动将线条贴合矫正为直线。可以直接在照片上拖动鼠标拉出一条直线段（在画线过程中，拉出的线条会自动贴合画面中的线条，即表现为曲线。不用担心，这只是为了显示要处理的线条，松开鼠标后就会变成直线。）

在“鱼眼”模式下拉出线条，选中线条后，会显示出下图的五个控制点。从左到右依次为：端点、旋转控制点、弯度控制点、旋转控制点、端点。调整线条弯度以校正图中原本应为直线的曲线，如图 10.3 所示。

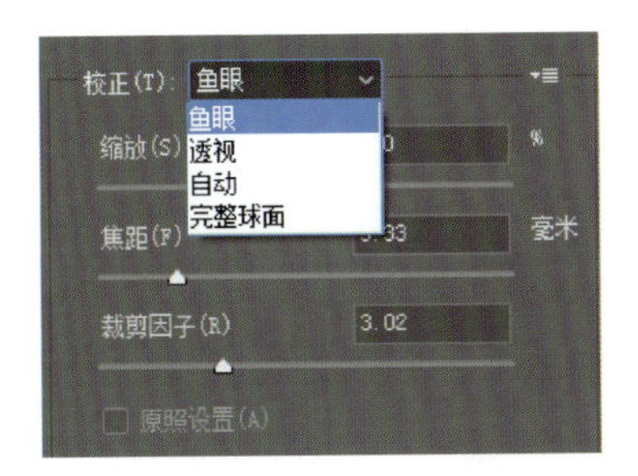


图 10.2　校正选项及参数

图 10.3　校正曲线

按照同样的方法，依次将所有发生畸变的线条都约束为直线，即完成校正工作。如果需要让某些线段水平或垂直，可以在线段上右击，约束其角度，或手动旋转，如图 10.4 所示。

图 10.4　校正曲线及角度

经过校正的图片四周会出现大片空白，因此下一步就是从中剪裁出画面，当然会损失一部分画面。原始画面中的曲线越多，校正的程度越大，损失的边界画面就越多（见图 10.5）。如果在前期拍摄时就考虑要进行后期校正，可以适当增加取景范围，为后期留出余地。

图 10.5　校正前后对比

自适应广角工具是 Photoshop 的一个很有用的工具。它可以很简单地校正画面中的直线。不过需要注意的是，这种校正会使原始画面变形。所以在拍摄时应尽量做到准确，不能完全寄希望于后期；且拍摄时应有意给后期留出处理余地。

### 10.2.3 “Camera Raw”滤镜

Camera Raw 针对数码相机所生成的原始格式文件，提供了很多调整选项。可对数码照片进行调色、增加质感、磨皮、后期、统一标准等设置。

### 10.2.4 “镜头校正”

“镜头校正”滤镜：该滤镜可修复常见的镜头瑕疵，如失真、晕影和色差。使用该滤镜也可以用来旋转图像或者由于拍照时水平或垂直倾斜而导致的图像透视现象。

使用镜头广角端拍摄可能会给画面四周带来严重的暗角。暗角是镜头的一种光学瑕疵，镜头中心部分通常是光学表现最好的部分，而边缘则可能出现暗角或者诸如桶状畸变一类的其他瑕疵。暗角并不是总那么不招人待见，这种微妙的影调变化效果可以塑造画面空间感，或者是充当画面外框的作用突出画面主体。但是，在“镜头校正”（见图 10.6）滤镜的帮助下，人们能更好地对其加以控制。

图 10.6　镜头校正

在开始调整照片前，有必要首先复制背景图层。这样做能在万一出问题的时候可以很快重来。打开“滤镜”→“镜头校正”（早期版本中该命令位于“滤镜”→“扭曲”→“镜头校正”）。如果看到灰色的网格覆盖在作品上，对精确判断画面暗角会造成干扰，可以取消下方的“显示网格”选项，这样就清晰看到画面四周的暗角。

选择“自定”选项卡，对“几何扭曲”“晕影”参数进行调整，如图 10.7 所示，提亮画面暗角。这样做的同时也会对部分曝光正确的天空造成影响，为了避免这种情况，“变暗”参数也要进行设置。保持天空中的淡蓝色影调。单击“确定”按钮返回主界面，如图 10.8 所示。

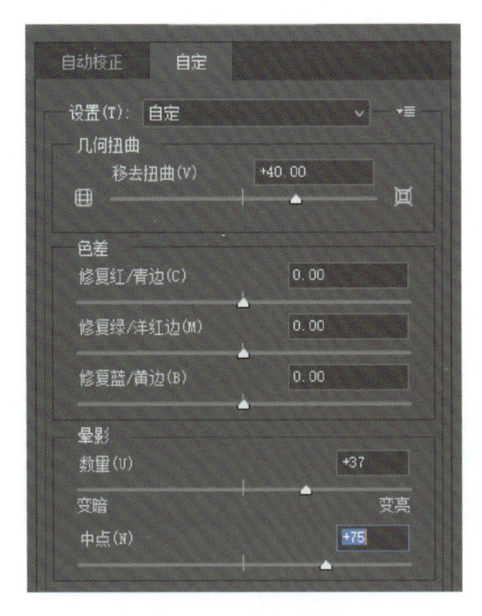


图 10.7　参数调整

图 10.8　调整后效果

## 10.2.5 “液化”滤镜

应用“液化”滤镜可以让图像任意扭曲，还可以自定义扭曲的范围和强度。

“液化”滤镜可以用于推、拉、旋转、反射、折叠和膨胀图像的任意区域。执行“滤镜”→“液化”命令，弹出“液化”对话框，如图 10.9 所示。

图 10.9　“液化”对话框

该对话框的主要属性如下：

“向前变形”工具：在拖动时向前推像素，使用该工具，图像会根据鼠标移动的方向扭曲，如图 10.10 所示。

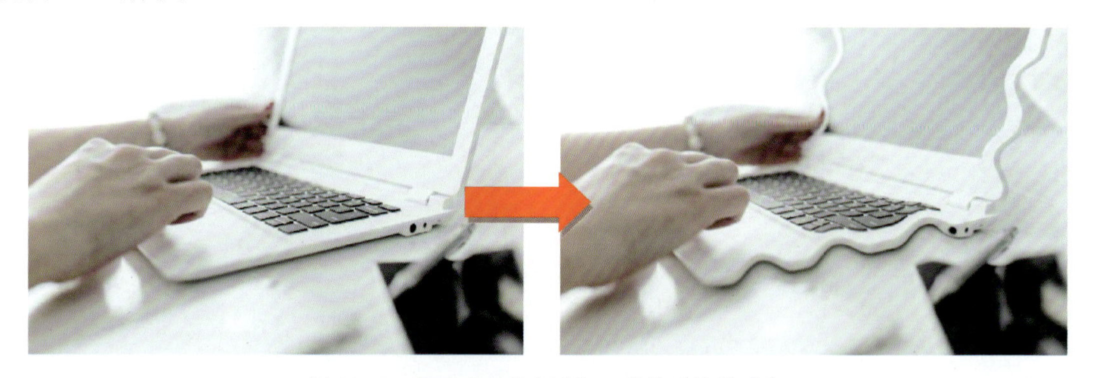

图 10.10　使用“向前变形”工具前后效果对比

“重建”工具：使用该工具可将图像恢复原样。

“平滑”工具：使画面变动平滑，最终也可以使图像恢复原样。

“顺时针旋转”工具：按住或拖动鼠标时，可顺时针方向扭曲图像，如需要逆时针旋转像素，可以在按住鼠标的同时按住【Alt】键，如图 10.11 所示。

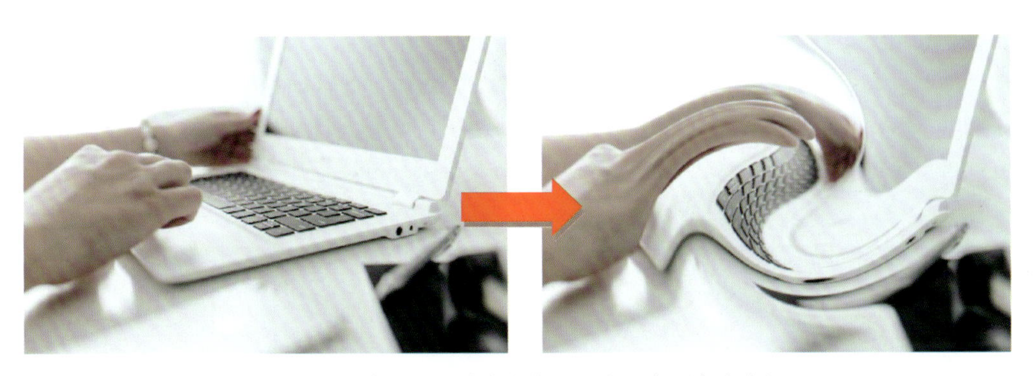

图 10.11　使用“顺时针旋转”工具后前后效果对比

“褶皱”工具：按住或拖动鼠标时，像素朝着画笔区域的中心移动，如图 10.12 所示。

图 10.12　使用褶皱工具后前后效果对比

“膨胀”工具：按住或拖动鼠标时，像素远离画笔区域的中心移动，与“褶皱”工具作用相反，它的扭曲效果是向外膨胀。

“左推”工具：按住或拖动鼠标时，像素远离画笔区域的向左侧移动。

“冻结蒙版”工具：可以将不需要液化的区域创建为冻结的蒙版，在进行液化操作时，冻结的区域将不发生任何改变，如图 10.13 所示。

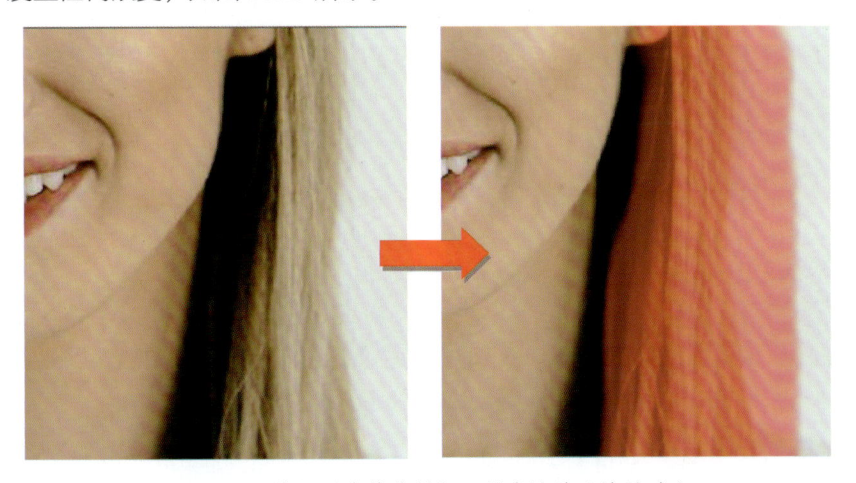

图 10.13　使用“冻结蒙版”工具瘦脸前后效果对比

“解冻蒙版”工具：解除冻结蒙版工具的效果。

“脸部”工具：（见图 10.14）可自动识别眼睛、鼻子、嘴唇和其他面部特征，让您轻松对其进行调整，既可拖动窗口右侧相应部位的参数滑块进行调整，也可以将光标悬停于照片中某部位的位置，直至光标变成一个双向箭头，然后单击、长按并拖动这个箭头，这样就能放大或缩小该部位。

图 10.14 “脸部”工具及参数

## 10.2.6 “消失点”滤镜

使用“消失点”滤镜可以根据透视原理，在图像中生成带有透视效果的图像，如图 10.15 所示。

图 10.15 使用“消失点”滤镜前后效果对比

使用“创建平面工具”在页面中沿路面创建一个透视平面，如果墙面也需要创建透视平面，可按住【Ctrl】键拖动路面网格左侧中部锚点快速创建，如图 10.16 所示。

图 10.16　创建多个透视平面

在“消失点”滤镜中选择“图章工具”，设置相应的属性参数值，按住【Alt】键，在没有杂物位置进行取样，移动鼠标到有杂物的地方，按下鼠标进行涂抹，图像会自动套用透视效果对图像进行仿制。如果图片中存在多处透视效果（如墙面），可在多个透视平面做仿制处理，如图 10.17 所示。

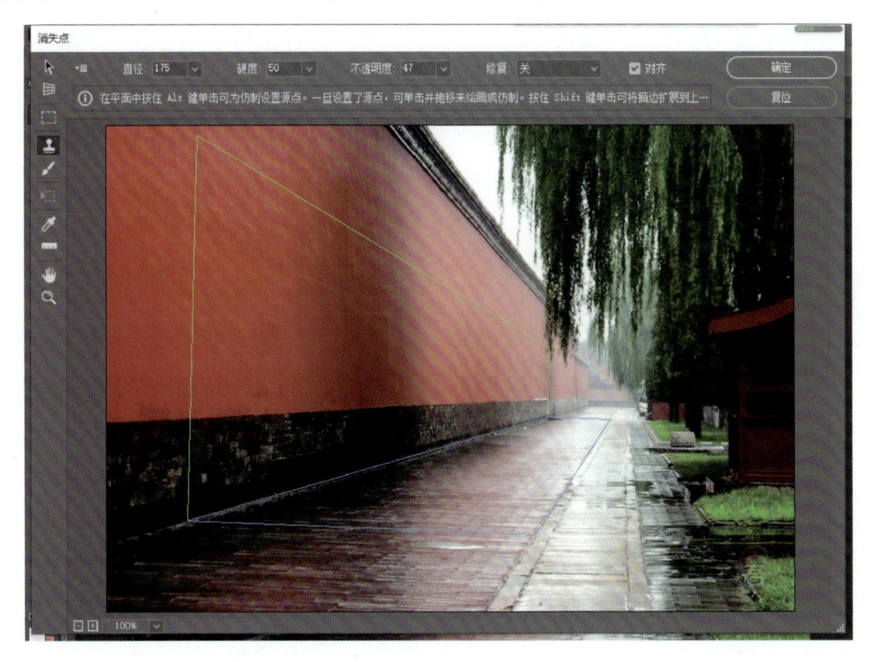


图 10.17　在多个透视平面中做仿制处理

# 10.3 滤镜组

## 10.3.1 “3D”滤镜组

在 Photoshop 中想制作三维效果图像或制作压印效果的图像，可以利用“3D”滤镜来实现。

（1）“生成凹凸（高度）图”滤镜：可利用此滤镜生成凹凸图或三维立体图形。在“生成凹凸（高度）图”对话框左下角“对象”列表中设置形状，对话框右侧设置模糊、细节缩放、对比度等参数，设置完成后单击“确定”按钮，如图 10.18 所示。

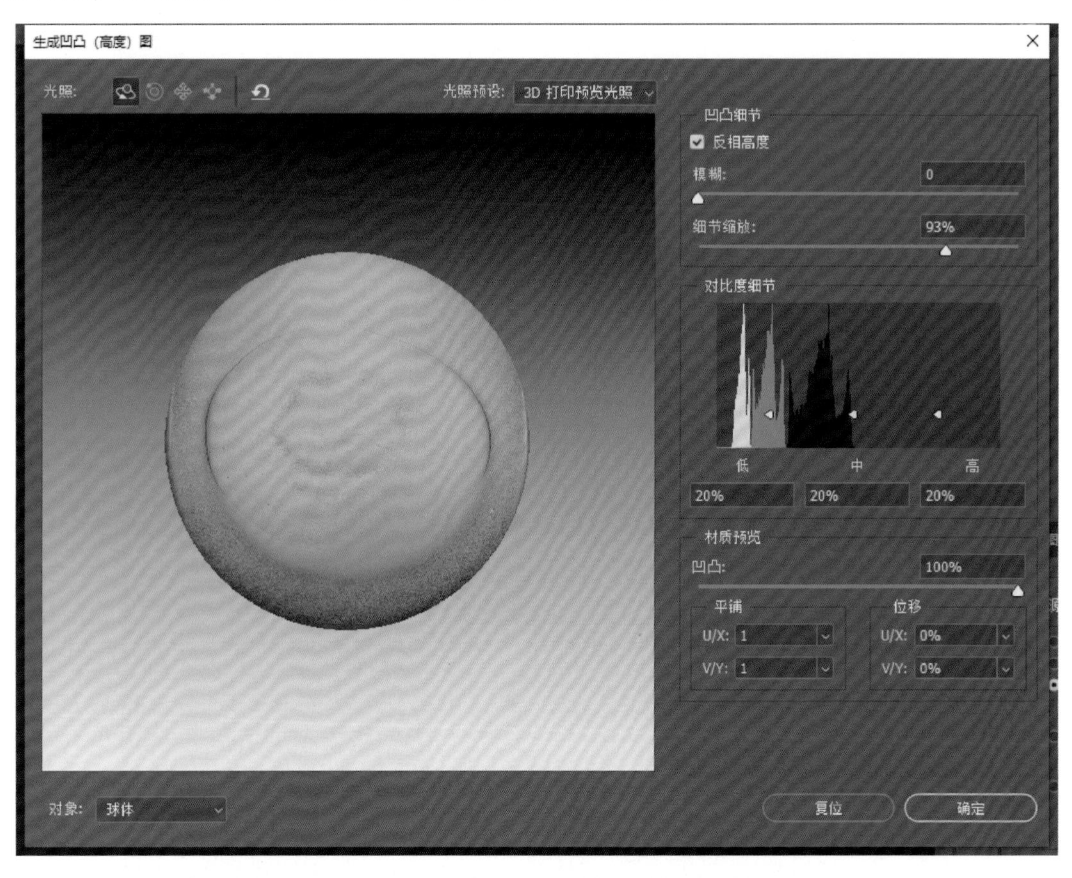


图 10.18 “生成凹凸（高度）图”对话框

图片就变成灰蒙蒙的，在右侧的“3D”面板中选择“新建的 3D 对象”中想生成的模型，单击“创建”按钮，如图 10.19 所示。

此时三维图形出来了，再根据需要进行设置即可，如图 10.20 所示。

（2）“生成法线图”滤镜：法线图视觉效果比凹凸图的凹凸感更高，若在特定位置上应用光源，可以让细节程度较低的表面生成高细节程度的精确光照方向和反射效果，如图 10.21 所示。

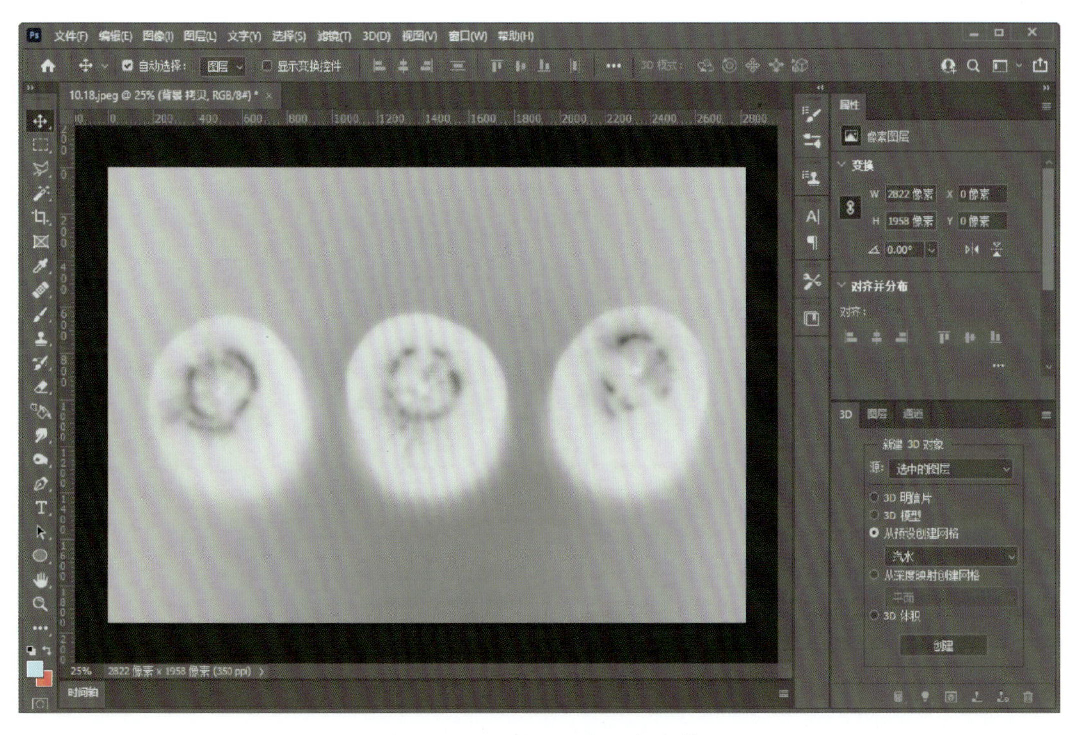


图 10.19　设置“3D”面板参数

图 10.20　三维效果

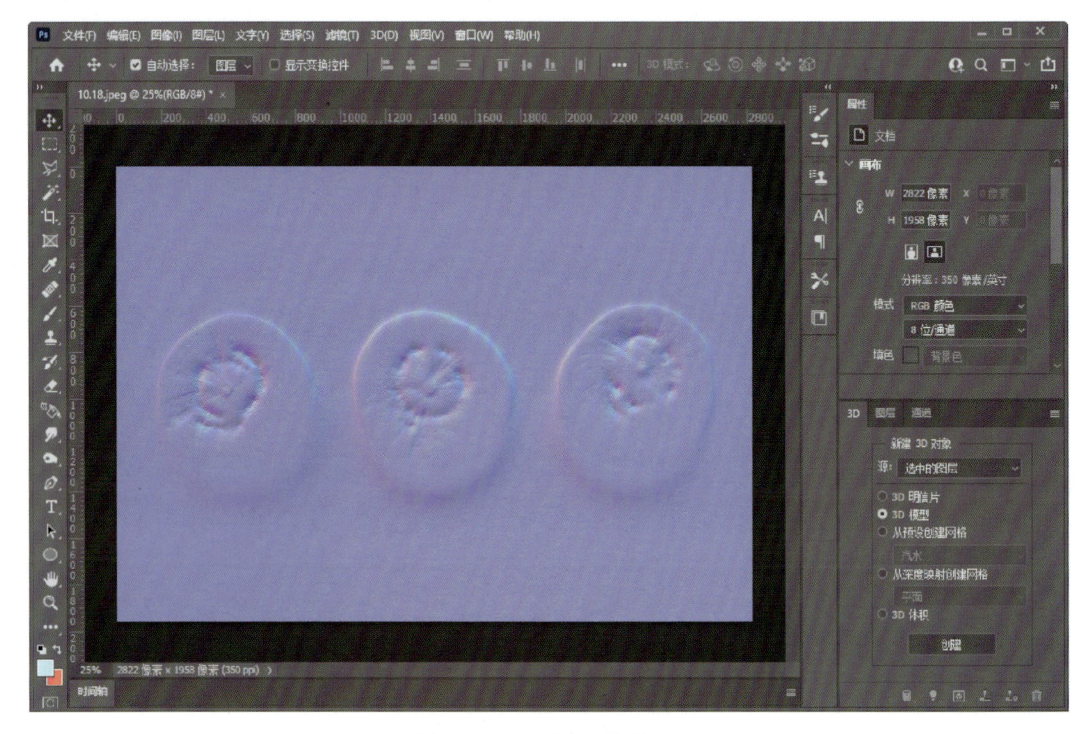

图 10.21　“法线图”效果

## 10.3.2 “风格化”滤镜组

“风格化”滤镜主要作用于图像的像素，可以强化图像的色彩边界，所以图像的对比度对此滤镜的影响较大，“风格化”滤镜最终营造出的是一种印象派的图像效果。

（1）“查找边缘”滤镜：用相对于白色背景的深色线条来勾画图像的边缘，得到图像的大致轮廓。如果先加大图像的对比度，然后再应用此滤镜，可以得到更多更细致的边缘，如图 10.22 所示。

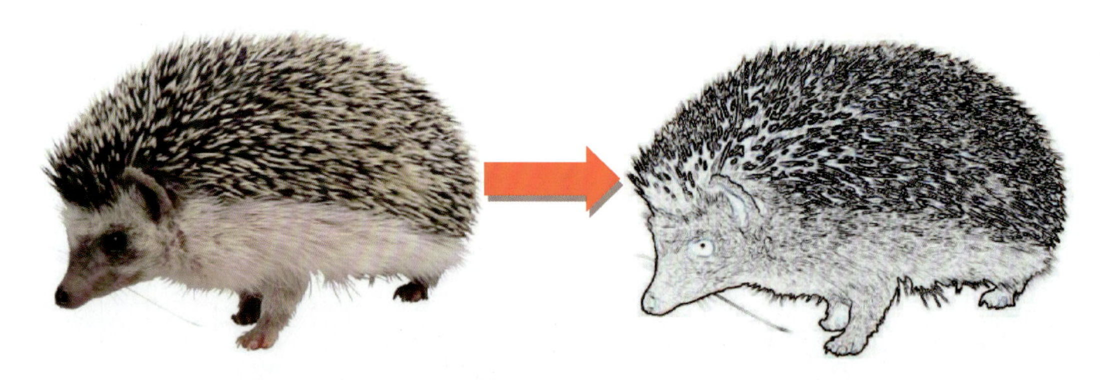

图 10.22　应用“查找边缘”滤镜前后效果对比

（2）“等高线”滤镜：类似于查找边缘滤镜的效果，但允许指定过渡区域的色调水平，主要作用是勾画图像的色阶范围，如图 10.23 所示。

图 10.23　应用“等高线”滤镜前后效果对比

“色阶”：可以通过拖动三角滑块或输入数值来指定色阶的阈值（0~255）。

“较低”：勾画像素的颜色低于指定色阶的区域。

“较高”：勾画像素的颜色高于指定色阶的区域。

（3）“风”滤镜：在图像中色彩相差较大的边界上增加细小的水平短线来模拟风的效果，如图 10.24 所示。

图 10.24　应用“风”滤镜前后效果对比

“风”：细腻的微风效果。

“大风”：比风效果要强烈得多，图像改变很大。

“飓风”：最强烈的风效果，图像已发生变形。
“从左”：风从左面吹来。
“从右”：风从右面吹来。

（4）“浮雕效果”滤镜：生成凸出和浮雕的效果，对比度越大的图像浮雕的效果越明显，如图 10.25 所示。

图 10.25　应用“浮雕效果”滤镜前后效果对比

（5）“扩散”滤镜：搅动图像的像素，产生类似透过磨砂玻璃观看图像的效果，如图 10.26 所示。

图 10.26　应用“扩散”滤镜前后效果对比

“正常”：为随机移动像素，使图像的色彩边界产生毛边的效果。
“变暗优先”：用较暗的像素替换较亮的像素。
“变亮优先”：用较亮的像素替换较暗的像素。
“各向异性”：创建出柔和模糊的图像效果。

（6）“拼贴”滤镜：将图像按指定的值分裂为若干个正方形的拼贴图块，并按设置的位移百分比的值进行随机偏移，如图 10.27 所示。

图 10.27　应用“拼贴”滤镜前后效果对比

“拼贴数”：设置行或列中分裂出的最小拼贴块数。
“最大位移”：为贴块偏移其原始位置的最大距离（百分数）。
“背景色”：用背景色填充拼贴块之间的缝隙。
“前景颜色”：用前景色填充拼贴块之间的缝隙。
“反向图像”：用原图像的反相色图像填充拼贴块之间的缝隙。
“未改变的图像”：使用原图像填充拼贴块之间的缝隙。

（7）“曝光过度”滤镜：使图像产生原图像与原图像的反相进行混合后的效果（注：此滤镜不能应用在 Lab 模式下），如图 10.28 所示。

图 10.28　应用“曝光过度”滤镜前后效果对比

（8）“凸出”滤镜：将图像分割为指定的三维立方块或棱锥体（注：此滤镜不能应用在 Lab 模式下），如图 10.29 所示。

（9）“油画”滤镜：这个滤镜在模仿油画的画布，以及油画色块的立体空间光照效果上有它的独到之处，如图 10.30 所示。

图 10.29　应用“凸出”滤镜前后效果对比

图 10.30　应用“油画”滤镜前后效果对比

## 10.3.3 “模糊”滤镜组

使用“模糊”滤镜组中的滤镜可以对图像进行各种模糊化处理。

（1）“表面模糊”滤镜：该滤镜在保留边缘的同时模糊图像，该滤镜可以创建特殊效果并消除杂色或粒度，如图 10.31 所示。

图 10.31　“表面模糊”滤镜使用前后效果对比

（2）“动感模糊”滤镜：该滤镜可以沿着指定方向和指定强度对图像进行模糊处理，如图 10.32 所示。

“角度”：用于控制动感模糊的方向。范围在 -360~+360。

“距离”：用于设置像素距离。

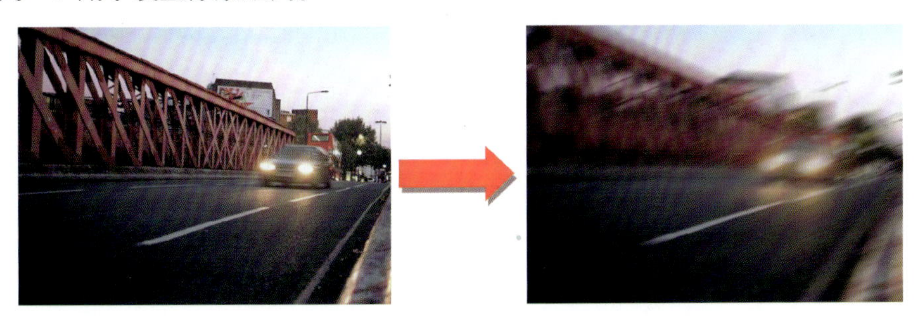

图 10.32　“动感模糊”滤镜使用前后效果对比

（3）“方框模糊”滤镜：该滤镜基于相邻像素的平均颜色值来模糊图像，该滤镜用于创建特殊效果，半径越大模糊效果越好，如图 10.33 所示。

图 10.33　“方框模糊”滤镜使用前后效果对比

（4）“高斯模糊”滤镜：该滤镜利用高斯曲线的分布模式，有选择地模糊图像。该滤镜可以添加低频细节，产生一种模糊效果，如图 10.34 所示。

图 10.34　“高斯模糊”滤镜使用前后效果对比

（5）“模糊”滤镜和“进一步模糊”滤镜：这两种滤镜都可以消除图像中有显著颜色变化处的杂色。

“模糊”滤镜主要是使选区或图像变得柔和，淡化图像不同色彩边界。

“进一步模糊”滤镜与“模糊”滤镜的效果相似，但强度比模糊滤镜大得多。

（6）“径向模糊”滤镜：该滤镜模拟缩放或者旋转的相机所产生的模糊，是一种柔化的模糊。

“中心模糊”：用于设定模糊区域的中心位置。

“数量”：用于设置模糊的强度。

“模糊方法”：选取“旋转”，将沿着同心圆环模糊，然后指定旋转的度数；选取“缩放”，将沿径向模糊，指定数量在 1~100 之间，两种模糊方法产生的效果如图 10.35 所示。

“品质”：设置模糊的品质。

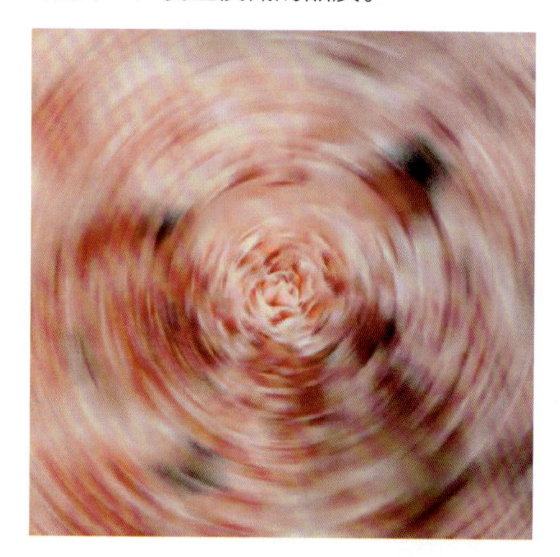

图 10.35　使用“径向模糊”滤镜后的两种不同效果

（7）“镜头模糊”滤镜：该滤镜可以向图像中添加模糊以产生更窄的景深效果，以便使图像中的一些对象在焦点之内，而使另外一些区域变得模糊。

（8）“平均”滤镜：该滤镜可以将图像里的色彩进行平均处理，再均匀地填充到图像中去。对于一般的图像来说，该滤镜不会产生效果，只会破坏图像，如图 10.36 所示。

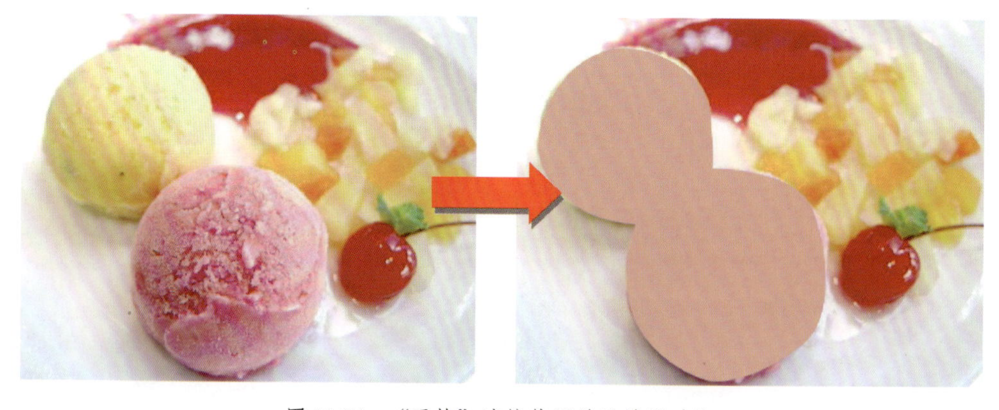

图 10.36　“平均”滤镜使用前后效果对比

（9）“特殊模糊”滤镜：该滤镜能够精确的模糊图像。

“半径”：确定滤镜搜索要模糊的不同像素的距离。

“阈值”：确定像素具有多大差异才会受影响。

“品质”：确定模糊的品质。

“模式”：设置选区的模糊模式。“仅限边缘”模式应用于黑白混合的边缘，如图 10.37 所示；“叠加边缘”模式应用于白色边缘。

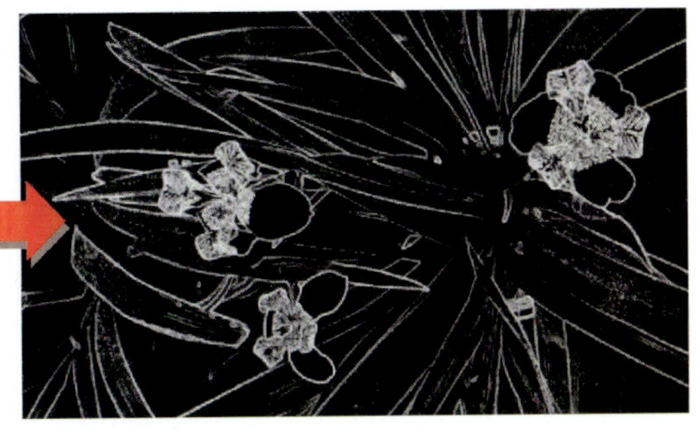

图 10.37　“特殊模糊”滤镜使用“仅限边缘”模式前后效果对比

（10）“形状模糊”滤镜：该滤镜使用指定的形状来创建模糊。在自定义预设列表中选择一种形状，并使用半径滑块来调整其大小，通过单击三角形并从列表中进行选取，可以载入不同的形状库，半径决定了形状的大小。形状越大，模糊效果越好，如图 10.38 所示。

图 10.38　“形状模糊”滤镜使用前后效果对比

## 10.3.4　“模糊画廊”滤镜组

（1）“场景模糊”滤镜：场景模糊可以在照片中添加多个控制点来生成与真实镜头产生的景深完全相同的效果。一幅清晰风景图，如图 10.39 所示。

有时候，想让部分区域模糊一点，以更好地突出主题。例如，近景清晰、远景模糊的景深效果。下面来添加一个“场景模糊”滤镜，如图 10.40 所示。

图 10.39　清晰风景

图 10.40　“场景模糊”滤镜

选择“场景模糊”滤镜后，整个图像都被模糊，因为只有一个模糊点。在图中再单击一下，添加一个点，然后分别为每个点调整模糊值，0 为不模糊。可以添加多个控制点。如图 10.41 所示，是添加了四个模糊点后的效果。

（2）“光圈模糊”滤镜（见图 10.42）：光圈模糊命令相对于场景模糊命令使用方法要简单很多。通过控制点在选择模糊位置，然后通过调整范围框控制模糊作用范围，再利用面板设置模糊的强度数值控制形成景深的浓重程度。只要将鼠标放在光圈处，按住鼠标拖动，就可以改变光圈的大小和形状。

图 10.41　调整完控制点后效果

图 10.42　“光圈模糊”滤镜

（3）“倾斜偏移”滤镜（见图 10.43）：“倾斜偏移”这个名字很难让人一下明白它的功能。这个滤镜的英文名称是 Tilt-Shift，有移轴摄影之意。这个滤镜正是用来模拟移轴镜头的虚化效果的。可以任意添加模糊点，改变模糊辅助线的位置、大小等。

“模糊”：控制模糊的强弱程度。将“模糊”选项设置为 0 时，整张图像都会变得清晰，否则将会变得模糊。

“扭曲度”：控制模糊扭曲的形状。如果选择了“对称扭曲”项，则会同时对模糊控制点两边的模糊形状进行扭曲调整。

“光源散景”：控制散景的亮度，也就是图像中高光区域的亮度，数值越大亮度越高。所谓散景，是图像中焦点以外的发光区域，类似光斑效果。

“散景颜色”：控制高光区域的颜色。由于是高光，所以颜色一般都比较淡。

“光照范围”：用色阶来控制高光范围，数值为 0~255 之间的数，范围越大，高光范围就越大，反之高光就越少。

图 10.43　“倾斜偏移”滤镜

“模糊控制点”：用于控制模糊的强弱程度。

“模糊效果起始线”（图 10.43 中实线）：模糊效果开始的位置。

“模糊范围边界线”（图 10.43 中虚线）：用于控制模糊的范围。

（4）“路径模糊”滤镜（见图 10.44）：沿着路径创建运动模糊效果，可实现沿着弧线的模糊效果，还可创建多条路径，给出不同方向的运动模糊效果。

箭头的方向代表模糊的方向。新增路径时可单击添加控制点，双击结束添加。可以按住【Ctrl】键移动路径。可为路径添加控制点并拖动改变路径的形状，按【Backspace】或【Delete】键可删除控制点。

“速度”：控制线段的模糊强度。值越大，模糊程度越高。

“锥度”：控制转变的快慢。值越大，转变越慢。

“居中模糊”：勾选，保持与未模糊前的图层对齐；不勾选，模糊程度增加（仅有一个模糊方向时，建议取消该选项）。

“终点速度”：控制变形的快慢。

“编辑模糊形状”：通过红线编辑模糊形状。按住【Shift】调整红线上的点，可同时处理两端。

图 10.44　“路径模糊”滤镜

（5）“旋转模糊”滤镜（见图 10.45）：用来创建圆形或椭圆形模糊，具有快速旋转感的效果，可以模拟快门按下后，迅速用手转动镜头进行快速变焦，形成极具视觉冲击力的拉爆感。

图 10.45　“旋转模糊”滤镜

### 10.3.5 “扭曲”滤镜组

该组滤镜都是用来对图像进行变形扭曲处理的。执行“滤镜”→“扭曲”命令，该组滤镜包括九种滤镜效果。

（1）“波浪”滤镜：该滤镜可以产生强烈的波纹效果，如图 10.46 所示。

图 10.46　“波浪”滤镜使用前后效果对比

（2）“波纹”滤镜：该滤镜通过在选区上创建波状起伏的图案，通常用来模拟水表面的波纹，如图 10.47 所示。

图 10.47　“波纹”滤镜使用前后效果对比

（3）“极坐标”滤镜：该滤镜可使图像产生强烈的变形，可以选择将选区从平面转换为极坐标，或者将选区从极坐标转换为平面，从而产生强烈的扭曲变形效果，如图 10.48 所示。

图 10.48　“极坐标”滤镜使用前后效果对比

（4）“挤压”滤镜：该滤镜可以挤压选区内的图像，使图像产生凸起或者凹陷的效果，如图 10.49 所示。

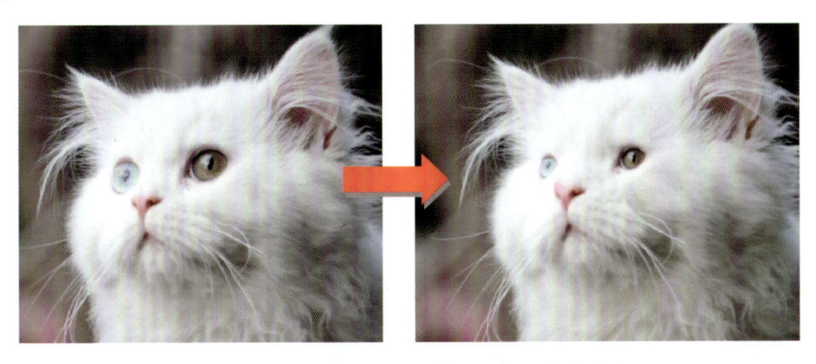

图 10.49　“挤压”滤镜使用前后效果对比

（5）“切变”滤镜：“切变”滤镜可以沿着一条曲线扭曲图像。在“切变”对话框中，通过拖动框中的线条来指定曲线，可以调整曲线上任意一点，如图 10.50 所示。

图 10.50　“切变”滤镜使用前后效果对比

（6）“球面化”滤镜：该滤镜可以使图像中心产生凸起或者凹陷的球体效果，如图 10.51 所示。

图 10.51　“球面化”滤镜使用前后效果对比

（7）“水波”滤镜：该滤镜可根据选区中的像素的半径将选区径向扭曲，常常用来模拟水池中涟漪的效果，如图 10.52 所示。

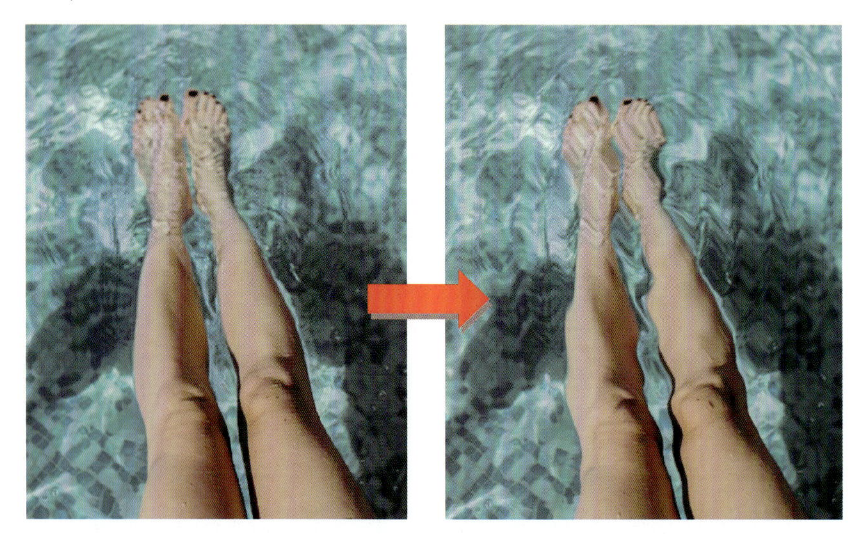

图 10.52　“水波”滤镜使用前后效果对比

“水波”对话框中属性如下：

“水波”：用来设置水波方向从选区的中心到其他边缘的反转次数。还可指定如何置换像素。

“水池波纹”：将像素置换到左上方或右下方。

“从中心向外”：向着远离选区中心置换像素。

“围绕中心”：将围绕中心旋转像素。

（8）“旋转扭曲”滤镜：如图 10.53 所示。

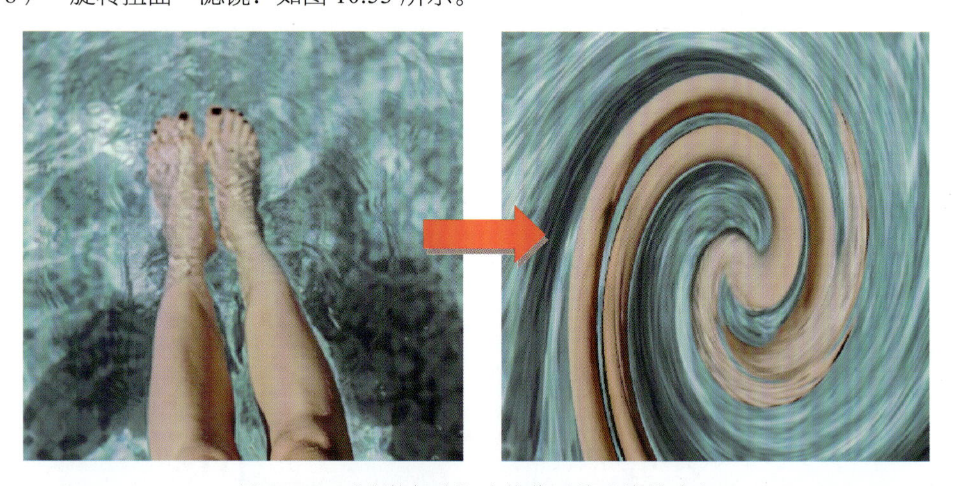

图 10.53　“旋转扭曲”滤镜使用前后效果对比

（9）“置换”滤镜：使用该滤镜必须使用一张 PSD 格式的图像作为置换图。然后对置换图进行相关的设置，从而产生弯曲、破碎的图像效果。该滤镜根据置换图上的颜色移动图像像素。

### 10.3.6 “锐化”滤镜组

“锐化”滤镜组通过增加相邻像素的对比度来聚焦模糊的图像。

（1）“USM 锐化”滤镜：USM 锐化滤镜可以调整边缘细节的对比度，并在边缘的每侧生成一条明线和一条暗线。此过程将使边缘突出，造成图像更加锐化的错觉。该滤镜是锐化效果最强的一个工具，如图 10.54 所示。

“USM 锐化”滤镜在处理图像时使用模糊蒙版，是在图像中用来锐化边缘的传统胶片复合技术。该滤镜可以校正因照相、扫描、重定像素或打印过程产生的模糊。这对于打印和网上显示图像都非常有用。

对话框中选项含义如下：

“数量”：在文本框中输入数值或者拖动滑块，以确定增加像素对比度的数量，该值越大，锐化效果越明显。对于高分辨率的打印图像，建议使用 150%~200% 之间的数值。

“半径”：在文本框中输入数值或者拖动滑块，以确定影响锐化的边缘像素周围的像素数目。较低的数值仅会锐化边缘像素，较高的数值会锐化更宽范围的像素。对于高分辨率的打印图像，建议使用 1~2 之间的半径值。

“阈值”：用于设定进行锐化所需的阈值。当像素之间的差别小于该阈值时就进行锐化处理。为了避免产生杂色，应使用 2~20 之间的阈值。默认的阈值为 0，将对整幅图像进行锐化处理。

图 10.54　“USM 锐化”滤镜使用前后效果对比

（2）“防抖”滤镜：使因轻微抖动而造成的模糊重新清晰起来，如图 10.55 所示。

“模糊临摹边界”可视为整个处理的最基础锐化，即由它先勾出大体轮廓，再由其他参数辅助修正。取值范围由 10~199，数值越大锐化效果越明显。当该参数取值较高时，图像边缘的对比会明显加深，并会产生一定的晕影，这是很明显的锐化效应。

（3）“锐化”滤镜和“进一步锐化”滤镜：这两个滤镜都可以锐化图像的颜色边缘，从而使图像更加清晰。进一步锐化滤镜属性不可调整，所以使用较少。

（4）“锐化边缘”滤镜：锐化边缘滤镜首先查找图像中颜色发生显著变化的区域，然后将其锐化。该滤镜只锐化图像的边缘，同时保留总体的平滑度。使用该滤镜时不必指定数量。

（5）“智能锐化”滤镜：通过设置锐化算法来锐化图像，或者控制阴影和高光中的锐化量。

## 10.3.7 “视频”滤镜组

（1）“NTSC 颜色”滤镜：NTSC 颜色的实际颜色比 RGB 的范围小，该滤镜可以限制色域，使其成为电视机可以接收的颜色。

如果一个 RGB 图像能够用于 Video 或多媒体时，使用 NTSC 颜色滤镜可以将其转化为近似于 NTSC 系统可以显示的色彩。

图 10.55 “防抖”滤镜使用前后效果对比

（2）“逐行”滤镜：逐行滤镜通过移动视频图像中的奇数或偶数隔行线，使在视频上捕捉的运动图像变得平滑。用户可以选择通过复制或插值来替换扔掉的线条。

## 10.3.8 “像素化”滤镜

“像素化”滤镜中的滤镜可以将图像分成一定的区域，将这些区域变成相对应的色块，类似色彩构成的效果。

（1）“彩块化”滤镜：该滤镜可以使相近颜色的像素结成相近颜色的像素块。类似手绘或者抽象类绘画的效果，如图 10.56 所示。

图 10.56 “彩块化”滤镜使用前后效果对比

（2）“彩色半调”滤镜：可以模仿产生铜版画的效果，即图像的每一个通道扩大网点在屏幕上的显示，如图 10.57 所示。

执行该命令后，弹出“彩色半调”对话框。

该对话框的主要属性如下：

“最大半径”，设置半调网屏最大半径，以像素为单位，其范围为 4~127。对于灰度图像，只使用通道 1。对于 RGB 图像，只使用通道 1、2、3，分别对应红色、绿色、蓝色通道。对于 CMKY 图像，四个通道都可以用，分别对应青色、洋红、黄色和黑色通道。

图 10.57　“彩色半调”滤镜使用前后效果对比

（3）“点状化”滤镜：该滤镜可将图像中的颜色分解为随机分布的网点，如同绘画中的点彩派一样，如图 10.58 所示。

图 10.58　“点状化”滤镜使用前后效果对比

（4）“晶格化”滤镜：该滤镜可以将像素结块成为纯色的多边形，如图 10.59 所示。

注：“晶格化”滤镜可调整单元格尺寸范围在 3~300 之间，但不宜设置过大。

图 10.59 “晶格化”滤镜使用前后效果对比

（5）“马赛克”滤镜：该滤镜将图像中的颜色结为方块状，产生马赛克效果，如图 10.60 所示。

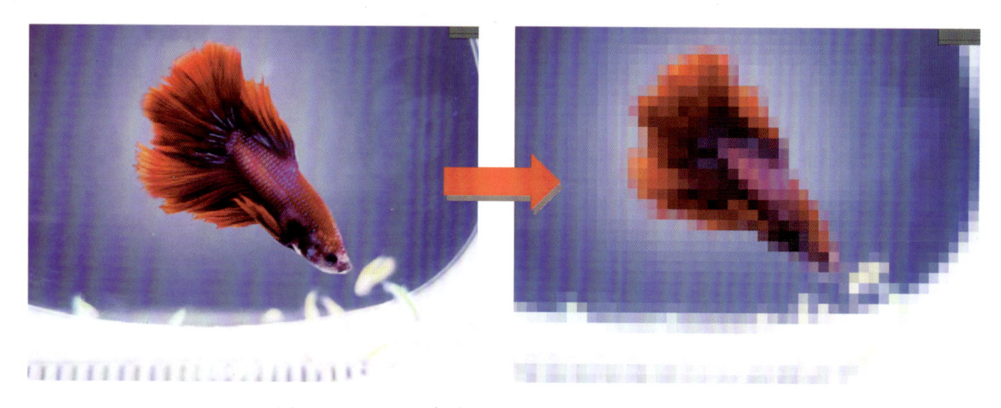

图 10.60 “马赛克”滤镜使用前后效果对比

（6）“碎片”滤镜：该滤镜可以将选区中的像素进行四次复制，然后将四个副本平均并轻移，从而产生一种不聚焦的模糊效果，如图 10.61 所示。

图 10.61 “碎片”滤镜使用前后效果对比

（7）“铜版雕刻”滤镜：该滤镜可以将图像转换为黑白区域的随机图案或者彩色图像中完全饱和颜色的随机图案，如图 10.62 所示。

图 10.62　“铜版雕刻”滤镜使用前后效果对比

## 10.3.9　“渲染”滤镜组

使用“渲染”滤镜组中的滤镜可以在图像中产生云彩图案、折射图案和模拟的光反射等效果。

（1）“火焰”滤镜：基于路径的滤镜，使用前要先绘制路径。按照所需效果选择最合适的火焰类型并调节参数。另外，参数中的火焰样式包括：普通、猛烈、扁平三种；火焰形状包括平行、集中、散开、椭圆、定向五种；品质也分草图、低、中、高、精细五种，如图 10.63 所示。

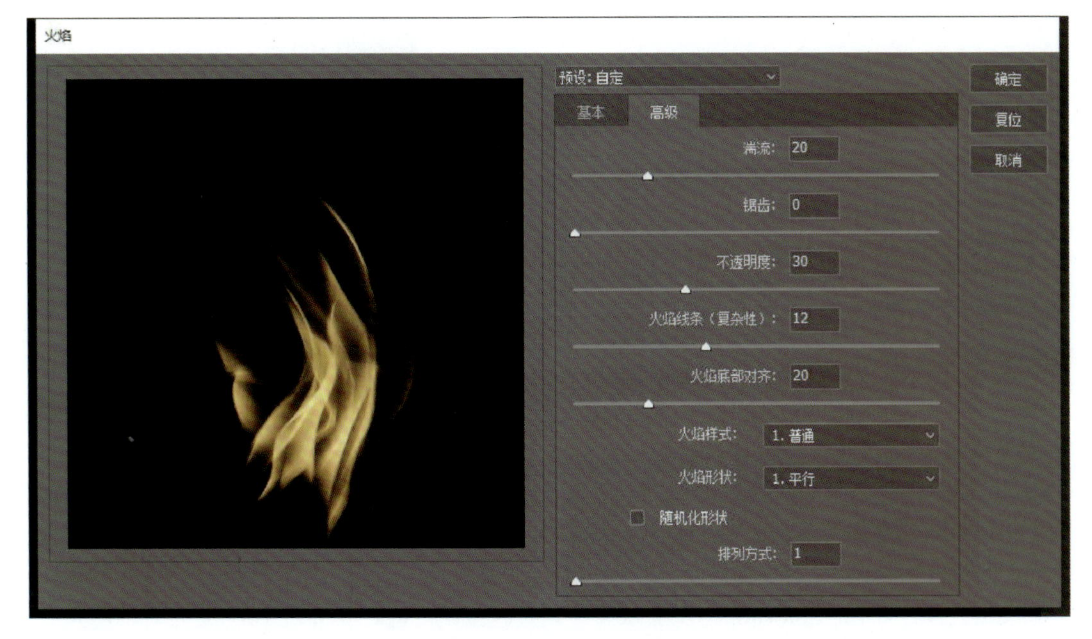


图 10.63　“火焰”滤镜

（2）“图片框”滤镜：可为图片添加相框。

（3）“树”滤镜：绘制树。

（4）“分层云彩”滤镜：该滤镜使用随机生成的介入前景色与背景色之间的值，生成云彩图案。该滤镜将云彩数据和现有的像素混合，其方式与差值模式混合颜色的方式相同。常被用来模仿岩石纹理，如图 10.64 所示。

（5）“光照效果”滤镜：“光照效果”滤镜是一个强大的灯光效果制作滤镜，光照效果包括十七种光照样式、三种光照类型和四套光照属性，可以在 RGB 图像上产生无数种光照效果，还可以使用灰度文件的纹理（称为凹凸图）产生类似 3D 效果。

“预设”：Photoshop 预设了十七种光照样式；如两点钟方向点光、蓝色全光源、圆形光、向下交叉光、交叉光、默认、五处下射光、五处上射光、手电筒、喷涌光、平行光、RGB 光、柔化直接光、柔化全光源、柔化点光、三处下射光、三处点光，还可以选择载入和存储光源，如图 10.65 所示。

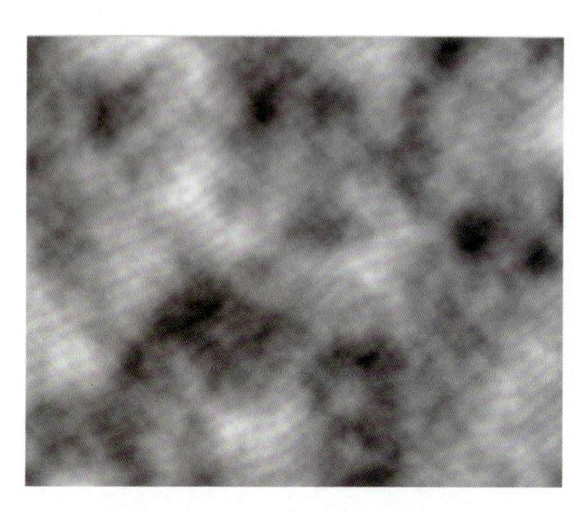

图 10.64 “分层云彩”滤镜

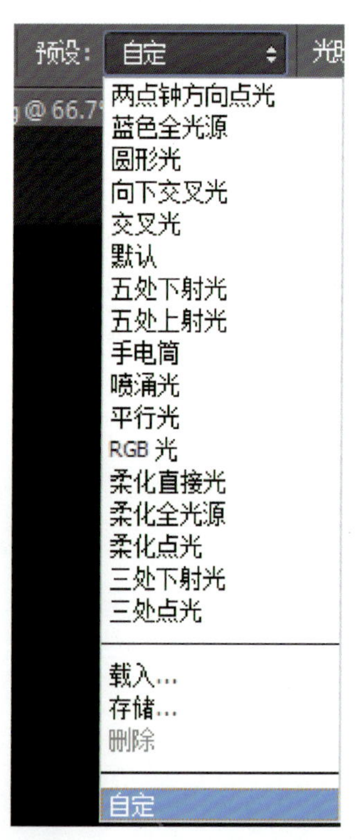


图 10.65 “光照效果”滤镜中的“预设”

Photoshop 提供了三种光源：“点光”、“聚光灯”和“无限光”，在“光照效果”选项下拉列表中选择一种光源后，就可以在对话框左侧调整它的位置和照射范围，或添加多个光源，如图 10.66 所示。

添加新光源：单击 Photoshop“光照效果”属性栏上的“ ”：添加新的聚光灯“ ”，添加新的点光。“ ”添加新的无限光。可以添加新光源，最多可以添加十六个光源，可以分别调整每个光源的颜色和角度，如图 10.67 所示。

图 10.66　“光照效果”滤镜中的三种光源

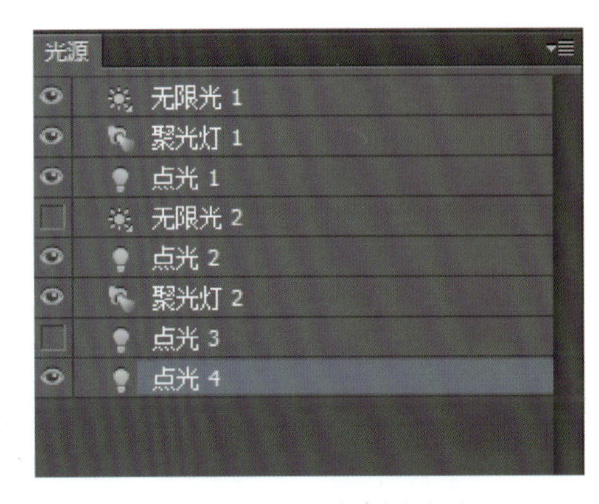


图 10.67　添加新光源

设置光源属性，如图 10.68 所示。

“颜色”：用于调整灯光的强度，该值越高光线越强。单击该选项右侧的颜色块，可在打开的 Photoshop“拾色器”中调整灯光的颜色。

“聚光”：可以调整灯光的照射范围。

“曝光度”：该值为正值时，可增加光照；为负值时，则减少光照。

“光泽”：用来设置灯光在图像表面的反射程度。

“环境”：单击“着色”选项右侧的颜色块，可以在打开的“拾色器”中设置环境光的颜色。当滑块越接近“阴片”（负值）时，环境光越接近色样的互补色；滑块接近“正片”（正值）时，则环境光越接近于颜色框中所选的颜色。

“纹理”：可以选择用于改变光的通道。

“高度”：拖动“高度”滑块可以将纹理从“平滑”改变为“凸起”。

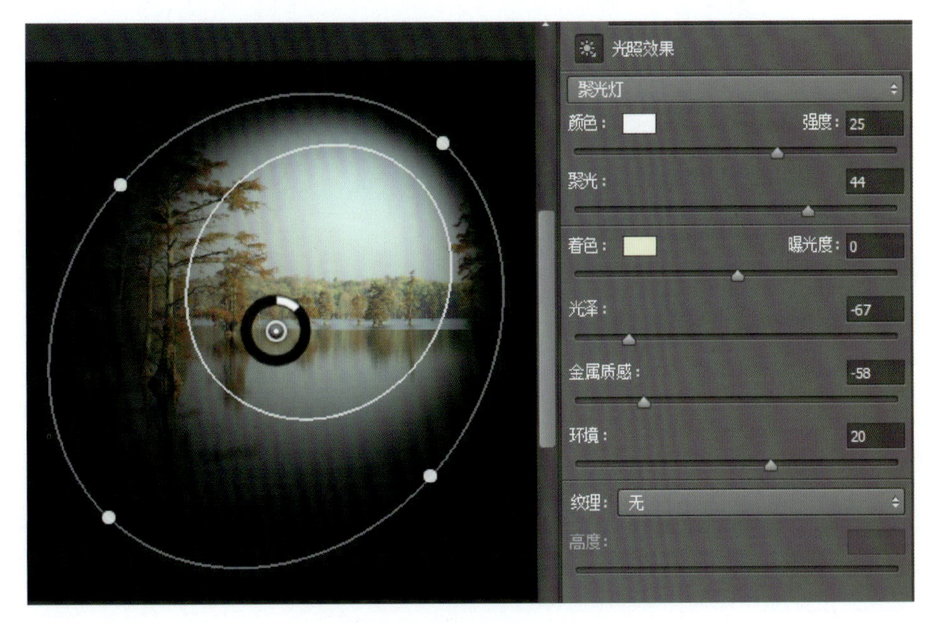


图 10.68　“光照效果”参数面板

（6）“镜头光晕”滤镜：该滤镜模拟相机镜头所产生的折射。通过单击图像缩略图的任何一个位置或拖动个十字线，可以指定光晕中心位置，如图 10.69 所示。

图 10.69　“镜头光晕”滤镜使用前后效果对比

（7）“纤维”滤镜：该滤镜使用前景色和背景色创建纤维的外观，如图 10.70 所示。

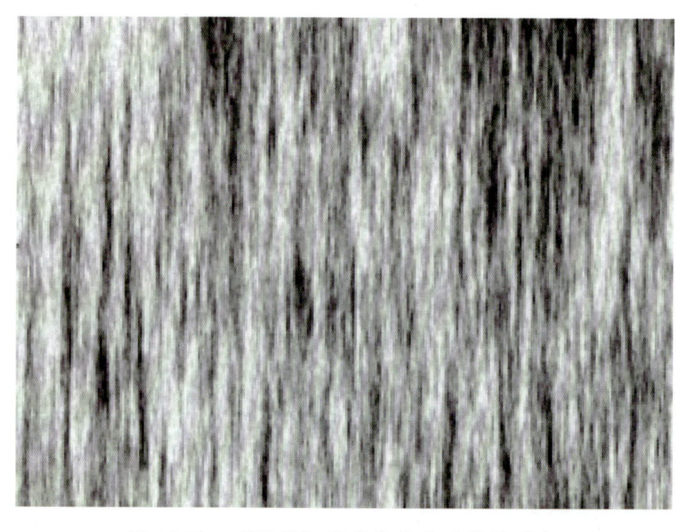

图 10.70　“纤维”滤镜使用前后效果对比

（8）“云彩”滤镜：该滤镜使用介入前景色与背景色之间的随机值。生成柔和的云彩图案。要生成色彩较为分明的云彩图案，按住【Alt】键，然后选择“滤镜”→“渲染”→“云彩”命令即可。

## 10.3.10 “杂色”滤镜组

“杂色”滤镜组中的滤镜通常用来创建特色的纹理或者将有灰尘和划痕的区域去除。

（1）“减少杂色”滤镜：该滤镜可以移去随机分布的颜色像素，数值越大，减少的杂色越多。

“强度”：设置减少图像中杂点的数量。

“保留细节”：该选项可以保留边缘和图像的细节。

“减少杂色”：减少随机的颜色像素。值越大，减少的颜色杂色越多。

“锐化细节”：对图像进行锐化。

“移去 JPEG 不自然感”：选中该选框，可以移去使用低 JPEG 品质设置存储图像时导致的杂色色块。

（2）“蒙尘与划痕”滤镜：该滤镜可以通过更改相异的像素来减少杂色。为了在锐化图像和隐藏瑕疵之间取得平衡，可通过对“半径”和“阈值”选项匹配的各种组合设置，如图 10.71 所示。

图 10.71　“蒙尘与划痕”滤镜使用前后效果对比

（3）“去斑”滤镜：该滤镜可以模糊除去边缘以外的所有选区，这样既模糊掉了杂色又最大程度地保留了细节。

（4）“添加杂色”滤镜：该滤镜可以增加一定数量的杂色以随机形式添加到图像中，使其产生颗粒感，如图 10.72 所示。

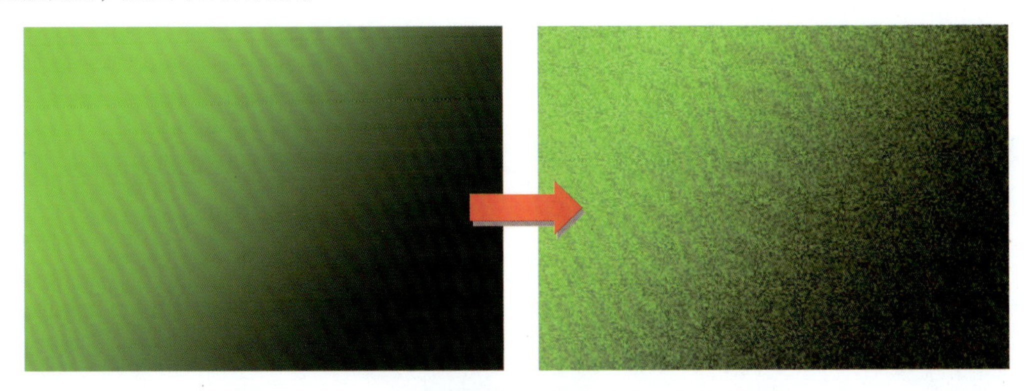

图 10.72　“添加杂色”滤镜使用前后效果对比

（5）“中间值”滤镜：该滤镜可以通过混合选区中像素的亮度来减少图像的杂色。该滤镜从像素选区的半径范围内，找到亮度相近的色素，排除与相邻色素差异过大的像素，并用搜索到的像素的中间亮度值替换中心像素，通常用来消除图像的动感效果。

### 10.3.11 “其他”滤镜组

用户可以在“其他”滤镜组中自定义滤镜效果，可以使用滤镜修改蒙版，可以在图像中使选区发生位移和快速调整颜色。

（1）HSB/HSL：HSB 与 HSL 是对 RGB 色彩模式的另外两种描述方式。HSB（Hue、Saturation、Brightness）Hue 为色相，Saturation 为饱和度，Brightness/Value 称明度。HSL（Hue、Saturation、Lightness）Hue 为色相，Saturation 为饱和度，Lightness 为亮度。当执行了 HSB/HSL 滤镜之后，通道中原来的三个原色通道，分别对应变为色相、饱和度、明度 / 亮度蒙版。

（2）“高反差保留”滤镜：该滤镜在有强烈颜色转变发生的地方按照指定的半径保留住边缘细节。并且不显示图像的其余部分。“高反差保留”滤镜可以移去像素中的低频细节，滤镜执行效果正好与“高斯模糊”滤镜相反，如图 10.73 所示。

图 10.73 “高反差保留”滤镜使用前后效果对比

（3）“位移”滤镜：该滤镜可以将选区内的图像移动到指定的水平位置或者垂直位置，而选区的原位置将自动变成空白区域。

（4）“自定”滤镜：该滤镜根据预定义的数学运算，可以更改图像中的每个像素的亮度值，然后根据周围的像素值为每个像素重新指定一个值。此操作与通道的加、减计算类似。

（5）“最大值”滤镜：该滤镜可以扩大图像中的白色区域，缩小图像中的黑色区域，如图 10.74 所示。

图 10.74 “最大值”滤镜使用前后效果对比

（6）“最小值”滤镜：该滤镜可以扩大图像中的黑色区域，缩小图像中的白色区域，如图 10.75 所示。

图 10.75　“最小值”滤镜使用前后效果对比

## 操作实践

### 实例 1：全球合作页面设计

全球合作页面设计效果如图 10.76 所示。

图 10.76　实例 1 效果图

（1）新建一个 A3，分辨率为 300 的画布。背景填充为暗红色（R：87，G：3，B：3），如图 10.77 所示。

图 10.77　填充背景色效果

（2）新建一个图层。使用圆形选区工具，调节羽化 100 像素，在中间画一个圆形选区。使用渐变工具，按如下颜色填充径向渐变，如图 10.78 所示。

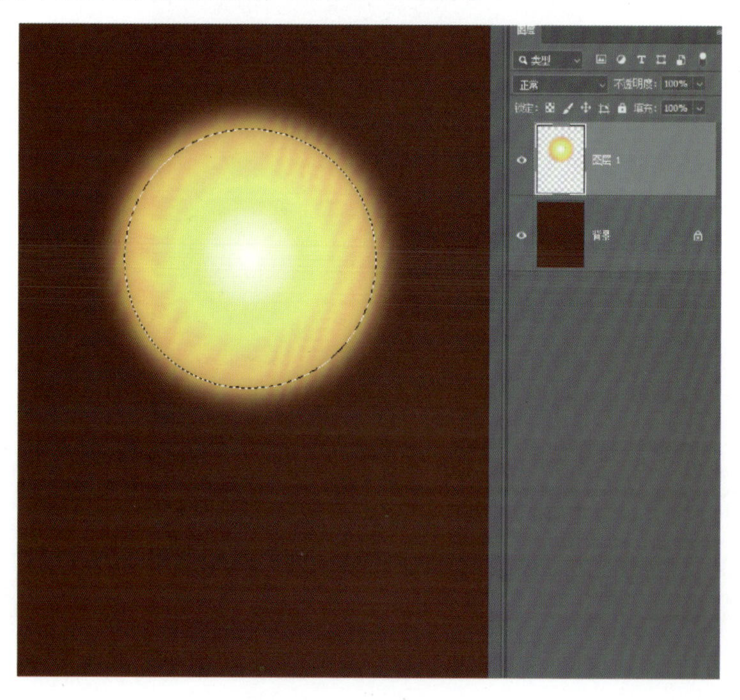


图 10.78　渐变填充效果

（3）将该图层命名为“光亮”，复制“光亮”图层。将原图层隐藏起来。使用快捷键【Ctrl+T】进行变形，将其压扁一些，如图 10.79 所示。

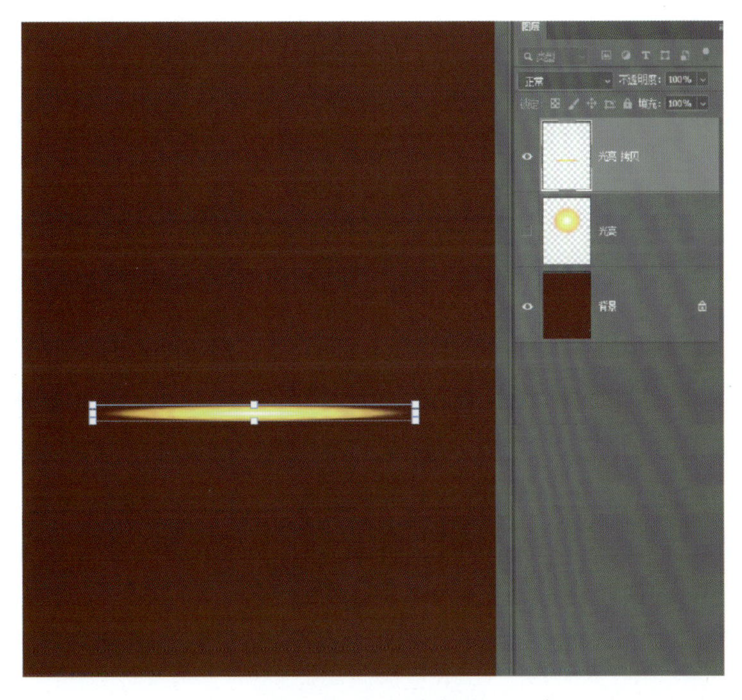


图 10.79　变形效果

（4）执行“滤镜”→“扭曲”→“波浪”命令，在弹出的“波浪”对话框中，设置如下，如图 10.80 所示。

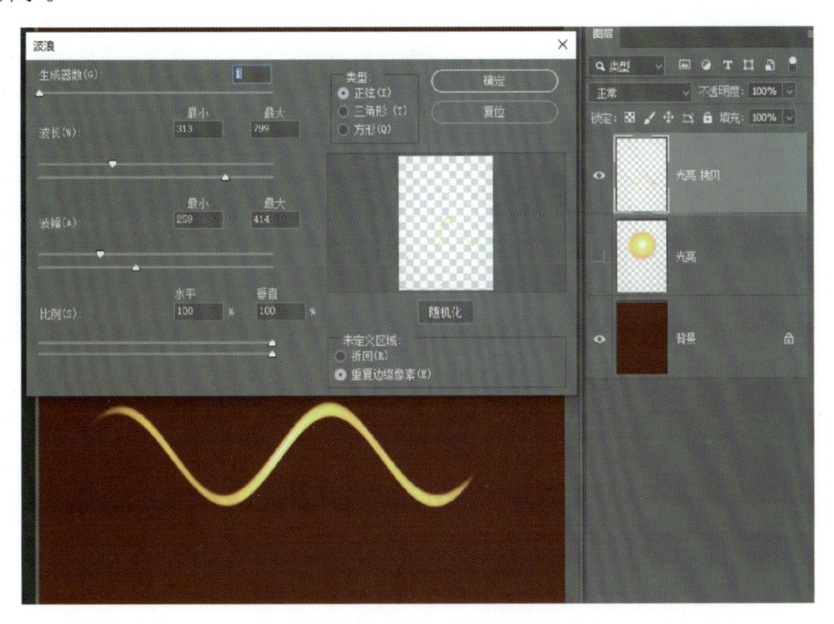


图 10.80　“波浪”滤镜效果

（5）执行“滤镜”→“扭曲”→“旋转扭曲”命令。角度为 340°，如图 10.81 所示。

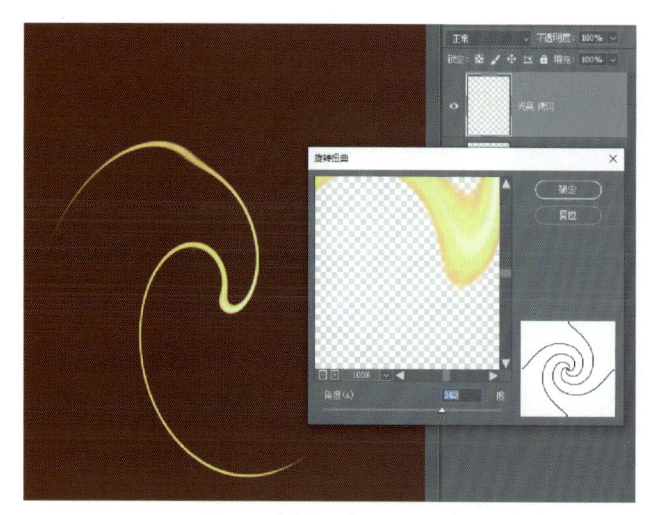
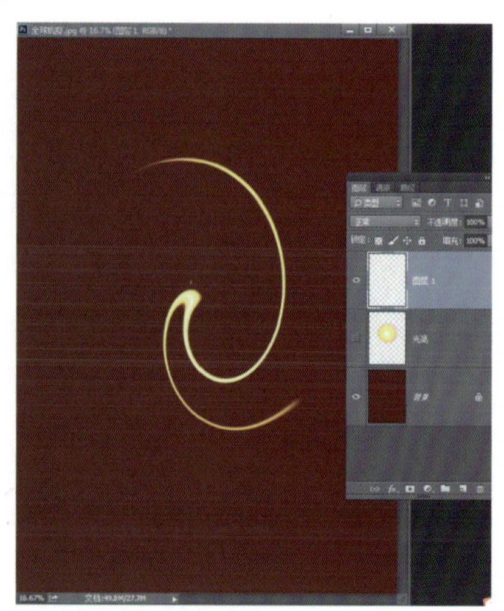

图 10.81 “旋转扭曲”效果

（6）多复制出几个线条。通过使用快捷键【Ctrl+T】改变各个光环的大小、方向，并改变图层模式为“强光”。制作好之后，打开隐藏了的原始光亮图层，调整好位置，如图 10.82 所示。

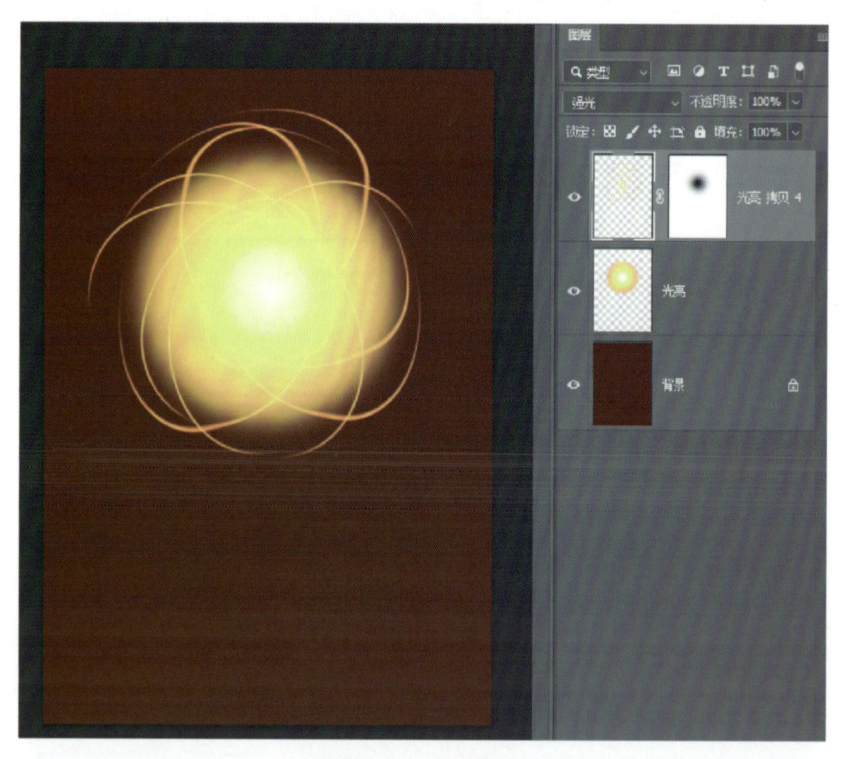


图 10.82 光线效果

（7）输入文字“世界繁荣 全球合作”，如图 10.83 所示。

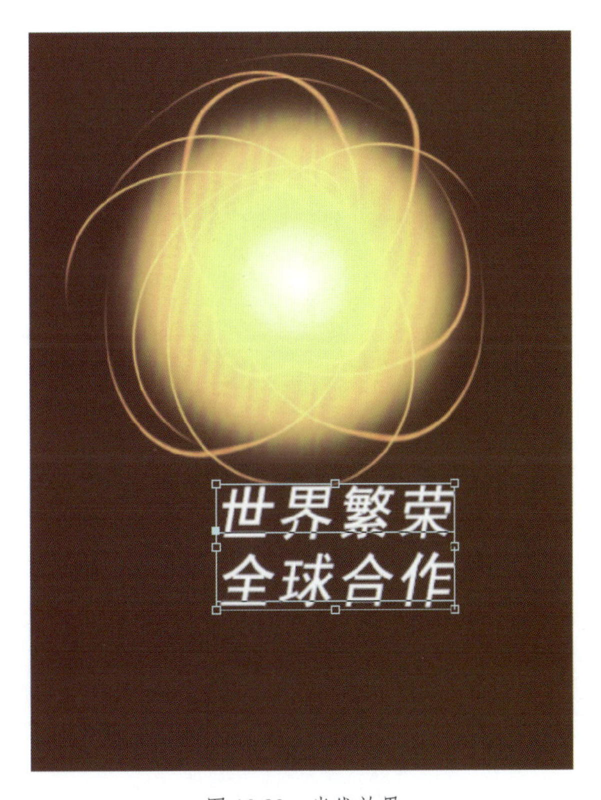


图 10.83　光线效果

（8）设置文字样式，如图 10.84 所示。

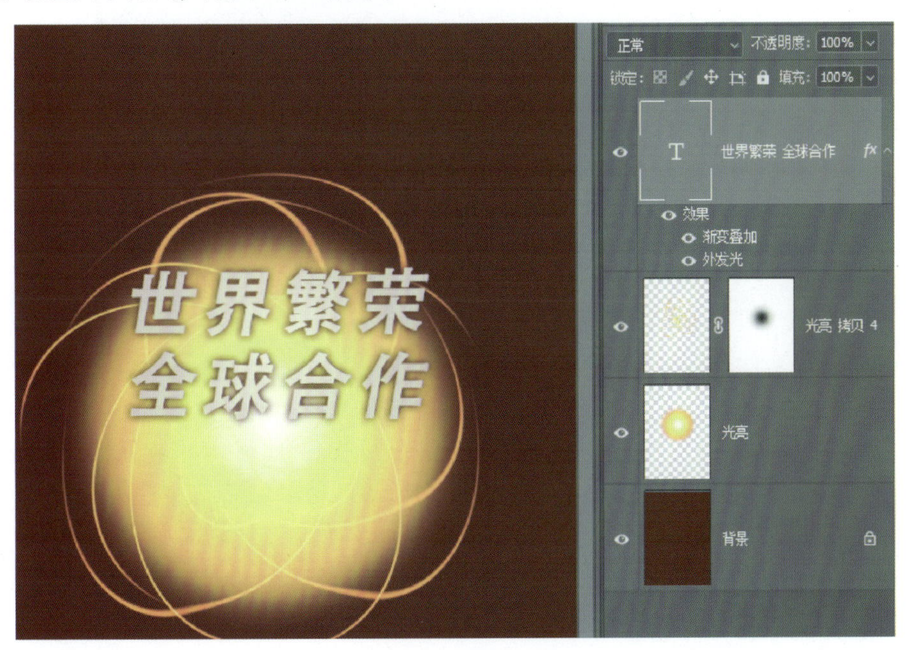


图 10.84　文字效果

（9）将地球素材 .jpg 置于画面最下方，用图层蒙版隐藏多余部分，如图 10.85 所示。

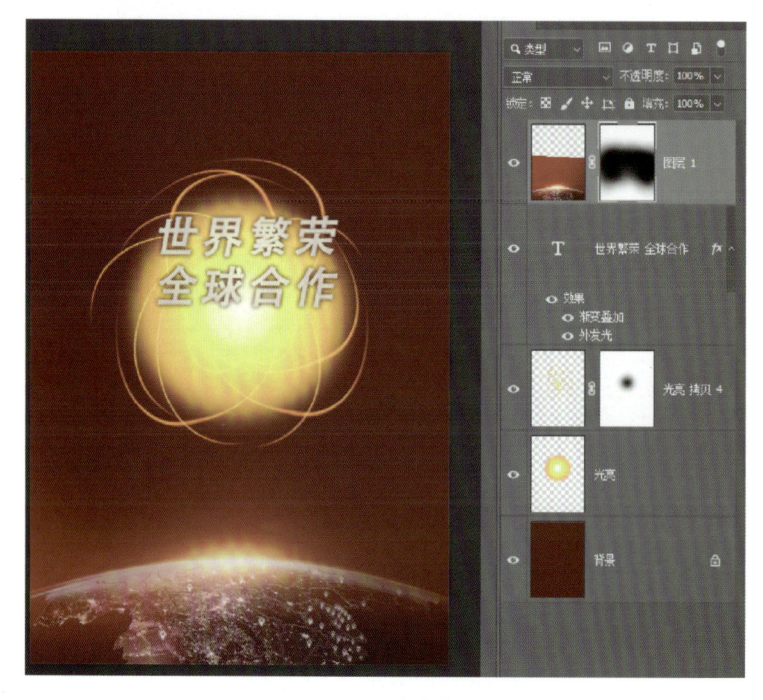


图 10.85　加入地球素材效果

（10）添加装饰素材，如图 10.86 所示，完成最终海报效果。

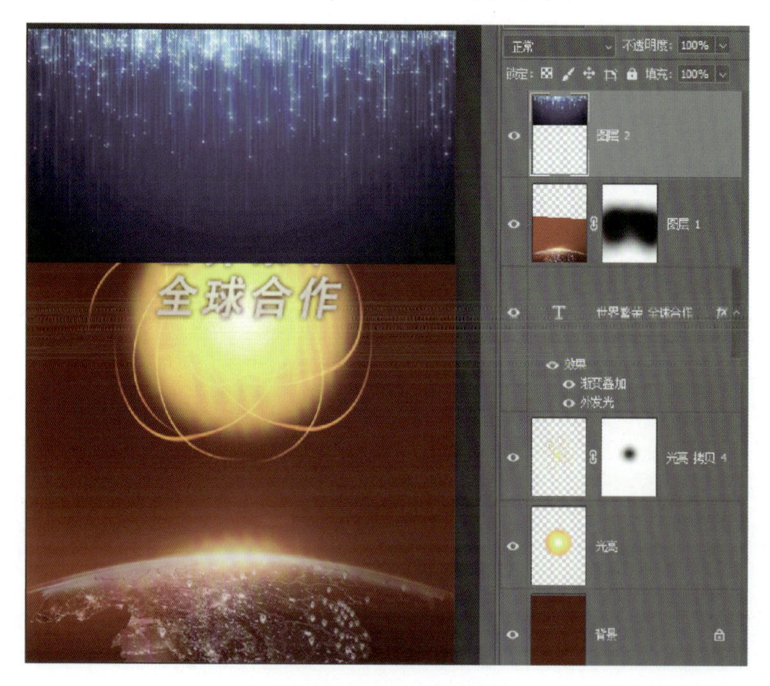


图 10.86　添加装饰效果

图 10.86　添加装饰效果（续）

## 实例 2：嫦娥奔月

嫦娥奔月效果如图 10.87 所示。

图 10.87　实例 2 效果图

（1）打开“夜空背景.jpg”素材文件，把“嫦娥玉兔.png”素材拖入背景文件，如图 10.88 所示。

（2）制作月亮，步骤可参考第七章实例 1，如图 10.89 所示。

图 10.88　素材文件

图 10.89　绘制月亮

（3）利用钢笔工具沿着人体绘制如下路径，如图 10.90 所示。

图 10.90　绘制路径

（4）创建一个新图层，选择画笔工具，画笔大小半径为 25，在画笔预设中设置“形状动态”中的“钢笔压力”，前景色和背景色分别设为白色和黑色。然后选择钢笔工具，右击之前创建的路径，选择描边路径，并勾选“模拟压力”，完成后再删除路径，如图 10.91 所示。

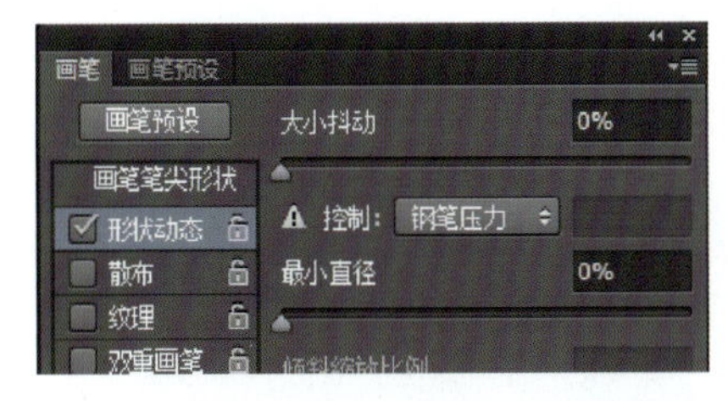

图 10.91　描边路径

（5）设置“图层样式”中的“外发光”，参数如图 10.92 所示。

图 10.92　外发光图层样式面板参数

（6）用图层蒙版将人体覆盖的光环线条擦除干净。并将其旋转画布 90°（顺时针），如图 10.93 所示。

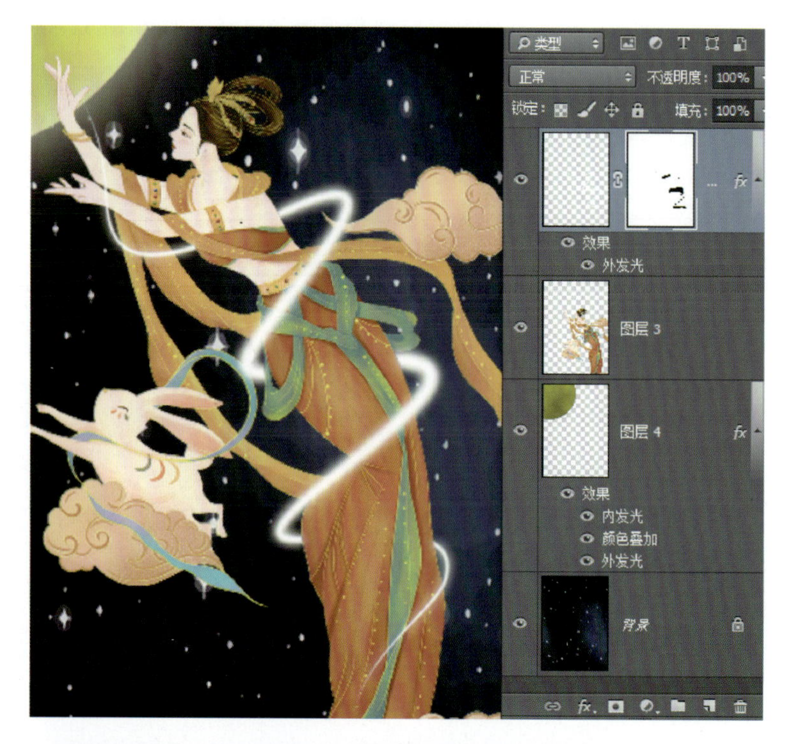

图 10.93　顺时针旋转画布 90°

（7）复制发光图层，执行“滤镜”→“风格化”→“风”命令，参数选择“风”，方向选择“从右”，如图 10.94 所示。

图 10.94　风效果

（8）执行逆时针旋转画布 90°，将图层副本的图层混合模式改为“溶解”，再适当降低两图层的不透明度，得到最终效果，如图 10.95 所示。

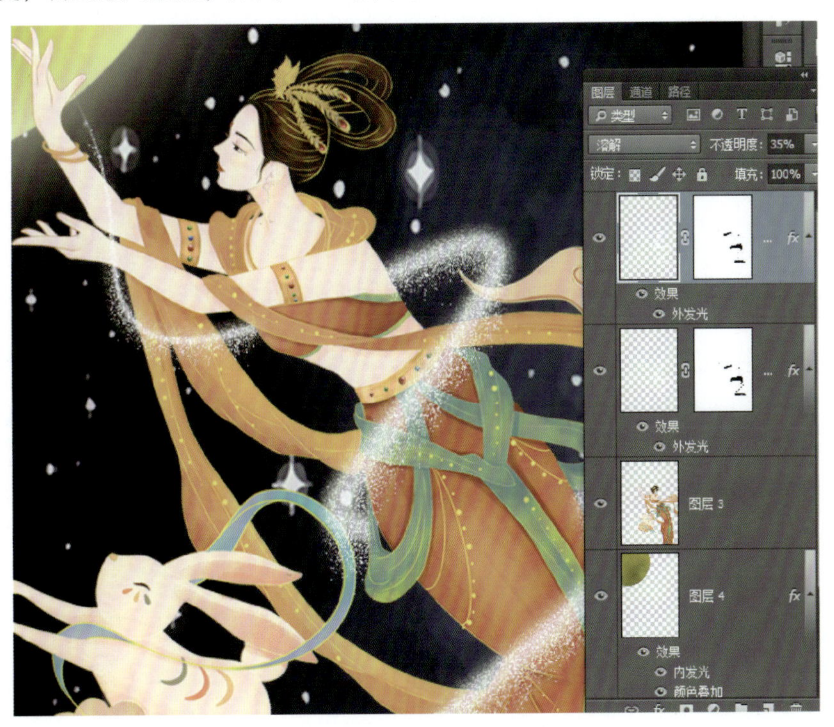


图 10.95　最终效果

## 延伸性学习与研究

思考和探究图像的颜色、亮度、饱和度、对比度、色调、分布与排列。深入探讨滤镜的应用。

## 拓展训练

应用滤镜给照片制作个性相框。

参考技术要素：

选区或形状工具：
- 1. 椭圆形
- 2. 圆角矩形
- 3. 矩形

滤镜：
- 1. 应用一种滤镜
- 2. 一种滤镜应用多次
- 3. 多种滤镜组合应用

# 第 11 章　数码照片处理技术

## 知识技能目标

（1）了解哪些情况需要对数码照片进行处理操作。

（2）掌握数码照片处理的操作方法。

（3）识记数码照片处理技术的各种技巧。

（4）熟练掌握精修（除皱、磨皮）、调色、设计等方法，胜任对数码照片的处理工作。

## 操作任务

通过对数码照片处理技术的灵活运用操作，制作出完美的图像效果。

## 学习内容

## 11.1　除皱、降噪、美肤

除皱、降噪、美肤是利用 Photoshop 处理人像的重要步骤，在摄影后期中需要先对人物皮肤进行修复，如皱纹、斑、疤痕、肤色不均等瑕疵。

## 操作实践

### 实例 1：除皱、美肤效果设计

（1）打开素材图片，如图 11.1 所示，进入“通道”面板，复制“蓝色”通道，执行“滤镜”→“其它”→“高反差保留”命令，在弹出的“高反差保留”对话框中，进行参数设置，如图 11.2 所示。

（2）执行“图像”→“计算”命令，在弹出的“计算”对话框中，混合设置为“实色混合”，这一步主要是突出皱纹及噪点，如图 11.3 所示。

（3）载入通道选区（按【Ctrl】键，并单击计算得到的新通道），反选，进入图层面板，创建“曲线”调节图层，向上微调。经过这一步的处理，脸部的皱纹及噪点得到了很大的改观，如图 11.4 所示。

图 11.1　原图

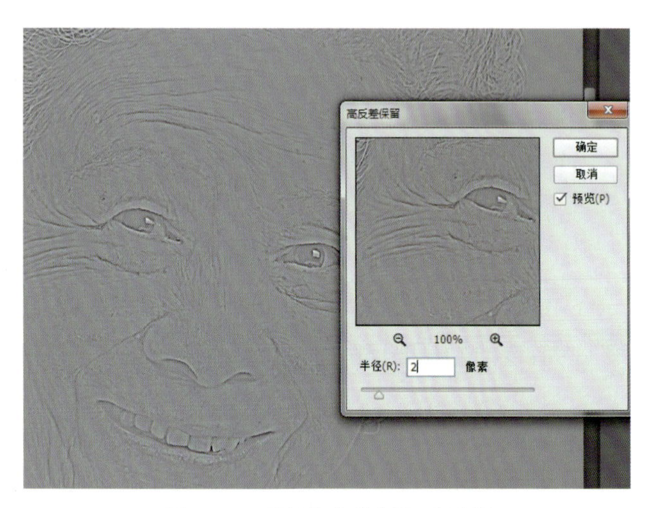


图 11.2　“高反差保留”对话框

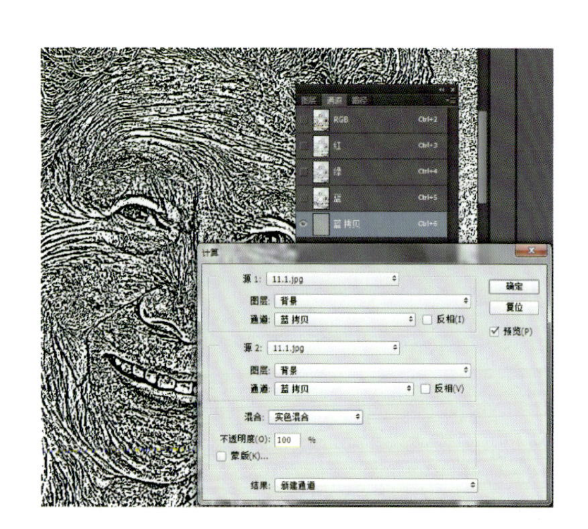

图 11.3　“计算”对话框

图 11.4　消除皱纹

◆**小提示**：皱纹和噪点的产生主要是由色彩或明暗度的不协调造成的，调节色彩或明暗度使之协调，皱纹和噪点自然消失。

（4）盖印可见图层，用“修复工具”修理大的斑点和皱纹，并将图层不透明度改为“50%”（老人的照片要适当保留一部分皱纹），如图 11.5 所示。

（5）检查“色阶”，最终效果对比如图 11.6 所示。

图 11.5　处理完皱纹后的效果

图 11.6　处理前后对比

## 学习内容

# 11.2 后期修饰

数码照片经过修复，整体效果已经完成，在此基础上还可以进行后期修饰，如调色、调整明暗度、对比度，增加光影效果，添加文字、图案等装饰。

## 操作实践

### 实例 2：一种简单的数码照片的后期润饰

（1）打开图片，如图 11.7 所示，建立一个“色相 / 饱和度”调节图层，用来降低图像饱和度，如图 11.8 所示。

图 11.7 少女

图 11.8　降低“饱和度”

（2）新建图层并更改其图层混合模式为“柔光”，如图 11.9 所示。

图 11.9　设置新图层

（3）用“画笔”或“渐变”工具将需要润饰的部分涂上颜色，如图 11.10 所示。

（4）现在图片色彩过渡不够柔和，执行“滤镜”→“高斯模糊”命令，在弹出的“高斯模糊”对话框中，适当降低图层“不透明度”，如图 11.11 所示，制作完成，如图 11.12 所示。

图 11.10　涂抹新图层

图 11.11　“高斯模糊”对话框

图 11.12　处理前后对比

## 学习内容

## 11.3　抠图

抠图是图像处理中最常用的操作之一，是把图片的某一部分从原始图片中分离出来成为单独的图层。主要功能是为了后期的合成做准备。

## 操作实践

### 实例 3：利用工具的抠图处理

（1）打开图片，使用“快速选择”工具把画面中的人物抠选出来，如图 11.13 所示。

（2）使用工具选项栏上的“调整边缘”按钮。在“调整边缘”对话框中，视图模式有多种选择，选择哪种要看具体情况，我们这次是要能够看清头发选区的边缘，因此选择“黑白”模式，如图 11.14 所示。

图 11.13　快速选择人物

图 11.14　“黑白”模式

（3）设置检测边缘为“智能半径”，然后把半径设为 99 像素，用“抹除调整工具”加工一下眼部细节部分，如图 11.15 所示。

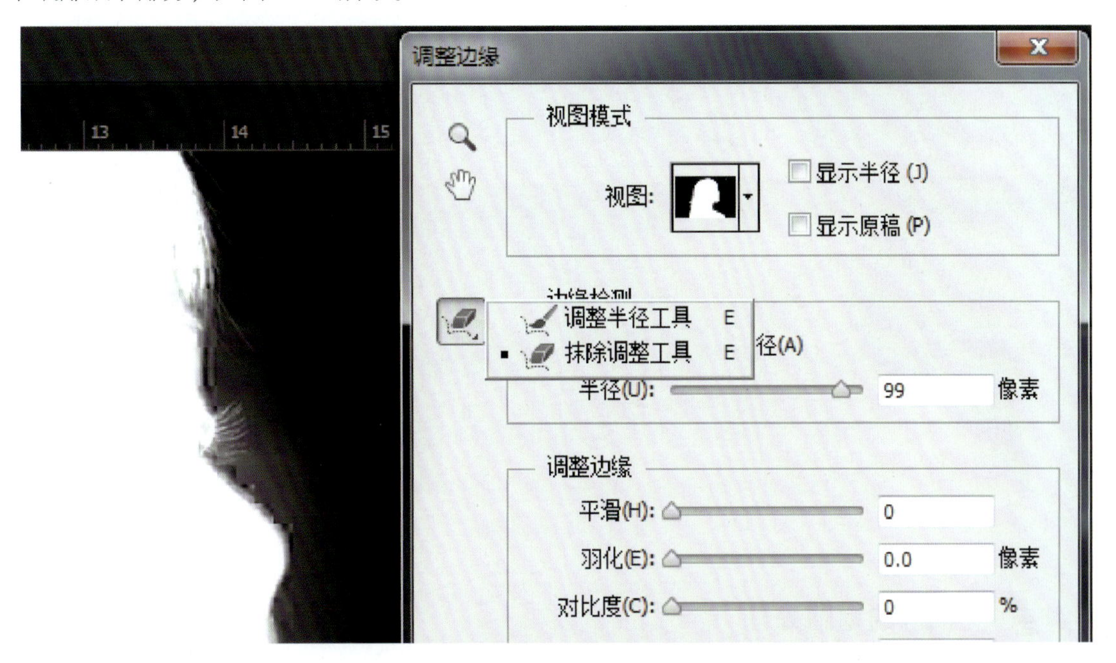


图 11.15　调整参数

（4）调整完成后单击“确定”按钮，Photoshop 会生成选区，如图 11.16 所示。

图 11.16　生成选区

（5）再将选区内容复制到新图层，并添加背景即可完成抠图过程，如图 11.17 所示。

图 11.17　合成效果

## 实例 4：更精确的抠图处理

（1）打开图片，使用快捷键【Ctrl+J】两次，分别得到图层 1 和图层 1 副本，如图 11.18 所示。

图 11.18　复制图层

（2）新建图层 2，放于图层 1 与背景层之间，并填充喜欢的颜色，作为检验效果和新的背景层，如图 11.19 所示。

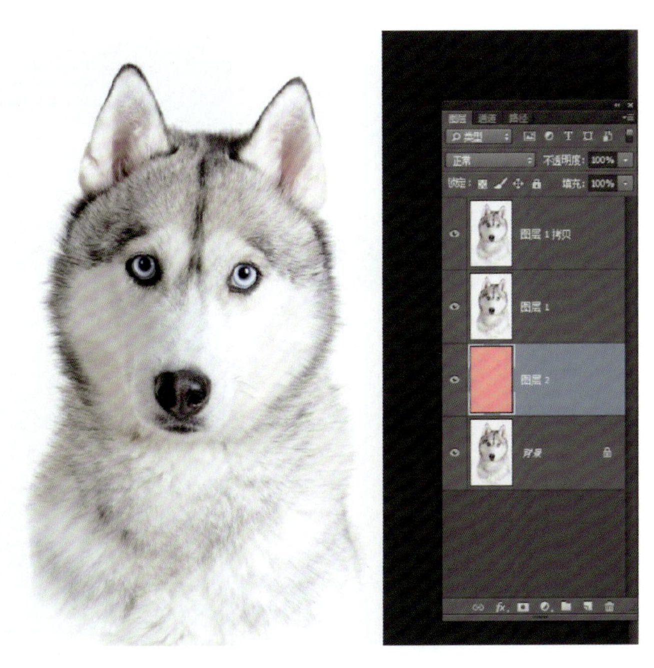


图 11.19　设置新背景层

（3）隐藏图层 1 副本，对图层 1 执行“图像”→“调整”→“色阶”命令，将“白场”吸管在图中背景上点一下，这样原来的灰色的背景就变成了白色，如图 11.20 所示。

图 11.20　调整“色阶”

（4）将图层混合模式设置为“正片叠底”，这时就得到了微细的毛发，如图 11.21 所示。

图 11.21　毛发被抠出

（5）为图层 1 副本层添加“蒙版”，用黑色“画笔”涂抹“蒙版”，在主体外涂抹出新的背景及毛发，如图 11.22 所示。

图 11.22　涂抹“蒙版”

（6）为图片添加其他背景，最终效果实现，如图 11.23 所示。

图 11.23　添加背景图片

## 实例 5：抠取透明婚纱

（1）打开新娘照片，为了不破坏背景层，使用快捷键【Ctrl+J】复制背景层，如图 11.24 所示。

图 11.24　复制图层

（2）新建图层，放于“背景”层与“图层 1”之间，填充颜色，作为检验效果和新的背景层，如图 11.25 所示。

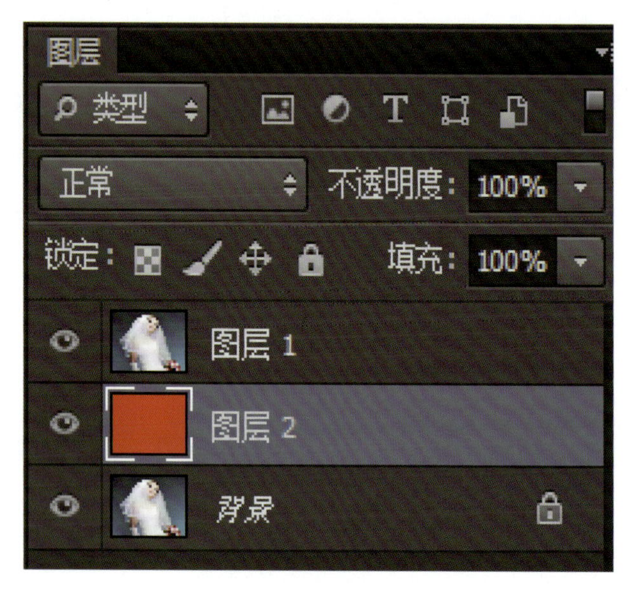


图 11.25　设置新的背景层

（3）选择“图层 1”，打开通道面板，找到一个婚纱与背景反差大的颜色通道，选择红色通道，复制红色通道，如图 11.26 所示。

图 11.26　复制红色通道

（4）将图像中完全不透明的部分涂成白色，背景调为纯黑色，可借助“色阶”中的定黑场工具和“加深”工具，如图 11.27 所示。

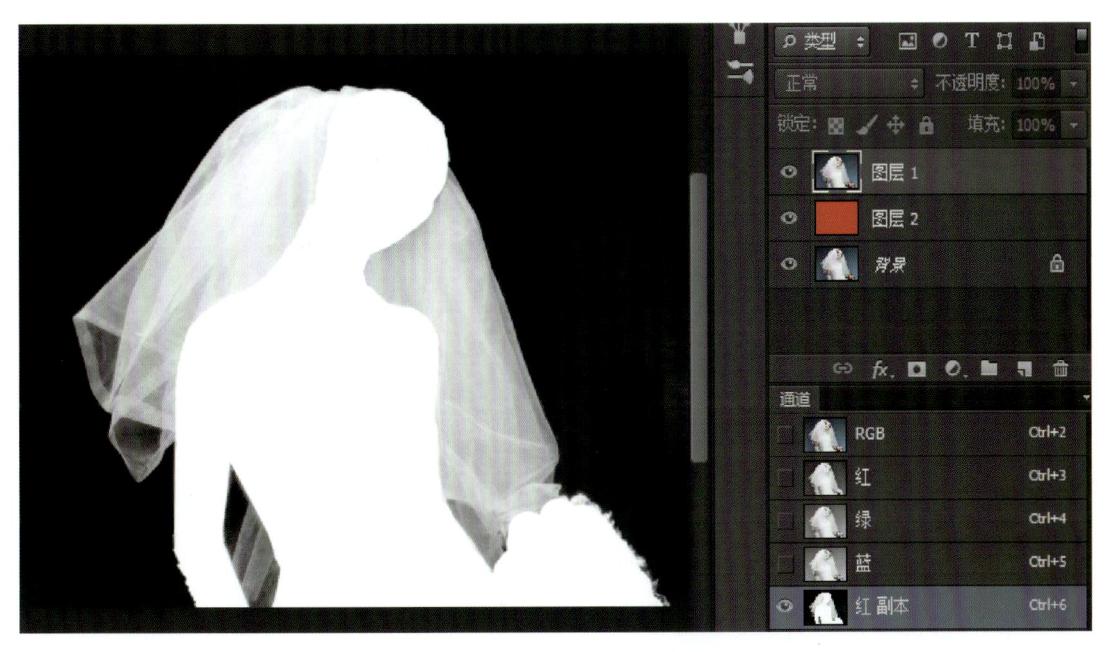


图 11.27　通道处理后的效果

（5）取红色副本中的选区（按住【Ctrl】键，单击缩略图），如图 11.28 所示。

图 11.28　取出选区

（6）单击 RGB 混合通道，再给图层 1 添加蒙版，如图 11.29 所示。

图 11.29 添加图层蒙版

（7）可以看到人物本身显示为不透明，而婚纱则显示为半透明，接着更换喜欢的背景图片，抠图过程就完成了，如图 11.30 所示。

图 11.30 改变背景后效果

## 学习内容

# 11.4　调偏色

由于光线或数码相机的某些原因，在家中拍出的照片或多或少存在一些质量问题，主要表现为：照片人物偏黄或偏红、人物噪点多、人物皮肤不通透等，针对以上问题，可采用以下方法进行调整。

## 操作实践

### 实例 6：家庭数码照片的处理

（1）打开图片，创建“可选颜色”调节图层，做降低“黄色”“红色”的操作，再将背景中的黄色叶子颜色适当恢复，如图 11.31 所示。

图 11.31　调整“可选颜色”

图 11.31　调整“可选颜色”（续）

（2）创建“色相 / 饱和度”调节图层，降低饱和度，并与下层建立剪切组，照片的偏色情况基本好转，如图 11.32 所示。

图 11.32　调整“色相 / 饱和度”

（3）创建“曲线”调节图层，微调，增强图片的对比度，如图 11.33 所示。

图 11.33　调整“曲线”

（4）创建“色彩平衡”调节图层，协调整张照片的色彩，如图 11.34 所示。

图 11.34　调整“色彩平衡”

（5）提取偏红色选区（快捷键【Ctrl+Alt+3】）创建“曲线”调节图层，增加此区域的对比度，如图 11.35 所示。

图 11.35　调整“曲线”

（6）创建“色彩平衡”调节图层，再对整张照片做色彩调整，如图 11.36 所示。

图 11.36　设置“色彩平衡”

（7）盖印可见图层，执行“图像”→“调整”→“阴影 / 高光”命令，在弹出的“阴影高光”对话框中，进行参数设置，调亮图像暗部，如图 11.37 所示。

图 11.37 设置“阴影 / 高光”

（8）最后效果如图 11.38 所示。

图 11.38 处理前后对比

## 实例 7：处理偏紫照片

（1）打开图片，创建“色阶”调节图层，先“自动”色阶，然后分别对各“通道”进行调节，如图 11.39 所示。

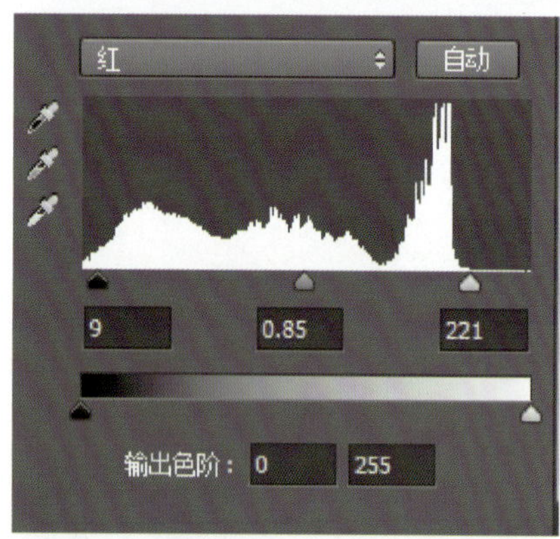


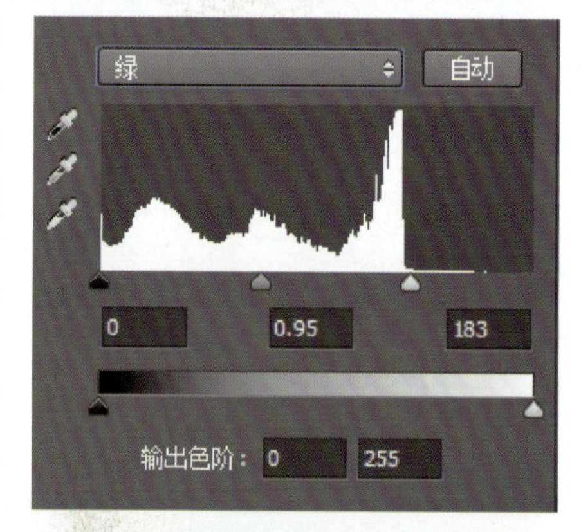


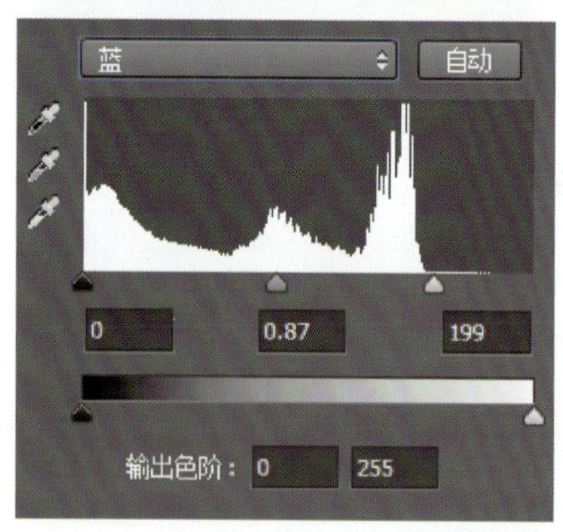


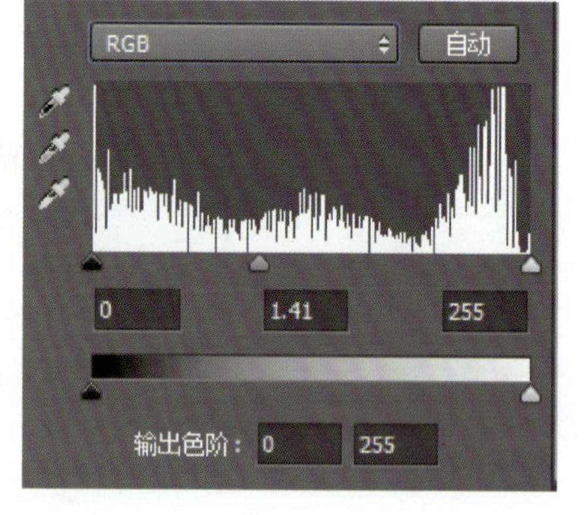


图 11.39 调整“色阶”

（2）创建“可选颜色”调节图层，分别对“红色”“黄色”进行调节，如图 11.40 所示。

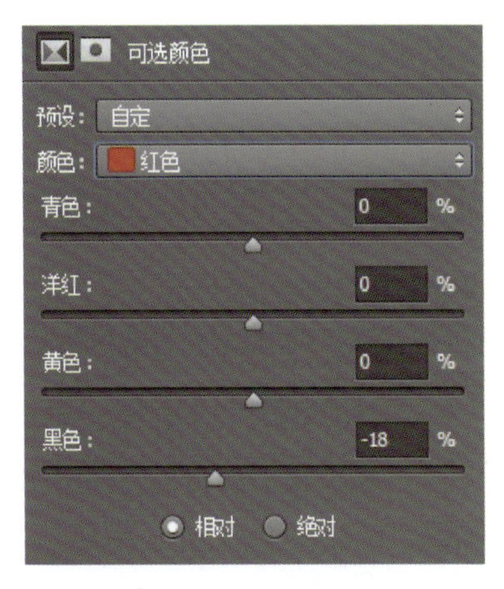


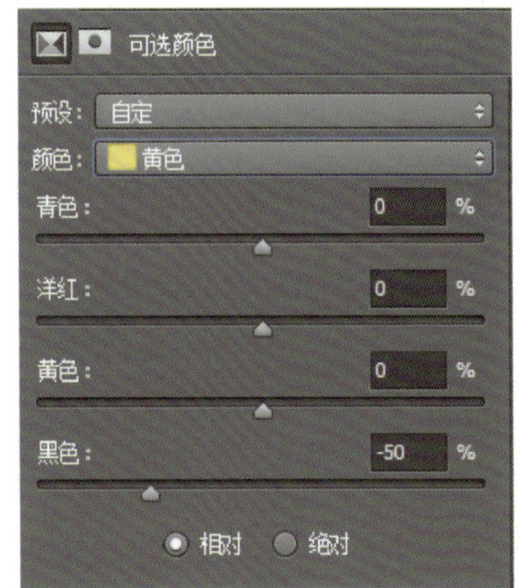


图 11.40　调整“可选颜色”

（3）创建“色相 / 饱和度”调节图层，降低“红色”饱和度，对“洋红”进行调节，此时图片偏紫现象得到很好的校正，如图 11.41 所示。

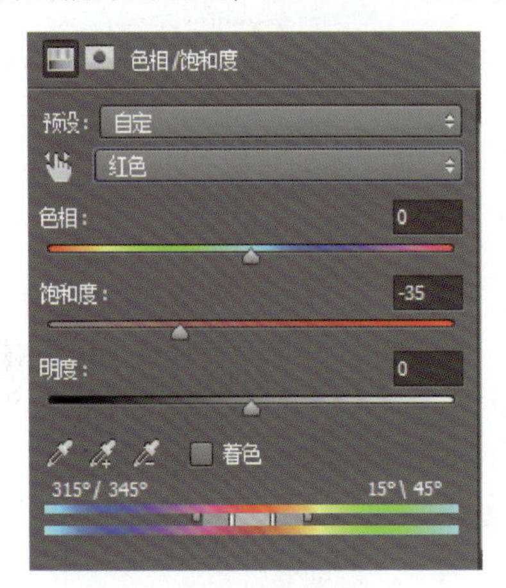


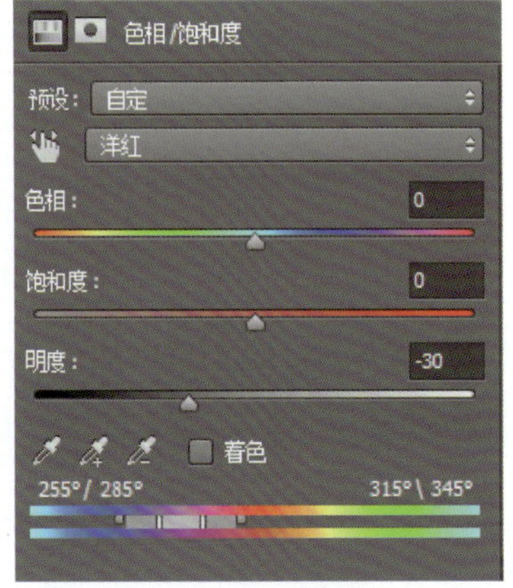


图 11.41　设置“色相 / 饱和度”

（4）盖印可见图层，对图片进行锐化，最终效果实现，如图 11.42 所示。

图 11.42　处理前后对比

## 实例 8：调整皮肤的通透性

（1）打开图片，打开“通道”面板，分别对“R”“G”“B”三个通道取选区（按住【Ctrl】键单击缩略图），返回“图层”面板，创建“曲线”调节图层，如图 11.43 所示。

图 11.43 提取“通道”建立“曲线”调整图层

（2）设置“曲线 1”图层混合模式为“柔光”，“RGB”曲线调节，如图 11.44 所示。

图 11.44 调整“曲线”

（3）设置“曲线 1”中“红色”通道曲线，如图 11.45 所示。

（4）设置“曲线 2”图层混合模式为“柔光”，调节“RGB”曲线，如图 11.46 所示。

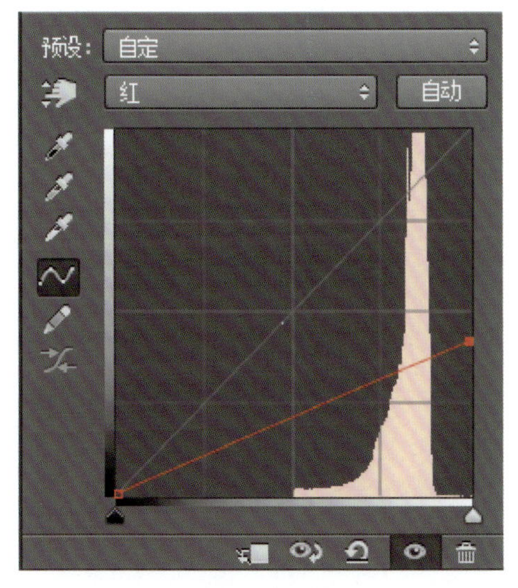


图 11.45　调整“红色”通道曲线

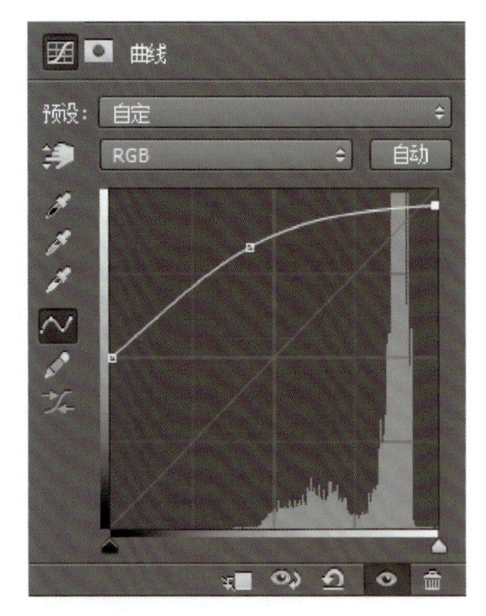


图 11.46　调整“RGB”通道曲线 1

（5）设置“曲线 3”图层混合模式为“柔光”，调节“RGB”曲线，如图 11.47 所示。

（6）再创建新的“曲线”调节图层，调节“RGB”曲线，如图 11.48 所示。

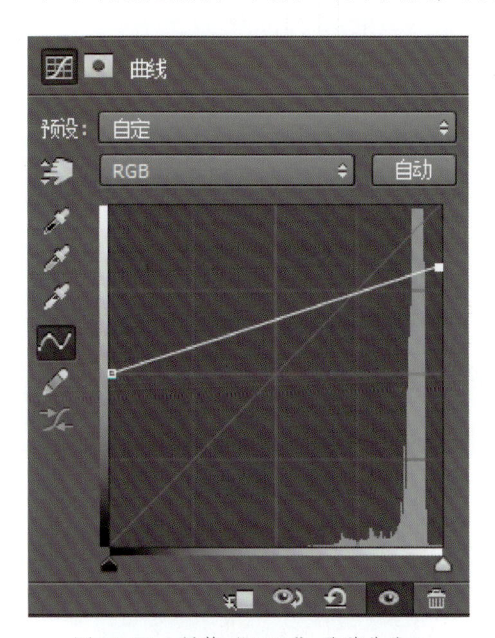


图 11.47　调整“RGB”通道曲线 2

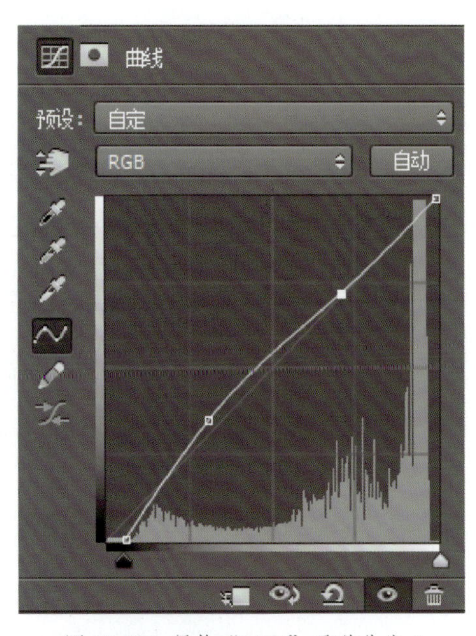


图 11.48　调整“RGB”通道曲线 3

（7）对“曲线 4”的“红色”通道进行调整，如图 11.49 所示。

（8）对“曲线 4”的“蓝色”通道进行调整，如图 11.50 所示。

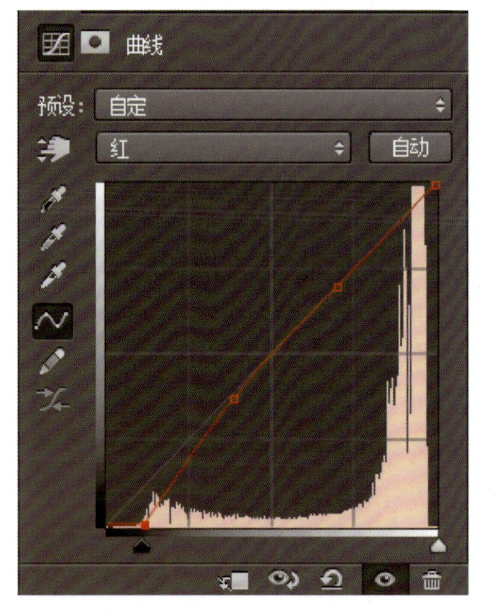


图 11.49 调整“红色”通道曲线

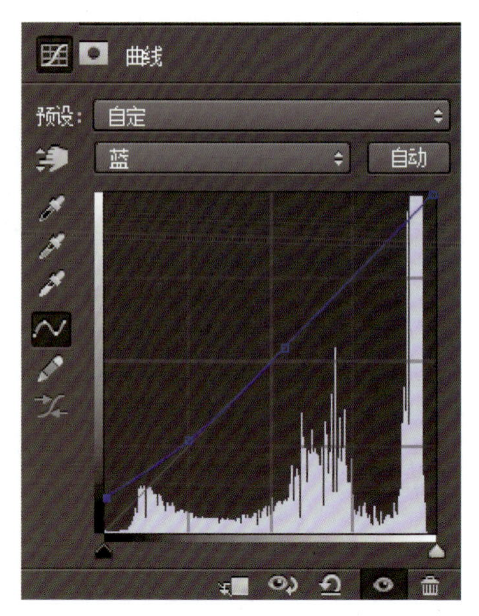


图 11.50 调整“蓝色”通道曲线

（9）将“魔术棒”工具容差设置为 20，在暗部单击，右击选择“选取相似”，保留暗部细节，如图 11.51 所示。

（10）将选区“羽化”半径设置为 2 像素，将“背景色”设置为 RGB（114、113、113），用“背景色”填充曲线 4 的“蒙版”，如图 11.52 所示，最终效果完成，如图 11.53 所示。

图 11.51 创建选区

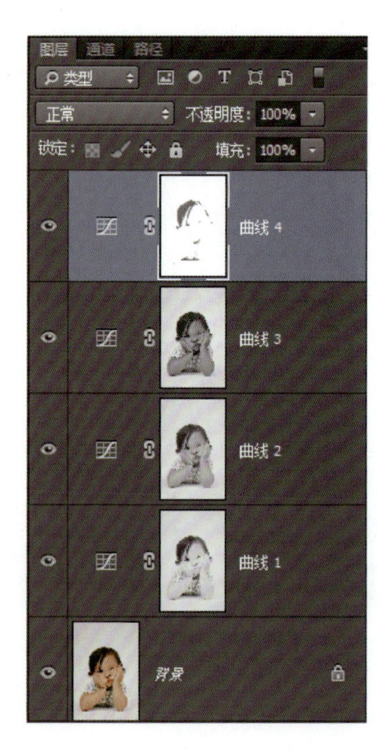


图 11.52 添加“蒙版”

图 11.53　处理前后对比

## 实例 9：美化肌肤

（1）打开图片，复制背景层，如图 11.54 所示。

图 11.54　复制背景层

（2）执行“图像”→“调整”→“匹配颜色”命令，在弹出的“匹配颜色”对话框中，勾选“中和”并降低“颜色强度”，如图 11.55 所示。

图 11.55 “匹配颜色”对话框

（3）执行“图像”→“应用图像”命令，在弹出的“应用图像”对话框中，选择“RGB”通道，混合为“滤色”，如图 11.56 所示。

图 11.56 “应用图像”对话框

（4）色彩校正完毕，然后处理皮肤噪点，方法详见 11.1【实例 1】，效果如图 11.57 所示。

图 11.57　降噪后效果

（5）图片不够清晰，需要进一步加工，盖印可见图层后复制一层，执行“图像”→“调整”→“去色”命令，如图 11.58 所示。

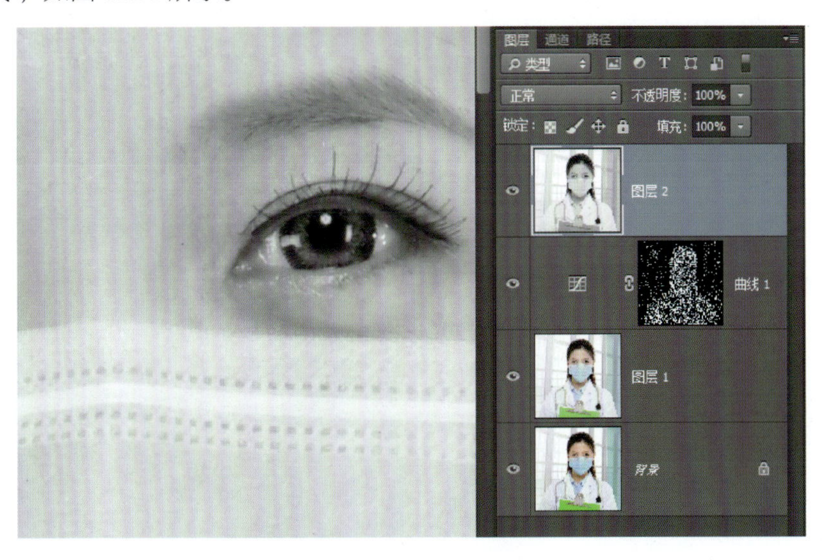


图 11.58　“去色”效果

（6）执行“图像”→“调整”→“反相”命令，如图 11.59 所示。

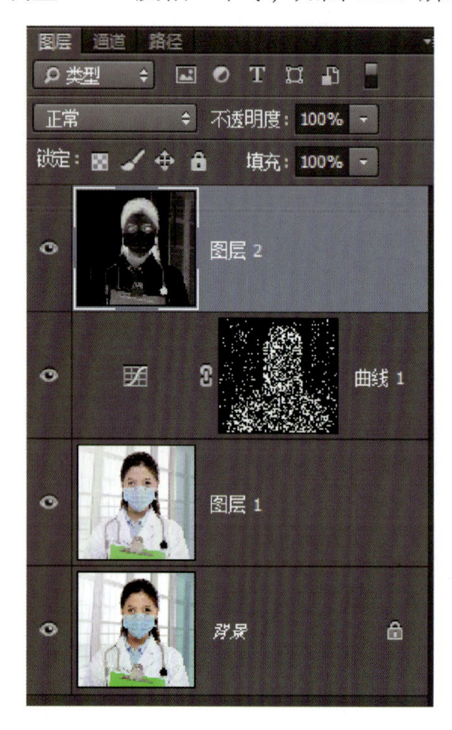


图 11.59 “反相”效果

（7）将图层混合模式改为“颜色减淡”，如图 11.60 所示。

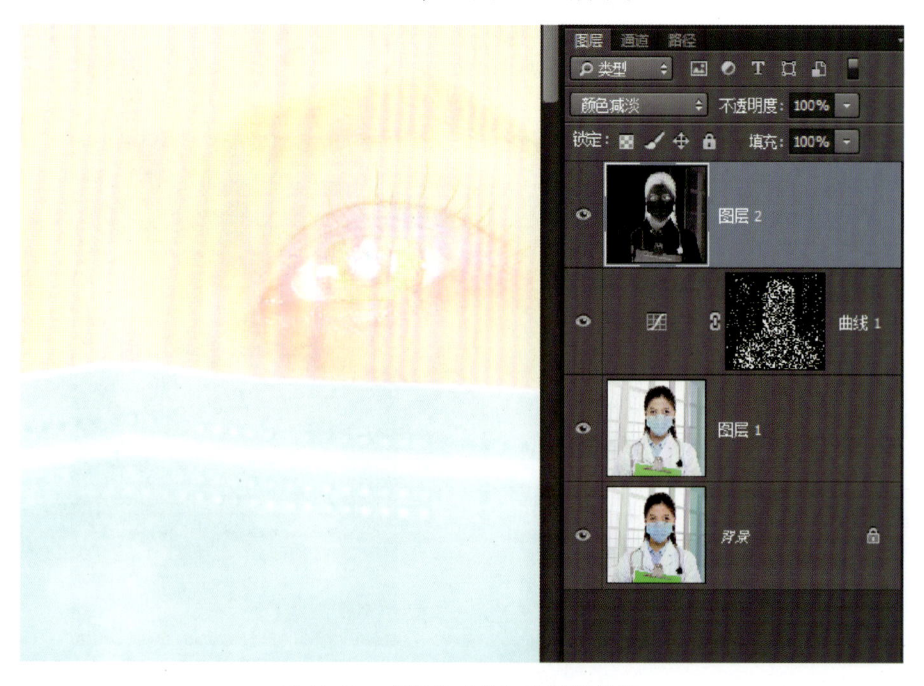


图 11.60 “颜色减淡”后图层效果

（8）执行“滤镜”→“其他”→“最小值”命令，在弹出的“最小值”对话框中，进行参数设置，如图 11.61 所示。

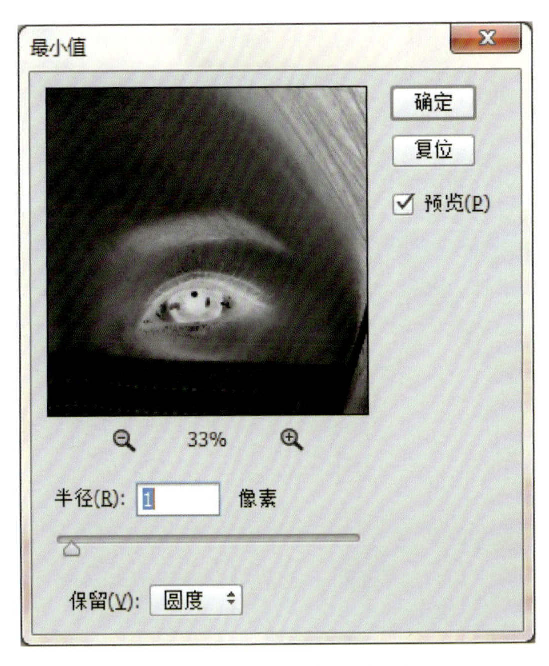


图 11.61　“最小值”对话框

（9）在图层“混合选项”中，按住【Alt】键将三角拉到最后，如图 11.62 所示，最终效果如图 11.63 所示。

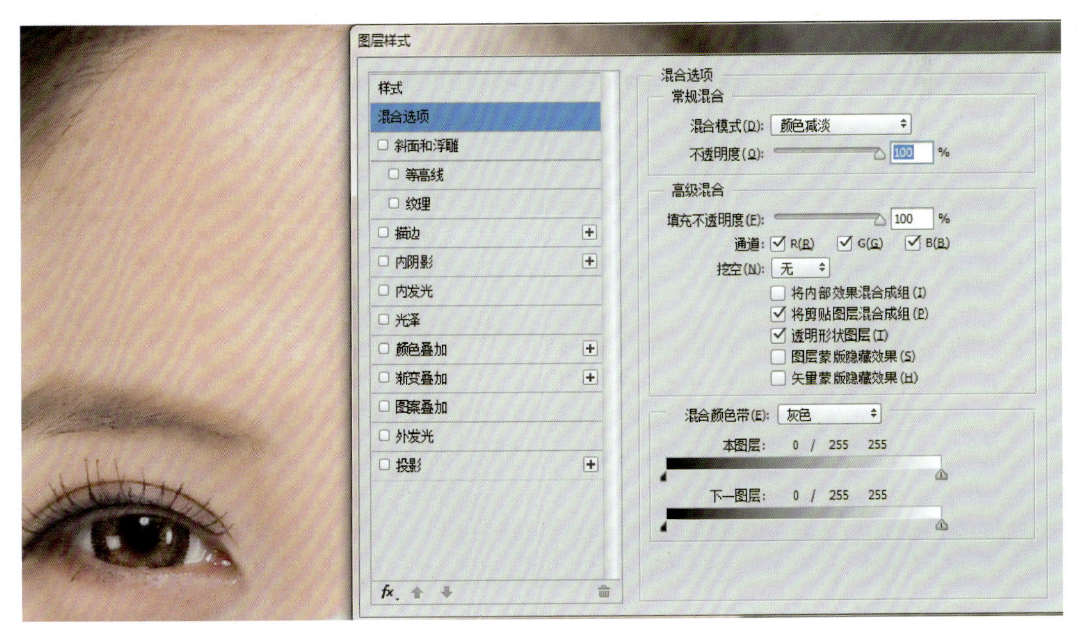


图 11.62　设置“混合选项”

图 11.63　处理前后对比

## 实例 10：调出最佳颜色

（1）打开图片，按住快捷键【Ctrl+Alt+2】把图片高光选择出来，如图 11.64 所示。

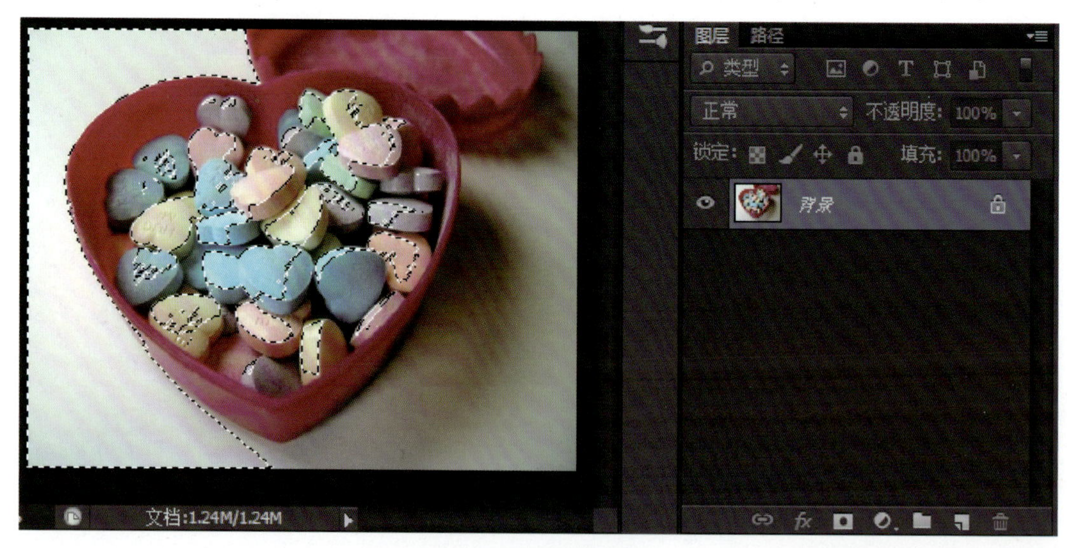


图 11.64　提取高光区

（2）新建一层，填充为白色，并将透明度改为 50%，去掉选区，这样的目的是使图像色调变亮，如图 11.65 所示。

图 11.65　调亮图像色调

（3）盖印可见图层，复制盖印层，如图 11.66 所示。

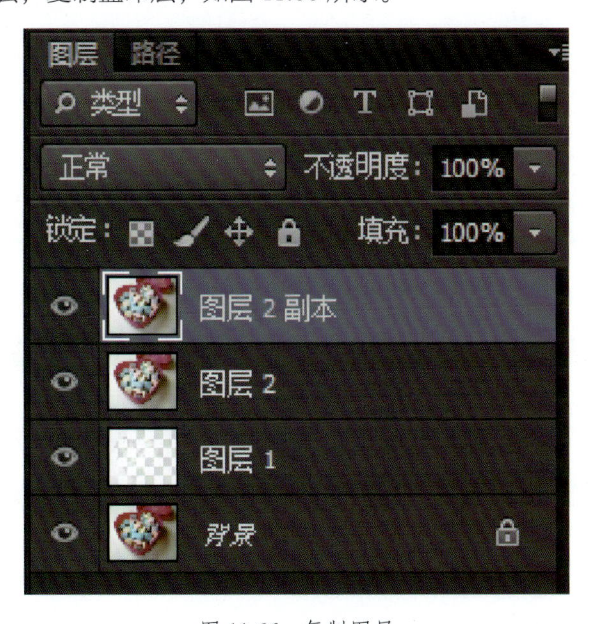


图 11.66　复制图层

（4）进入通道面板，选择“蓝色”通道，执行“图像”→“应用图像”命令，在弹出的“应用图像”对话框中，设置混合为“正片叠底”，如图 11.67 所示。

（5）将“绿色”通道和“红色”通道也做“应用图像”的处理，“不透明度”分别为 50% 和 20%，不要勾选“反相”，如图 11.68、图 11.69 所示。

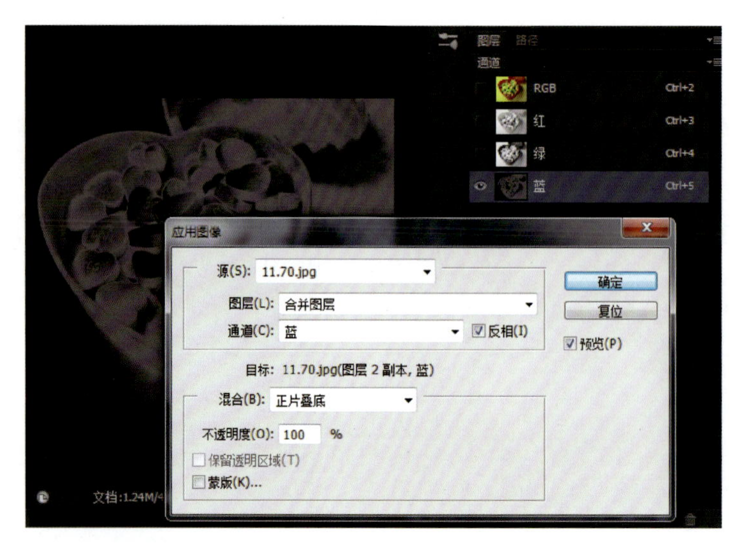


图 11.67 “应用图像”对话框

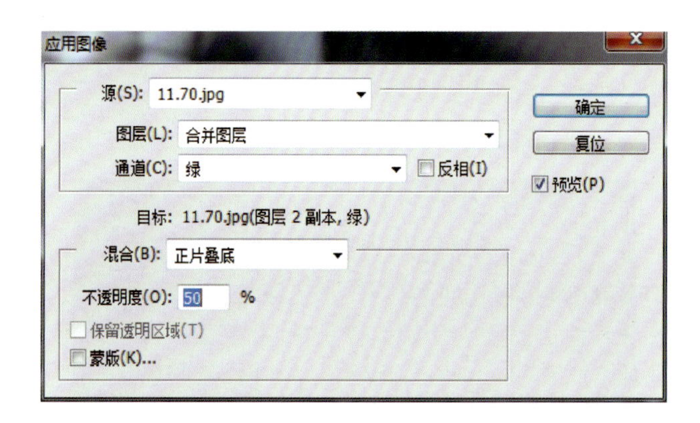


图 11.68 对“绿色”通道做“应用图像”处理

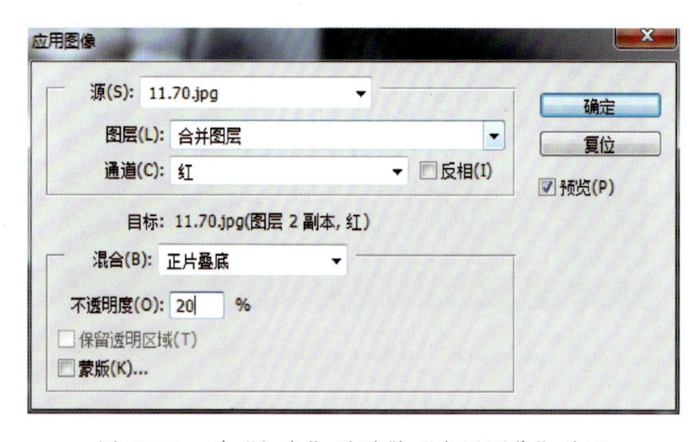


图 11.69 对“红色”通道做“应用图像”处理

（6）复制背景层，并拖到图层最上方，将图层混合模式设置为“强光”，制作完毕，如图 11.70 所示。

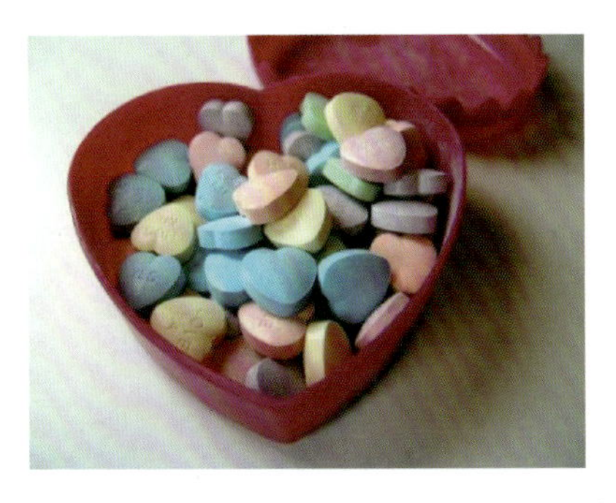
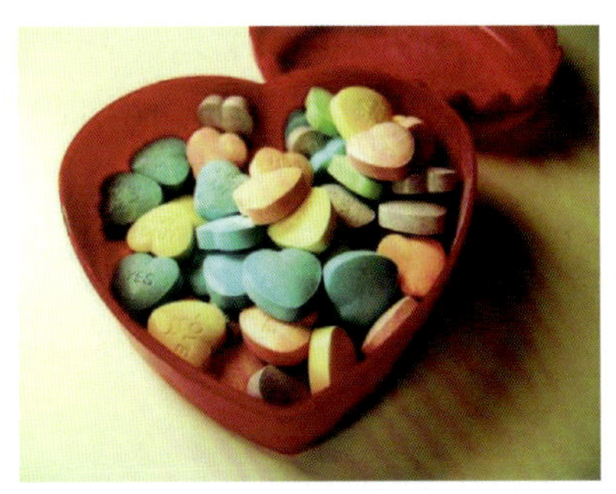

图 11.70　处理前后对比

## 学习内容

# 11.5　照片暗部修整

很多数码照片会因为拍摄光线条件不足，而造成暗部层次及细节的缺失，Photoshop 可以有效改善暗面偏暗的问题，使细节能够得到更好的展现。

## 操作实践

### 实例 11：调整照片反差

（1）打开一张主体发暗的照片，这是由于对着天空测光而造成的，地面景物明显曝光不足，如图 11.71 所示。

图 11.71　逆光屋檐

（2）进入通道面板，复制“蓝色通道”，执行“滤镜”→“模糊”→“高斯模糊”命令，在弹出的“高斯模糊”对话框中进行参数设置，这一步是为下面的分界范围做准备，如图 11.72 所示。

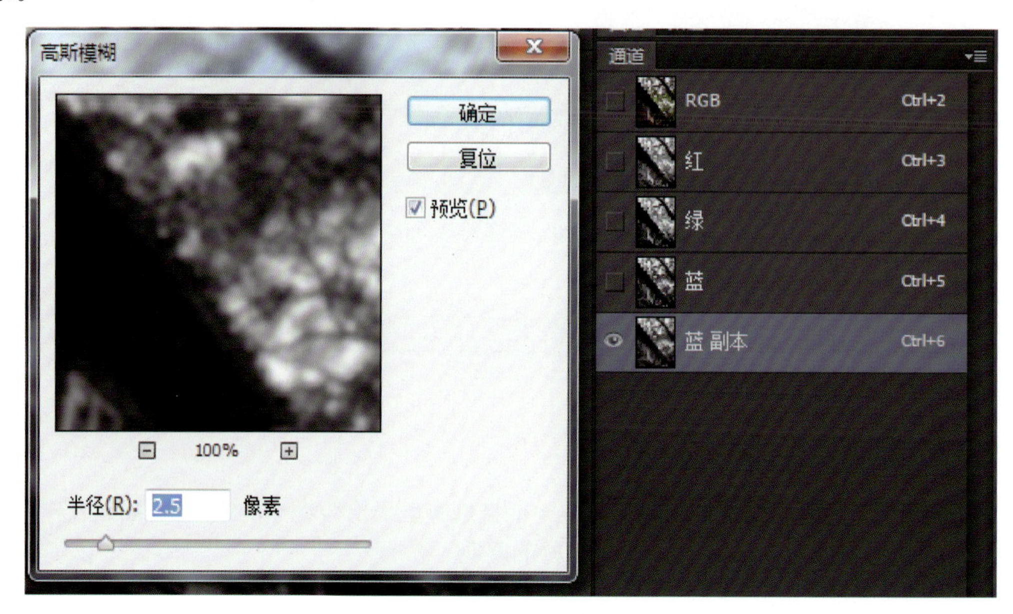


图 11.72　“高斯模糊”对话框

（3）回到图层面板，执行“选择”→“载入选区”命令，在弹出的“载入选区”对话框中，勾选“反相”，看到要处理的照片暗部被选择了出来，如图 11.73 所示。

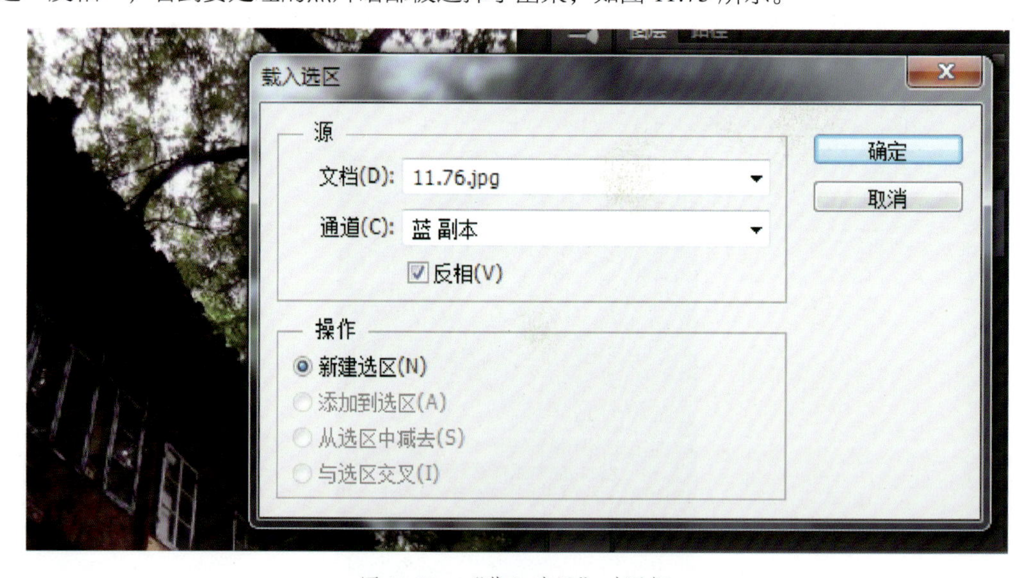


图 11.73　“载入选区”对话框

（4）接下来对选择的暗部进行处理，执行“编辑”→“填充”命令，在弹出的“填充”对话框中，进行参数设置，如图 11.74 所示。

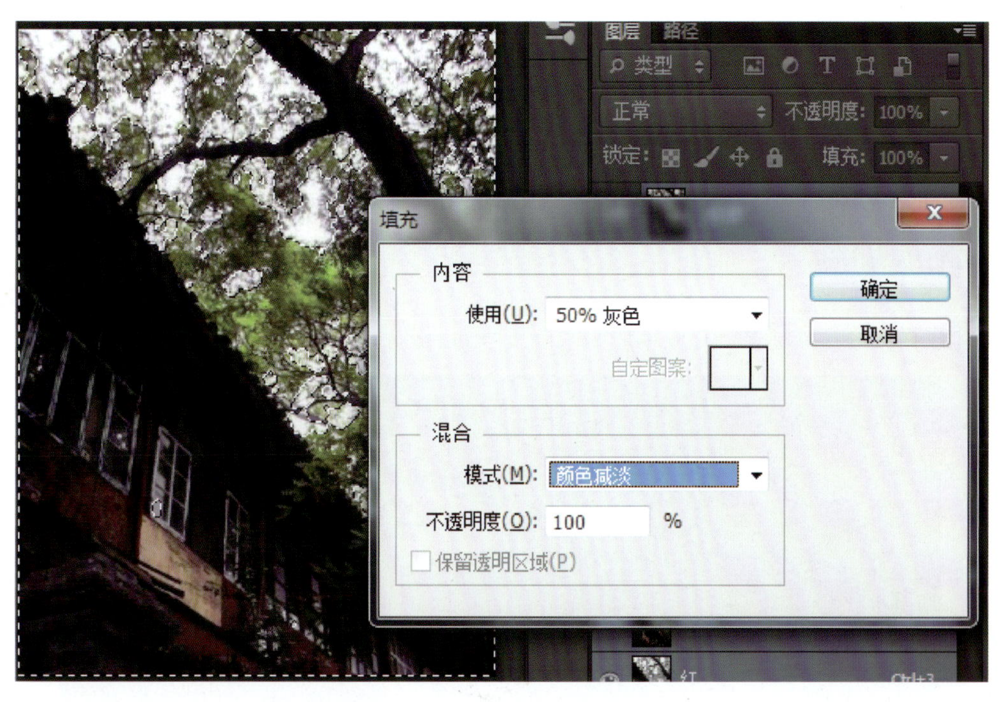


图 11.74　“填充”对话框

（5）照片的黑色部分开始显示出层次，这步操作可多次使用。按住快捷键【Ctrl+D】取消选区，最终效果如图 11.75 所示。

图 11.75　处理前后对比

##  延伸性学习与研究

思考和探究图像的皮肤纹理保留、皮肤质感调整、肤色调整等高级技术手段。深入探讨色彩色调的应用。

##  拓展训练

利用素材图片合成场景，并应用色调调整技巧为合成后的图像调色，效果如图 11.76。

图 11.76 效果图